数学模型、算法与程序

Mathematical Models with Algorithms and Programs

王继强 主编

中国财经出版传媒集团
经济科学出版社
Economic Science Press

图书在版编目（CIP）数据

数学模型、算法与程序/王继强主编. —北京：经济科学出版社，2019.4（2020.12 重印）
ISBN 978 – 7 – 5218 – 0519 – 2

Ⅰ. ①数… Ⅱ. ①王… Ⅲ. ①数学模型 – 算法 – 教材 Ⅳ. ①O141.4

中国版本图书馆 CIP 数据核字（2019）第 084804 号

责任编辑：李一心
责任校对：王苗苗
版式设计：齐　杰
责任印制：李　鹏　范　艳

数学模型、算法与程序
王继强　主编
经济科学出版社出版、发行　新华书店经销
社址：北京市海淀区阜成路甲 28 号　邮编：100142
总编部电话：010 – 88191217　发行部电话：010 – 88191522
网址：www.esp.com.cn
电子邮件：esp@ esp.com.cn
天猫网店：经济科学出版社旗舰店
网址：http://jjkxcbs.tmall.com
北京密兴印刷有限公司印装
787×1092　16 开　19.25 印张　350000 字
2019 年 6 月第 1 版　2020 年 12 月第 2 次印刷
印数：1001—2000 册
ISBN 978 – 7 – 5218 – 0519 – 2　定价：48.00 元
（图书出现印装问题，本社负责调换。电话：010 – 88191510）
（版权所有　侵权必究　打击盗版　举报热线：010 – 88191661
QQ：2242791300　营销中心电话：010 – 88191537
电子邮箱：dbts@ esp.com.cn）

序

"宇宙之大，粒子之微，火箭之速，化工之巧，地球之变，生物之谜，日用之繁，无处不用数学。"华罗庚先生一语道尽数学在人类社会发展进程中的重大推动作用。毋庸置疑，"数学建模"是这一推动作用的重要因素之一。

2007年，我校开始组织师生参加全国大学生数学建模竞赛。翌年，数学建模课程进入我校本科生课堂。此后，数学建模课程教学持续不辍，数学建模竞赛蓬勃兴盛，至今已取得了全国大学生数学建模竞赛国家一／二等奖、全国研究生数学建模竞赛国家一／二／三等奖、美国数学建模竞赛 M／H／S 奖等大批高等级奖项。本书正是我们十余年来参与数学建模教学与竞赛指导的经验总结。

全书共分九章，分别介绍了建模概论、初等模型、代数模型、数学规划模型、数值计算模型、图论模型、微分方程模型、概论统计模型及其他模型。每章末均提供有一定数量的习题，书末附有习题的简要解答，可为检验学习效果之用。附录中对 MATLAB、LINGO 两款软件做了简介。

全书坚持模型、算法、程序三位一体，可谓模型丰富，算法多样，程序可行，实用性强。本书既可作为国内高等院校各专业数学建模、数学软件、数学实验等课程的教材，也可作为本科生与研究生自学数学建模的参考书。

本书是山东财经大学教学改革立项项目"数学建模与实验实践教学改革研究"、山东财经大学首批通识选修核心课程"数学建模与数学软件"的研究成果之一。

本书的编写与出版得到了山东财经大学教务处、数学与数量经济学院、中国财经出版传媒集团经济科学出版社的大力支持，也参考了国内外众多有关数学建模的文献资料，我们在此一并表示感谢！

本书由我校数学建模课程教学与竞赛指导教师团队编写，其中王继强任主编，刘伟、任敏、姜计荣、滕聪、林英、宋浩、周锋波、蔺厚元、苏园参与了编写工作，全书由安起光、刘太琳审定。我们衷心期望拙作能为国内财经类院校的数学建模系列课程的教学研究和教学改革工作略尽绵薄之力。

限于编者学术水平，书中定有谬误之处，恳请读者们不吝赐教！

王继强

2019 年 3 月

目　录

第1章　建模概论 ·· 1
　1.1　数学模型和数学建模 ··· 1
　1.2　数学建模教学和竞赛 ··· 3
　本章习题 ·· 5

第2章　初等模型 ·· 6
　2.1　门当户对 ··· 6
　2.2　高跟鞋的高度 ··· 7
　2.3　平分蛋糕 ··· 9
　2.4　双层玻璃 ·· 10
　2.5　住房贷款 ·· 13
　本章习题 ··· 17

第3章　代数模型 ··· 21
　3.1　密码 ·· 21
　3.2　幻方 ·· 23
　3.3　兔子繁殖 ·· 27
　3.4　常染色体的遗传 ·· 30
　3.5　投入产出问题 ·· 33
　3.6　调味品选购 ·· 34
　本章习题 ··· 37

第4章　数学规划模型 ··· 40
　4.1　无约束规划 ·· 40
　4.2　线性规划 ·· 42
　4.3　整数规划 ·· 52
　4.4　非线性规划 ·· 75
　4.5　多目标规划 ·· 82
　4.6　目标规划 ·· 84

4.7 动态规划 ·· 85
本章习题 ·· 87

第 5 章 数值计算模型 ·· 91
5.1 解方程（组） ·· 91
5.2 插值 ·· 93
5.3 拟合 ·· 100
5.4 数值微分 ·· 108
5.5 数值积分 ·· 111
5.6 偏微分方程 ·· 118
本章习题 ·· 128

第 6 章 图论模型 ·· 132
6.1 图的基本概念 ·· 132
6.2 最短路问题 ·· 135
6.3 最小支撑树问题 ·· 151
6.4 中国邮递员问题 ·· 157
6.5 旅行商问题 ·· 162
6.6 最大流问题 ·· 171
6.7 最小费用最大流问题 ·· 175
本章习题 ·· 180

第 7 章 微分方程模型 ·· 183
7.1 酒驾重检 ·· 183
7.2 单摆的周期 ·· 184
7.3 薄膜的扩散率 ·· 186
7.4 传染病 ·· 189
7.5 狗追兔子 ·· 198
本章习题 ·· 202

第 8 章 概率统计模型 ·· 204
8.1 "三人行，必有我师" ·· 204
8.2 报童问题 ·· 205
8.3 刀具的寿命 ·· 208
8.4 回归分析 ·· 211
8.5 聚类分析 ·· 215
8.6 主成分分析 ·· 221
8.7 因子分析 ·· 230

本章习题 ……………………………………… 238

第 9 章　其他模型 ……………………………… 245
　9.1　神经网络模型 ………………………………… 245
　9.2　模糊综合评判 ………………………………… 253
　9.3　灰色系统预测 ………………………………… 255
　　本章习题 ……………………………………… 259

附录 1　MATLAB 软件简介 …………………… 261
附录 2　LINGO 软件简介 ……………………… 271
习题答案 ………………………………………… 282
参考文献 ………………………………………… 296

第1章 建模概论

我国著名数学大师华罗庚先生曾经在《大哉数学之为用》一文中这样评价数学："宇宙之大，粒子之微，火箭之速，化工之巧，地球之变，生物之谜，日用之繁，无处不用数学."由此，数学在人类进步和社会发展进程中的作用可谓不言自明.

数学为什么会如此有用呢？越来越多学者认为，"数学建模"是其中一个很重要的原因.

1.1 数学模型和数学建模

1. 什么是数学建模

让我们从一个有趣而经典的例子谈起.

引例：（鸡兔同笼）我国古代数学名著《孙子算经》中记载有如下问题：

"今有鸡兔同笼，上有三十五头，下有九十四足.问鸡兔各几何？"

这就是流传久远的"鸡兔同笼"问题.针对此一问题，人们提出了许多解决方法，此处不一一详细介绍，仅给出比较常用的"方程法".

若设兔的只数为 x，则鸡的只数为 $35-x$. 于是，有方程
$$4x+2(35-x)=94$$

显然，这是一个一元一次方程.解之，得 $x=12$.

因此，兔有 12 只，鸡有 $35-12=23$ 只.

如此，鸡兔同笼问题得到了圆满解决.

在上述问题解决过程中，我们用数学上的一元一次方程" $4x+2(35-x)=94$ "来描述日常生活中兔、鸡之间的数量关系，" $4x+2(35-x)=94$ "也就成了"数学模型"，而建立这一数学模型的过程被称为"数学建模".一句话，数学模型是对实际问题的数学描述，而数学建模则是建立数学模型的过程.

严格说来，数学模型（mathematical model）是对于现实世界的一个特定对象，为了某一特殊目的，根据其特有的内在规律和外部条

件，做出一些必要的简化假设，运用适当的数学工具得到的一个数学结构．数学建模（mathematical modeling）是对研究对象进行抽象、概括而形成数学模型，并求解、应用的全部过程．

其实，数学建模的思想由来已久，比如古希腊学者阿基米德（Archimedes）发现浮力定律、英国科学巨匠牛顿（Isaac Newton）创立三大运动定律、"现代遗传学之父"奥地利生物学家孟德尔（Gregor Johann Mendel）提出遗传学定律、英国人口学家马尔萨斯（Thomas Robert Malthus）创立人口理论等，无不体现了数学模型的奇思妙想．

进入21世纪以来，随着以计算机为代表的现代科技的迅猛发展，数学建模的发展越来越多地依赖于软件技术，而其中尤甚者就是以MATLAB、LINGO、1stOpt、SAS等为代表的一大批高性能计算软件．有了这些软件，人们就可以从繁复的数学计算中解脱出来，而只需关注于数学模型的建立，这大大有助于数学建模本身的发展和进步．

数学建模作为沟通数学与实际问题之间的桥梁，它通过对实际问题的机理分析，在合理的假设条件下，利用恰当的数学工具建立起描述客观事物本质特征的数学模型，并借助现代计算技术实现实际问题的成功解决．在数学建模过程中，绝大多数问题没有现成的答案，也没有唯一的解决方法，要靠自己充分发挥创造性去解决．这就要求学生必须有创造思维和创新意识，利用自己已有或现学的知识，选择合适的思路和方法，巧妙而有效地解决问题．很显然，这一点对于提高学生的数学素养和应用数学知识解决实际问题的能力，提高学生应用计算机和计算软件的能力，提高学生撰写科技论文的能力，培养学生的团结协作精神，培养创新型和应用型人才都具有重要意义．

2. 数学建模过程

一个完整的数学建模过程通常包括模型准备、模型假设、模型建立、模型求解、模型评价（分析与检验）、模型应用等．其中，合理的假设、正确的模型、科学的求解、客观的分析对于问题解决是尤为关键的．

3. 数学模型的种类

数学模型种类繁多，主要可分为如下类型：

（1）按模型的应用领域（或所属学科）分，有人口模型、交通模型、环境模型、生态模型、医学模型、经济学模型、社会学模型等．

（2）按建模的数学方法（或所属数学分支）分，有初等模型、代数模型、优化模型、微分方程模型、图论模型、概率模型、统计模型等．

（3）按模型的表现特征分，有确定性模型和随机性模型、静态模型和动态模型、线性模型和非线性模型、连续模型和离散模型等．

（4）按建模目的分，有描述模型、预报模型、决策模型、控制模型等.

（5）按对模型的了解程度分，有白箱模型、灰箱模型、黑箱模型.

1.2 数学建模教学和竞赛

大约 20 世纪六七十年代，数学建模作为一门课程开始进入一些西方国家的大学. 80 年代初，我国清华、北大、北理工等若干所大学也将数学建模引入课堂. 经过三十多年的发展，我国很多大学乃至中小学都开设了各种形式的数学建模课程. "学建模，用建模" 已在广大学子中蔚然成风.

伴随着数学建模课程不断发展的势头，数学建模竞赛也逐渐走进了万千国人的视野. 肇始于 1985 年的美国数学建模竞赛（MCM）、发端于 1992 年的中国大学生数学建模竞赛（CUMCM）、起源于 2003 年的中国研究生数学建模竞赛（NPMCM）每年都获得我国数万师生的热烈响应.

表 1.2.1 列出了历年 CUMCM 赛题的题目.

表 1.2.1		CUMCM 赛题
1992 年	A	施肥效果分析问题
	B	实验数据分解问题
1993 年	A	非线性交调的频率设计问题
	B	足球排名次问题
1994 年	A	逢山开路问题
	B	锁具装箱问题
1995 年	A	飞行管理问题
	B	天车与冶炼炉的作业调度问题
1996 年	A	最优捕鱼策略问题
	B	节水洗衣机问题
1997 年	A	零件参数设计问题
	B	截断切割问题
1998 年	A	投资的收益和风险问题
	B	灾情巡视路线问题
1999 年	A	自动化车床管理问题
	B	钻井布局问题

续表

年份	题号	题目
2000年	A	DNA序列分类问题
	B	钢管订购和运输问题
2001年	A	血管的三维重建问题
	B	公交车调度问题
2002年	A	车灯线光源的优化设计问题
	B	彩票中的数学问题
2003年	A	SARS的传播问题
	B	露天矿生产的车辆安排问题
2004年	A	奥运会临时超市网点设计问题
	B	电力市场的输电阻塞管理问题
2005年	A	长江水质的评价和预测问题
	B	DVD在线租赁问题
2006年	A	出版社的资源配置
	B	艾滋病疗法的评价及疗效的预测
2007年	A	中国人口增长预测
	B	乘公交 看奥运
2008年	A	数码相机定位
	B	高等教育学费标准探讨
2009年	A	制动器试验台的控制方法分析
	B	眼科病床的合理安排
2010年	A	储油罐的变位识别与罐容表标定
	B	2010年上海世博会影响力的定量评估
2011年	A	城市表层土壤重金属污染分析
	B	交巡警服务平台的设置与调度
2012年	A	葡萄酒的评价
	B	太阳能小屋的设计
2013年	A	车道被占用对城市道路通行能力的影响
	B	碎纸片的拼接复原
2014年	A	"嫦娥三号"软着陆轨道设计与控制策略
	B	创意平板折叠桌
2015年	A	太阳影子定位
	B	"互联网+"时代的出租车资源配置
2016年	A	系泊系统的设计
	B	小区开放对道路通行的影响

续表

2017 年	A	CT 系统参数标定及成像
	B	拍照赚钱的任务定价
2018 年	A	高温作业专用服装设计
	B	智能 RGV 的动态调度策略

由此可见，所有赛题都源于工程技术、经济管理、社会生活等领域中出现的实际问题，并呈现出实用性、即时性、综合性、规模性、创新性等特点．这就要求参赛学生要具备扎实的数学基础、过硬的计算机使用能力和熟练的文字处理能力．竞技性和挑战性吸引着一批批学子投入竞赛中，也使得竞赛本身长盛不衰．

许多参赛学生纷纷反映"一次参赛，终身受益"．有志于参赛的同学们，不妨通过本教程的学习，在将来竞赛中奋力一搏．

本 章 习 题

1．举例说明数学建模的必要性．

2．（引葭赴岸）今有池一丈，葭生其中央，出水一尺，引葭赴岸，适与岸齐．问：水深、葭长各几何？

3．一个农民要在一块土地上作出农作物的种植规划．请问他应如何解决这一问题，包括需要哪些数据，如何选择变量，确立什么目标，建立什么模型等？

4．欲测定一批 LED 灯管的寿命．请通过数学建模给出可行的测定方案．

第 2 章 初 等 模 型

初等数学与高等数学相对,通常是指小学和中学阶段的数学,包括算术、初等代数、初等几何(平面几何、立体几何、平面解析几何)、三角函数等内容. 利用初等数学的方法建立的数学模型称为初等模型,它呈现出静态、线性、确定性等特点. 按建模方法分,初等模型有函数模型、方程模型、不等式模型、数列模型、几何模型等.

初等模型虽然较为简单,但作为复杂的数学模型的入门阶段,仍值得初学者一探究竟.

本章通过 5 个例子来介绍初等模型的建模思想和方法.

2.1 门 当 户 对

"门当户对"的择偶观念曾一度被视为落后的封建思想而受到大多数人的批判;然而,也有不少人坚持认为相较于"门不当户不对","门当户对"更能带来美满的婚姻. 试解释后者观点的合理性.

模型假设:

(1) 为便于定量分析,用男女双方的经济收入作为衡量其婚姻美满程度的数量指标.

(2) 设男女双方的婚前收入(如工资)分别为 X, Y,因婚姻而带来的共同收入为 M. 其中 M 有可能为正数,如买房时父母给的赞助费、婚礼上收取的礼金等,也有可能为负数,如送给父母的赡养费、年节时给晚辈的压岁钱等,当然也有可能为 0.

(3) 根据性别平等原则,婚后男女双方同等占有所有经济收入.

模型建立与求解:

由模型假设知,男女双方的婚后收入都分别为

$$m = \frac{X+Y+M}{2}$$

下面分"门不当户不对"和"门当户对"两种情况讨论.

(1) 若男女双方门不当户不对，则 X 与 Y 相差较大，不妨设 $X=3$，$Y=11$，则 $m=\dfrac{3+11+M}{2}=7+\dfrac{M}{2}$.

显然，只要 $M\geq 0$，就有 $m\geq 7>3$，即男方必定对婚姻很满意，故只需考虑女方对婚姻是否满意即可.

当 $M=8$ 时，$m=11$，则女方会对婚姻不积极.

当 $M<8$ 时，$m<11$，则女方会对婚姻不满意.

当 $M>8$ 时，$m>11$，则女方会对婚姻较满意.

综上，$M>8$（男女双方婚前收入之差）时，才能使男女双方都对婚姻满意.

一般的，若 $X<Y$，则由 $m=\dfrac{X+Y+M}{2}>Y$ 知，应有 $M>Y-X$，才能使婚姻美满；若 $X>Y$，则由 $m=\dfrac{X+Y+M}{2}>X$ 知，应有 $M>X-Y$，才能使婚姻美满.

(2) 若男女双方门当户对，则 X 与 Y 相差无几，不妨设 $X=Y=11$，则 $m=\dfrac{11+11+M}{2}=11+\dfrac{M}{2}$.

显然，只需 $M>0$，就有 $m>11$，即男女双方都对婚姻满意.

一般的，若 $X=Y$，则由 $m=\dfrac{X+Y+M}{2}>X=Y$ 知，只需 $M>0$，即能使婚姻美满.

模型分析：

模型表明，门当户对的男女双方更容易从婚姻中获得满足，曾经被视为过时与老套的"门当户对"观念自有其存在的合理性.

在模型中，"M"是一个很有意思的常量. 正是有了这个"M"，人们才前仆后继、心甘情愿地跳进婚姻的"围城".

诚然，模型假设中以经济收入作为衡量婚姻美满程度的唯一数量指标，有失偏颇，值得改进.

2.2 高跟鞋的高度

"爱美之心，人皆有之."女士们尤其如此. 高跟鞋是不少女士的钟爱之物. 有不少女士认为，穿的高跟鞋越高，自己就越美. 然而，事实未必尽然. 那么，女士们应该穿鞋跟多高的高跟鞋，才看起来最美呢？

知识准备：

黄金分割是数学和美学中一个十分有趣的概念，史载它最早是由古希腊数学家毕达哥拉斯（Pythagoras）提出的.

如图 2.2.1 所示，若将线段 AB 分成较长部分 AC 和较短部分 CB 两部分，使 AC 为 CB 与 AB 的比例中项，则称 $\dfrac{AC}{AB}$ 为黄金分割比（golden section ratio），C 为黄金分割点（golden section point）.

$$A \mathrel{\vert\!\!-\!\!-\!\!-\!\!-\!\!-\!\!-} \overset{C}{\vert\!\!-\!\!-\!\!-} B$$

图 2.2.1 黄金分割

由黄金分割的定义，有 $\dfrac{CB}{AC}=\dfrac{AC}{AB}$，即 $\dfrac{AB-AC}{AC}=\dfrac{AC}{AB}$.

解之，得 $AC=\dfrac{\sqrt{5}-1}{2}AB$，即 $\dfrac{AC}{AB}=\dfrac{\sqrt{5}-1}{2}\approx 0.618$.

在数学和美学上，按比例 0.618 处理的几何图形更匀称更协调更美观，故称之为黄金分割比. 此外，黄金分割的概念在绘画、雕塑、音乐、建筑、管理、工程设计等领域的应用也极为广泛.

模型假设：

（1）人体躯干以肚脐为分界点.

（2）从美学角度看，肚脐是人体的黄金分割点，即下肢长与身高之比为 0.618 时，人体的美感最佳.

（3）下肢长 l，身高 t，鞋跟高 d.

模型建立与求解：

由模型假设，有 $\dfrac{l+d}{t+d}=0.618$，即

$$d=\dfrac{0.618t-l}{0.382}$$

据此可算出任何一位女士应该穿的高跟鞋的高度.

例如，身高 $t=168$ 厘米、下肢长 $l=102$ 厘米的女士应穿高跟鞋的高度为

$$d=\dfrac{0.618t-l}{0.382}=\dfrac{0.618\times 168-102}{0.382}\approx 4.7749 \text{ 厘米}$$

再如，身高 $t=160$ 厘米、下肢长 $l=96$ 厘米的女士应穿高跟鞋的高度为

$$d=\dfrac{0.618t-l}{0.382}=\dfrac{0.618\times 160-96}{0.382}\approx 7.539 \text{ 厘米}$$

模型分析：

模型表明，女士们爱穿高跟鞋是有科学根据的！不过，处于发育期中的少女们还是不穿高跟鞋为好，以免影响身高的正常增长. 何况，穿高跟鞋还要承受体重给脚部带来的不适感.

当然，如果女士们的下肢长与身高之比天生就是黄金分割比，那当然就不用穿高跟鞋了！

2.3 平分蛋糕

在日常生活中，人们在结婚、过生日、聚会、公司宴会等某些庆典场合经常切蛋糕，以示庆贺．那么，一个有趣的问题是，能否切一刀就将不规则的蛋糕分为面积相等的两部分呢？

知识准备：

零点定理是闭区间上连续函数的一个重要特征：

若函数在闭区间 $[a, b]$ 上连续，且 $f(a)f(b) < 0$，则至少存在一点 $c \in (a, b)$，使 $f(c) = 0$.

零点定理虽然常常被放在大学微积分课程中讲述，但其正确性即便放在初等数学中也是显而易见的，而且在现行高中数学教材中也早以"零点的存在性定理"的面目出现了．

模型假设：

蛋糕的上、下表面均为平面区域，且面积相等．

模型建立：

由模型假设知，平分蛋糕问题等价于如下问题：设 C 为坐标平面 xOy 上一条封闭曲线，能否找到一条直线 l 将 C 的内部区域分为面积相等的两部分。[见图 2.3.1（a）]

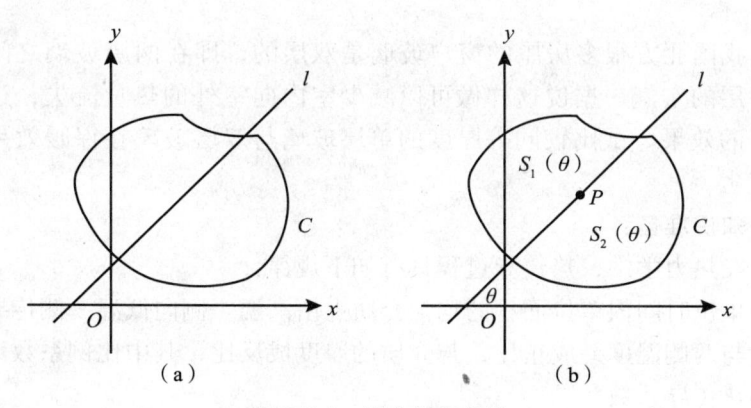

图 2.3.1 平分封闭曲线

模型求解：

如图 2.3.1（b）所示，设 P 为曲线 C 内部一点，l 为过 P 的一条直线．当 l 绕点 P 逆时针旋转时，在不同时刻的位置用其倾角 θ

来表示，并设 l 将 C 的内部区域分成的两部分的面积分别为 $S_1(\theta)$，$S_2(\theta)$，则在初始位置 θ_0 时，l 将 C 的内部区域分成的两部分的面积分为 $S_1(\theta_0)$，$S_2(\theta_0)$.

分两种情况讨论：

(1) 若 $S_1(\theta_0) = S_2(\theta_0)$，则 l 即为所求.

(2) 若 $S_1(\theta_0) \neq S_2(\theta_0)$，不妨设 $S_1(\theta_0) < S_2(\theta_0)$，令函数 $f(\theta) = S_1(\theta) - S_2(\theta)$，则 $f(\theta_0) = S_1(\theta_0) - S_2(\theta_0) < 0$.

将 l 绕点 P 逆时针旋转 π 弧度角，则 $S_1(\theta_0 + \pi) = S_2(\theta_0) > S_1(\theta_0) = S_2(\theta_0 + \pi)$，即 $f(\theta_0 + \pi) = S_1(\theta_0 + \pi) - S_2(\theta_0 + \pi) > 0$.

易见，$f(\theta)$ 在闭区间 $[\theta_0, \theta_0 + \pi]$ 上连续，故由零点定理知，$\exists \alpha \in (\theta_0, \theta_0 + \pi)$，使 $f(\alpha) = 0$，即 $S_1(\alpha) = S_2(\alpha)$，则倾角为 α 的直线 l 即为所求.

综上，总能找到一条直线 l 将 C 的内部区域分为面积相等的两部分．从而，也能一刀将不规则的蛋糕分为面积相等的两部分．

模型分析：

看似平平凡凡的零点定理却轻轻松松地解决了平分蛋糕问题，可见初等数学在建模上确有其独到之处．当然，模型仅仅是表明了"一刀切"的可能性，这是由零点定理中零点的"存在性"决定的，至于如何"一刀切"那是需要另外思考的问题了．

2.4 双层玻璃

我国北方很多房屋的窗户玻璃是双层的，即在两层玻璃之间夹着一层的空气．据说这样做可以减少室内向室外的热量流失，达到保暖的效果．试比较同等厚度的单层玻璃与双层玻璃在保暖效果上的优劣．

知识准备：

在热力学中，热传导过程具有如下规律：

单位时间内单位面积的均匀介质上由高温一侧向低温一侧传导的热量与两侧温度差成正比，与介质的厚度成反比，其中比例系数为介质的热传导系数．

玻璃、空气的热传导系数分别为 $4 \times 10^{-3} \sim 8 \times 10^{-3}$ 焦耳/厘米·秒·度、2.5×10^{-4} 焦耳/厘米·秒·度.

符号约定：

d——双层玻璃中每层玻璃的厚度

l——双层玻璃之间的空气的厚度

k_1——$4 \times 10^{-3} \sim 8 \times 10^{-3}$

k_2——2.5×10^{-4}

T_1——室内温度

T_2——室外温度

T_a——双层玻璃中内层玻璃的外侧温度

T_b——双层玻璃中内层玻璃的内侧温度

模型假设：

（1）室内、室外温度保持不变，热传导方向不变.

（2）热量流失过程只有传导，没有对流（双层玻璃之间的空气不流动）.

（3）热传导过程处于稳定状态，即不同位置处单位时间内单位面积的玻璃上沿热传导方向传导的热量相同.

模型建立与求解：

单、双层玻璃如图2.4.1所示.

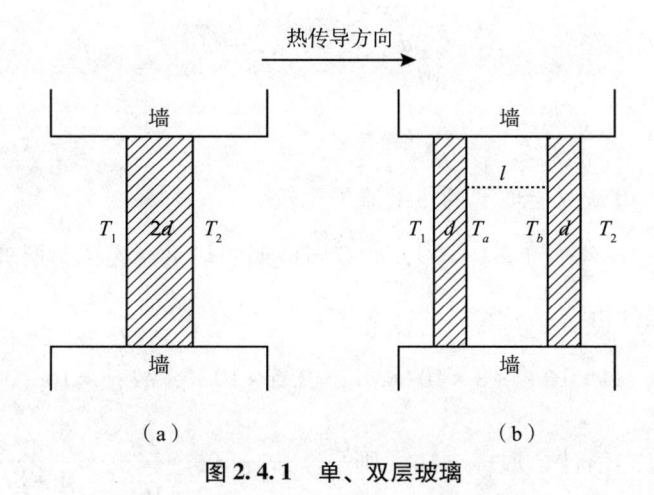

图 2.4.1 单、双层玻璃

（1）单层玻璃的热量流失.

如图2.4.1（a），由模型假设知，单位时间内单位面积的单层玻璃传导的热量为

$$Q = k_1 \frac{T_1 - T_2}{2d}$$

（2）双层玻璃的热量流失.

如图2.4.1（b），由模型假设知，单位时间内单位面积的双层玻璃传导的热量为

$$Q' = k_1 \frac{T_1 - T_a}{d} = k_2 \frac{T_a - T_b}{l} = k_1 \frac{T_b - T_2}{d}$$

由

$$\begin{cases} Q' = k_1 \dfrac{T_1 - T_a}{d} \Rightarrow T_a = T_1 - \dfrac{Q'd}{k_1} \\ Q' = k_1 \dfrac{T_b - T_2}{d} \Rightarrow T_b = T_2 + \dfrac{Q'd}{k_1} \end{cases}$$

得

$$T_a - T_b = (T_1 - T_2) - 2\dfrac{Q'd}{k_1}$$

将

$$Q' = k_2 \dfrac{T_a - T_b}{l} \Rightarrow T_a - T_b = \dfrac{Q'l}{k_2}$$

代入上式，得

$$\dfrac{Q'l}{k_2} = (T_1 - T_2) - 2\dfrac{Q'd}{k_1}$$

故

$$Q' = \dfrac{T_1 - T_2}{\dfrac{2d}{k_1} + \dfrac{l}{k_2}} = k_1 \dfrac{T_1 - T_2}{(2 + s)d}$$

其中 $s = \dfrac{l}{d}\dfrac{k_1}{k_2}$.

(3) 单、双层玻璃的热量流失比较.

因 $\dfrac{Q'}{Q} = \dfrac{2}{2+s} < 1 \Rightarrow Q' < Q$，故双层玻璃的热量流失比单层玻璃少.

模型分析：

因 $k_1 = 4 \times 10^{-3} \sim 8 \times 10^{-3}$，$k_2 = 2.5 \times 10^{-4}$，故 $\dfrac{k_1}{k_2} = 16 \sim 32$.

做保守估计，取 $\dfrac{k_1}{k_2} = 16$，则 $\dfrac{Q'}{Q} = \dfrac{2}{2+s} = \dfrac{2}{2 + 16\dfrac{l}{d}} = \dfrac{1}{1 + 8h}$，其中 $h = \dfrac{l}{d}$.

利用 MATLAB 软件做出函数 $\dfrac{Q'}{Q} = \dfrac{1}{1+8h}$ 的图像：

程序：

```
>> h=0.01:0.1:8;
>> ratio=1./(1+8*h);
>> plot(h,ratio);
>> xlabel('h')
>> ylabel('ratio')
```

结果（见图 2.4.2）：

图 2.4.2 热量流失比较

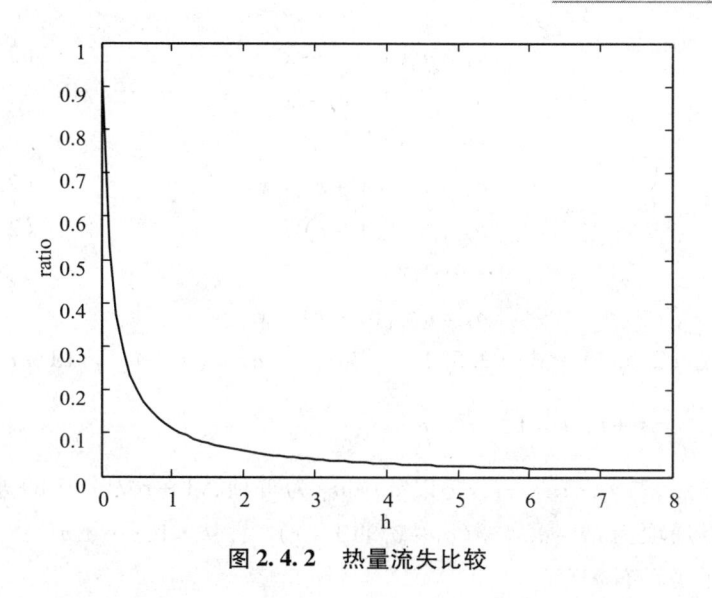

图像表明，随着 h 的增加，$\dfrac{Q'}{Q}$ 先迅速下降，再趋于一个稳定值．

据此知，h 不宜过大．通常建筑规范选取 $h=4$，此时 $\dfrac{Q'}{Q}=\dfrac{1}{33}\approx 3\%$，即双层玻璃的热量流失约占单层玻璃的 3%．

2.5 住房贷款

目前，通过向银行贷款来购置房屋已日益成为我国城市居民解决住房问题的主要选择．当然，贷款是要还本付息的．银行提供的还款方式主要有等额本息还款法和等额本金还款法两种，其中等额本息还款法每月还款额相同（本金渐多，利息渐少，总额不变），等额本金还款法每月还款额不同（本金相同，利息渐少，总额递减）．选择何种还款方式是由借贷双方共同协商确定的．那么，这两种还款方式有何异同？贷款者应如何恰当选择还款方式呢？

符号约定：

a_0——贷（还）款总额

n——贷（还）款期限（单位：月）

r——月利率

x——等额本息还款法月还款额

x_k——等额本金还款法第 k 个月还款额

模型建立与求解：

（1）等额本息还款法：

设还款 k 个月后贷款余额为 a_k，则由模型假设，有

$$a_1 = a_0(1+r) - x \qquad (2.5.1)$$
$$a_2 = a_1(1+r) - x$$
$$\cdots\cdots$$
$$a_k = a_{k-1}(1+r) - x \qquad (2.5.2)$$
$$a_{k+1} = a_k(1+r) - x \qquad (2.5.3)$$
$$\cdots\cdots$$
$$a_n = a_{n-1}(1+r) - x.$$

式（2.5.3）-式（2.5.2），得 $a_{k+1} - a_k = (a_k - a_{k-1})(1+r)$，即 $\dfrac{a_{k+1} - a_k}{a_k - a_{k-1}} = 1 + r$，$k = 1, \cdots, n$。

显然，$\{a_k - a_{k-1}\}_{k=1}^n$ 是以 $a_1 - a_0$ 为首项，$1+r$ 为公比的等比数列，其通项为 $a_k - a_{k-1} = (a_1 - a_0)(1+r)^{k-1}$，$k = 1, \cdots, n$。

于是，有
$$a_1 - a_0 = (a_1 - a_0) \cdot 1$$
$$a_2 - a_1 = (a_1 - a_0)(1+r)$$
$$a_3 - a_2 = (a_1 - a_0)(1+r)^2$$
$$\cdots\cdots$$
$$a_{n-1} - a_{n-2} = (a_1 - a_0)(1+r)^{n-2}$$
$$a_n - a_{n-1} = (a_1 - a_0)(1+r)^{n-1}.$$

各式加和，得
$$a_n - a_0 = (a_1 - a_0)[1 + (1+r) + (1+r)^2 + \cdots + (1+r)^{n-1}]$$
$$= (a_1 - a_0)\frac{1 - (1+r)^n}{1 - (1+r)} = (a_1 - a_0)\frac{(1+r)^n - 1}{r}$$

于是，$a_n = a_0 + (a_1 - a_0)\dfrac{(1+r)^n - 1}{r}$。

显然，$a_n = 0$，即 $a_0 + (a_1 - a_0)\dfrac{(1+r)^n - 1}{r} = 0.$ \qquad (2.5.4)

将式（2.5.1）代入式（2.5.4），得
$$a_0 + [a_0(1+r) - x - a_0]\frac{(1+r)^n - 1}{r} = 0.$$

解之，得月还款额 $x = a_0 r \dfrac{(1+r)^n}{(1+r)^n - 1}$。

从而，还款总额为 nx，利息总额为 $nx - a_0$。

(2) 等额本金还款法：

月还款额中本金均为 $\dfrac{a_0}{n}$。

第一个月应还利息 $a_0 r$，月还款额为 $x_1 = \dfrac{a_0}{n} + a_0 r$。

第二个月应还利息 $\left(a_0 - \dfrac{a_0}{n}\right)r$，月还款额为 $x_2 = \dfrac{a_0}{n} + \left(a_0 - \dfrac{a_0}{n}\right)r = \dfrac{a_0}{n} + a_0 r\left(1 - \dfrac{1}{n}\right)$.

第三个月应还利息 $\left(a_0 - 2\dfrac{a_0}{n}\right)r$，月还款额为 $x_3 = \dfrac{a_0}{n} + \left(a_0 - 2\dfrac{a_0}{n}\right)r = \dfrac{a_0}{n} + a_0 r\left(1 - \dfrac{2}{n}\right)$.

……

以此类推，第 k 个月还款额为 $x_k = \dfrac{a_0}{n} + a_0 r\left(1 - \dfrac{k-1}{n}\right)$，$k = 1, \cdots, n$.

从而，还款总额为

$$\sum_{k=1}^{n} x_k = \sum_{k=1}^{n}\left[\dfrac{a_0}{n} + a_0 r\left(1 - \dfrac{k-1}{n}\right)\right]$$

$$= \sum_{k=1}^{n}\dfrac{a_0}{n} + a_0 r\sum_{k=1}^{n}\left(1 - \dfrac{k-1}{n}\right)$$

$$= a_0 + a_0 r\dfrac{n+1}{2},$$

利息总额为 $a_0 r\dfrac{n+1}{2}$.

算例：

贷（还）款总额 $a_0 = 50$ 万元，贷（还）款期限 $n = 120$ 月，月利率 $r = 5.875‰$.

（1）等额本息还款法：

利用 MATLAB 软件计算：

```
>> a0 = 500000; r = 0.005875;
>> x = a0 * r * (1 + r)^120/((1 + r)^120 - 1)
x =
  5.8183e + 003
>> 120 * x
ans =
  6.9820e + 005
>> 120 * x - a0
ans =
  1.9820e + 005
```

因此，月还款额为 5818.3 元，还款总额为 698200 元，利息总额为 198200 元.

（2）等额本金还款法：

利用 MATLAB 软件计算：

```
>> a0 = 500000;r = 0.005875;k = 1:120;
>> xk = a0/120 + a0 * r * (1 - (k - 1)/120)
xk =
  1.0e + 003 *
```
Columns 1 through 20
7.1042   7.0797   7.0552   7.0307   7.0062   6.9818
6.9573   6.9328   6.9083   6.8839   6.8594   6.8349
6.8104   6.7859   6.7615   6.7370   6.7125   6.6880
6.6635   6.6391

Columns 21 through 40
6.6146   6.5901   6.5656   6.5411   6.5167   6.4922
6.4677   6.4432   6.4188   6.3943   6.3698   6.3453
6.3208   6.2964   6.2719   6.2474   6.2229   6.1984
6.1740   6.1495

Columns 41 through 60
6.1250   6.1005   6.0760   6.0516   6.0271   6.0026
5.9781   5.9536   5.9292   5.9047   5.8802   5.8557
5.8312   5.8068   5.7823   5.7578   5.7333   5.7089
5.6844   5.6599

Columns 61 through 80
5.6354   5.6109   5.5865   5.5620   5.5375   5.5130
5.4885   5.4641   5.4396   5.4151   5.3906   5.3661
5.3417   5.3172   5.2927   5.2682   5.2438   5.2193
5.1948   5.1703

Columns 81 through 100
5.1458   5.1214   5.0969   5.0724   5.0479   5.0234
4.9990   4.9745   4.9500   4.9255   4.9010   4.8766
4.8521   4.8276   4.8031   4.7786   4.7542   4.7297
4.7052   4.6807

Columns 101 through 120
4.6563   4.6318   4.6073   4.5828   4.5583   4.5339
4.5094   4.4849   4.4604   4.4359   4.4115   4.3870
4.3625   4.3380   4.3135   4.2891   4.2646   4.2401
4.2156   4.1911

```
>> a0 + a0 * r * (120 + 1)/2
ans =
  6.7772e + 005
>> a0 * r * (120 + 1)/2
```

```
ans =
   1.7772e+005
```
因此，月还款额为7104.2元，7079.7元，…，4215.6元，4191.1元，还款总额为677720元，利息总额为177720元．

模型分析：

由算例知，等额本息还款法比等额本金还款法多还款 698200 - 677720 = 20480 元（全部为利息！），但后者月还款额一开始即很大，对于低收入者有较大压力．因此，贷款者应视个人收入情况恰当选择还款方式．

本 章 习 题

1. 在某海滨城市的外海面深处有一台风．根据气象监测获知，当前台风中心位于该城市东偏南 θ 角（单位：弧度，$\cos\theta = \frac{\sqrt{2}}{10}$）方向 300km 的海面 P 处，并以 20km/h 的速度向正西北方向移动；台风侵袭的范围为圆形区域，当前半径为 60km，并以 10km/h 的速度不断增大．问：在未来多长时间内该城市将受到台风的侵袭？

2. 一颗地球同步轨道通信卫星的轨道位于地球的赤道平面内，且轨道可以近似认为是圆．设地球的半径为 6400km，卫星距地面的高度为 36000km，那么卫星的覆盖面积是多少？

3. 一只羊被主人用一根很长的绳子拴住后，再一圈一圈地缠绕在一个固定在地面上的磨盘上．羊奋力拉紧绳子，企图逃跑．求羊逃跑的轨迹．

4. 如下图所示，一辆汽车在点 O 处进入弯道，虽然司机立即采取了制动措施，但是仍在点 A 处冲到了路边的沟里．

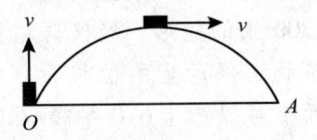

交警及时地赶到了事故现场．司机向交警申辩说，在进入弯道前，他的车速大约为 50 千米/小时，并没有超过弯道限速 60 千米/小时；进入弯道后，刹车突然失灵，致使制动无效而冲入沟中．

交警检验车辆后发现该车的制动器在事故发生时的确失灵，但不能确定司机所说的车速是否真实．

数学模型、算法与程序

交警测出了从点 O 到点 A 的刹车痕迹上一些点的横向位移和纵向位移,如下表所示.

单位:米

横向	0	3	6	9	12	15	16.64	18	21	24	27	30	33.27
纵向	0	1.19	2.15	2.82	3.28	3.53	3.55	3.54	3.31	2.89	2.22	1.29	0

请协助交警确定司机所说的车速的真实性.

5. 在生猪收购站或屠宰场,有经验的师傅常常能够由猪的体长(即不含头和尾的躯干部分的长度)去估算其重量.试建立数学模型来讨论猪的重量与体长之间的关系.

6. 如下图所示,某杂技团拟设计如下惊险杂技节目:在离海边 $s=9$m 的海滩上建一 $H=10$m 高台,高台下 $h=5$m 处置一弹性斜面,斜面与水平面的夹角为 $45°$. 演员从高台团身跳下,经与斜面碰撞后被弹到海里. 试讨论这一设计方案的可行性.

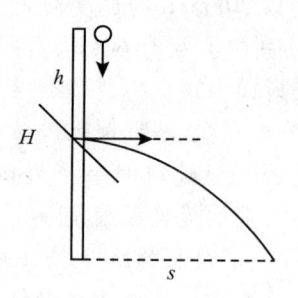

7. 高层建筑物在外力影响下会发生振动现象,问题是这种振动是否存在危险性?这是建筑工程设计人员必须要严肃面对的重要问题.

一个实例:一幢高层建筑物的质量为 $m=10^{11}$ 千克,楼高为 300 米,横截面是 30 米 × 300 米的矩形. 经仪器测量,8 级风力作用在建筑物横截面上时,建筑物顶部产生的位移为 0.038 米. 资料表明,8 级风在建筑物的迎风面上可以产生 670 牛顿/米² 的压力.

如何建立数学模型来确定建筑物的关键的数学特性——固有频率,以便对建筑物的振动现象进行评估和研究.

8. 如下图所示,一人 6:00 从山脚 A 处开始上山,18:00 到达山顶 B 处. 第二天,他 6:00 从山顶 B 处开始下山,18:00 到达山脚 A 处. 问:这两天中他能否在某一时刻时到达同一地点?

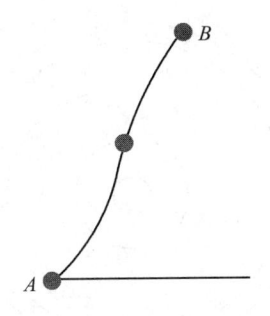

9. 将一张四条腿的椅子放在不平的地面上，不允许将椅子移到别处，但允许围绕着其中心转动．生活常识告诉我们，总有一个位置可使椅子的四条腿同时着地．试解释这一常识．

10. 20世纪80年代初，CD光盘（compact disk）问世，用于存储数字声频；20世纪90年代，DVD光盘（Digital Video Disk）推出，用于存储数字声频和数字视频．21世纪以来，光盘制品的性能、容量都有了大幅提升，进入了千家万户的日常生活．

光盘的外观尺寸由一些生产厂家的联盟决定．常见光盘盘片的尺寸如下图所示：外径为120mm，内径为45mm，数据信息存储在内外圈之间的环形区域内，其中外圈的边缘留有2mm宽的环形区域不用来存储数据信息．

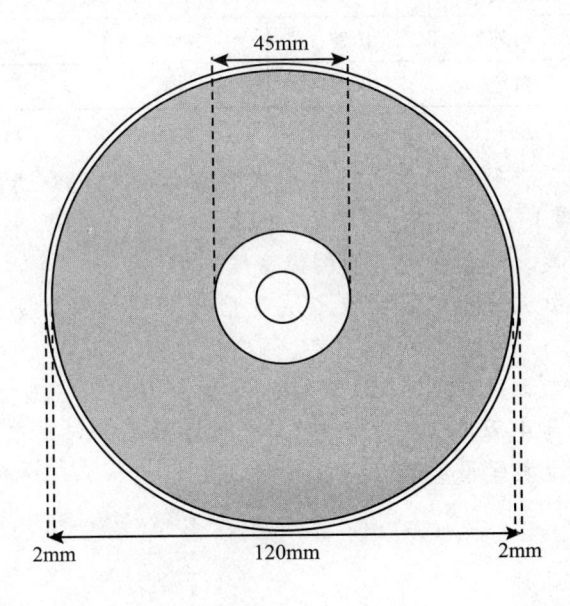

如下图所示，数据信息经过编码后，以具有一定长度、深度、宽度的凹坑的形式，利用烧蚀技术存储在光盘表面呈螺旋线形状的信道上．

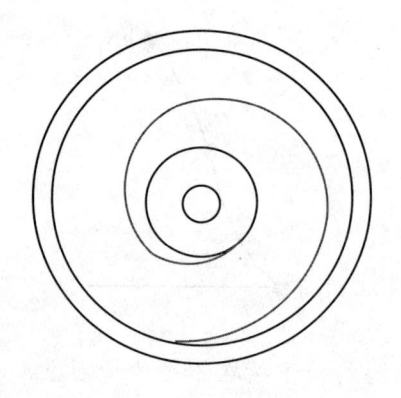

螺旋线的总圈数为 10^4 数量级．相邻两条螺旋线之间的距离称为信道间距．

当盘片上环形区域的面积一定时，光盘的容量（即存储的数据信息的大小）取决于信道的总长度和信道上所存储的数据信息的线密度（即单位长度上的字节数），而决定数据信息线密度的主要因素是光盘驱动器读取光盘所用激光的类型和驱动光盘的机械形式．

光盘驱动器读取光盘时，CD 用的是红外激光，DVD 用的是红色激光，其波长、信道间距和数据信息线密度如下表所示．

	激光类型	波长（μm）	信道间距（μm）	数据信息线密度（B/mm）
CD	红外	0.78	1.6	121
DVD	红色	0.64	0.74	387

光盘驱动器驱动光盘的机械形式有 CLV（恒定线速度）和 CAV（恒定角速度）两种，此处仅讨论 CLV 形式．在 CLV 形式中，光盘的线速度恒定，螺旋线上各圈的线密度不变．

综上可知，光盘的容量仅取决于信道（螺旋线）总长度和数据信息线密度．

目前，市面上常见的 CD 光盘的容量为 700MB（兆字节），DVD 光盘的容量为 4.7GB（千兆字节）．这些数据是如何确定的？请根据以上资料建立数学模型加以分析．

第 3 章 代 数 模 型

代数学是研究数、数量、关系、结构与代数方程的数学分支，也是数学中最重要的基础分支之一．

代数学可分为初等代数和抽象代数两部分，其中初等代数是更古老的算术的推广和发展，主要研究初等方程和方程组等，抽象代数则是在初等代数学的基础上产生和发展起来的，主要研究线性空间、群、环、域等．

用代数学方法来处理实际问题，一般先将问题进行抽象处理，然后用矩阵、向量、线性方程组等代数工具建立模型，再利用相关代数理论和方法来解决．

3.1 密 码

问题陈述：

密码（cryptography）在军事斗争和信息技术中有着重要应用．简言之，密码实质上是一种用来"隐藏"的技术，它通过将可识别的信息转变为不可识别的信息，达到保护信息安全的目的．

在密码学中，可识别的原始信息称为明文，不可识别的信息称为密文，将明文转变为密文的过程称为加密；相反的，将密文恢复为明文的过程称为解密．例如，让英文字母与阿拉伯数字一一对应（见表 3.1.1）：

表 3.1.1　　　　　字母与数字对应表

a	b	c	d	e	f	g	h	i	j	k	l	m
1	2	3	4	5	6	7	8	9	10	11	12	13
n	o	p	q	r	s	t	u	v	w	x	y	z
14	15	16	17	18	19	20	21	22	23	24	25	26

易见，英文单词"enemy"对应数组（向量）"(5 14 5 13 25)"，其中"enemy"为明文，"(5 14 5 13 25)"为密文，表3.1.1所示的一一对应关系称为密钥.

随着密码学的不断发展，密钥越来越复杂，加密方法也越来越多. 此处通过一个简单的例子介绍代数学在密码学中的应用.

假设加密方法是让密文乘以矩阵

$$\begin{bmatrix} 0 & 1 & 1 & 1 & 1 \\ 1 & 0 & 1 & 1 & 1 \\ 1 & 1 & 0 & 1 & 1 \\ 1 & 1 & 1 & 0 & 1 \\ 1 & 1 & 1 & 1 & 0 \end{bmatrix}$$

若友方收到的密文为

$$(52\ 33\ 33\ 52\ 42)$$

那么，明文是什么？

模型建立及求解：

设加密前密文为 c，则由加密方法得

$$c\begin{bmatrix} 0 & 1 & 1 & 1 & 1 \\ 1 & 0 & 1 & 1 & 1 \\ 1 & 1 & 0 & 1 & 1 \\ 1 & 1 & 1 & 0 & 1 \\ 1 & 1 & 1 & 1 & 0 \end{bmatrix} = (52\ 33\ 33\ 52\ 42)$$

于是，

$$c = (52\ 33\ 33\ 52\ 42)\begin{bmatrix} 0 & 1 & 1 & 1 & 1 \\ 1 & 0 & 1 & 1 & 1 \\ 1 & 1 & 0 & 1 & 1 \\ 1 & 1 & 1 & 0 & 1 \\ 1 & 1 & 1 & 1 & 0 \end{bmatrix}^{-1}$$

MATLAB 程序及结果：

```
>>A=[0 1 1 1 1;1 0 1 1 1;1 1 0 1 1;1 1 1 0 1;1 1 1 1 0];
>>c1=[52 33 33 52 42];
>>c=c1*inv(A)
c =
      1    20    20     1    11
```

据此知，加密前密文为

$$(1\ 20\ 20\ 1\ 11)$$

查表3.1.1知，明文为"attack".

3.2 幻　　方

问题陈述：

如何将 1、2、…、9 这九个数字填入一个 3×3 方块中，使每行数字之和、每列数字之和、主对角线数字之和、副对角线数字之和均为 15？

上述方块称为 3 阶幻方（或魔方，magic square）．

模型建立：

设 3 阶幻方为

x_1	x_2	x_3
x_4	x_5	x_6
x_7	x_8	x_9

则可建立如下模型：

$$\begin{cases} x_1 + x_2 + x_3 = 15 \\ x_4 + x_5 + x_6 = 15 \\ x_7 + x_8 + x_9 = 15 \\ x_1 + x_4 + x_7 = 15 \\ x_2 + x_5 + x_8 = 15 \\ x_3 + x_6 + x_9 = 15 \\ x_1 + x_5 + x_9 = 15 \\ x_3 + x_5 + x_7 = 15 \\ 1 \leqslant x_1, \cdots, x_9 \leqslant 9, 整数 \end{cases}$$

显然，上述模型是一个线性方程组，其中所有未知量都取整数值．

模型求解：

MATLAB 程序：

编写 M 文件 huanfang1.m：

```
a = zeros(3);
e = zeros(1,8);
b = 1:9;
d = perms(b);
for i = 1:size(d,1)
    a = reshape(d(i,:),3,3);
```

```
        for j =1:3
            e(j) = sum(a(j,:));
        end
        for j =1:3
            e(3 +j) = sum(a(:,j));
        end
        e(7) = a(1,1) + a(2,2) + a(3,3);
        e(8) = a(1,3) + a(2,2) + a(3,1);
        if
            e(1) == 15&&e(2) == 15&&e(3) == 15&&e(4) == 15&&e(5) ==15&&e(6) ==15&&e(7) ==15&&e(8) ==15
            disp(a)
            disp(' ')
        end
    end
```

或：

编写 M 文件 huanfang2. m：

```
solution =[]
for x1 =1:9
    for x2 =1:9
        for x3 =1:9
            for x4 =1:9
                for x5 =1:9
                    for x6 =1:9
                        for x7 =1:9
                            for x8 =1:9
                                for x9 =1:9
                                    if x1 + x2 + x3 ==15 & x4 + x5 + x6 ==15 & x7 + x8 + x9 ==15 & x1 + x4 + x7 ==15 & x2 + x5 + x8 ==15 & x3 + x6 + x9 ==15 & x1 + x5 + x9 ==15 & x3 + x5 + x7 ==15
                                        if length(unique([x1,x2,x3,x4,x5,x6,x7,x8,x9])) ==9
                                            solution =[solution;x1 x2 x3 x4 x5 x6 x7 x8 x9];
                                        end
                                    end
                                end
                            end
```

```
                        end
                    end
                end
            end
        end
    end
end
solution
```

注：程序中判断语句"if length(unique([x1,x2,x3,x4,x5,x6,x7,x8,x9]))==9"是为了确保解中 9 个未知量的值互不相同．

或：最简单方式

>> magic(3)

结果：

>>huanfang1

```
    8    1    6
    3    5    7
    4    9    2

    8    3    4
    1    5    9
    6    7    2

    6    1    8
    7    5    3
    2    9    4

    6    7    2
    1    5    9
    8    3    4

    4    3    8
    9    5    1
    2    7    6

    4    9    2
    3    5    7
    8    1    6
```

数学模型、算法与程序

2	9	4
7	5	3
6	1	8

2	7	6
9	5	1
4	3	8

据此知，方程组的解不唯一，有 8 个，其中第 6 个解为 $x_1=4$，$x_2=9$，$x_3=2$，$x_4=3$，$x_5=5$，$x_6=7$，$x_7=8$，$x_8=1$，$x_9=6$.

因此，3 阶幻方为

4	9	2
3	5	7
8	1	6

方程组的其余 7 个解对应着上述 3 阶幻方的不同变式，此处从略.

模型说明：

相传我国上古时期，洛阳西洛河中浮出神龟，背驮"洛书"（见图 3.2.1），献给大禹. 大禹依此治水成功，遂划天下为九州，又定九章大法，治理社会.

图 3.2.1　灵龟负书出洛图

资料来源：王永宽. 河图洛书探秘. 郑州：河南人民出版社，2006.

易见，洛书上的圆点恰好构成上文述及的 3 阶幻方. 不过，先人们无法解释这一神奇的现象，而将其称为九宫格. 有趣的是，金庸在《射雕英雄传》中也借用了 3 阶幻方，黄蓉破解九宫格的口诀就是："戴九履一，左三右七，四二为肩，八六为足."

1514 年，德国艺术家 A. Durer 铸造了一枚名为"Melencotia Ⅰ"的铜币．铜币上有一个奇怪的数表，见图 3.2.2．

16	3	2	13
5	10	11	8
9	6	7	12
4	15	14	1

图 3.2.2　Melencotia Ⅰ 铜币示意图

该数表的特点是每行数字之和、每列数字之和、两对角线数字之和、四边小方块数字之和、中心小方块数字之和、四个边角数字之和、中间对边数字之和均为 34．这个数表实际上就是一个 4 阶幻方．

3.3　兔子繁殖

问题陈述：

1228 年，绰号为斐波拿契（Fibonacci）的意大利数学家李奥纳多（Leonardo）提出了如下问题：

兔子出生后两个月就能生小兔，每次恰好生一对（雌雄各一只），且生下的小兔都能存活．问：如果年初有一对兔子，那么一年后将会有多少只兔子？

模型建立：

不妨先通过画图来简单找一下规律（见图 3.3.1）：

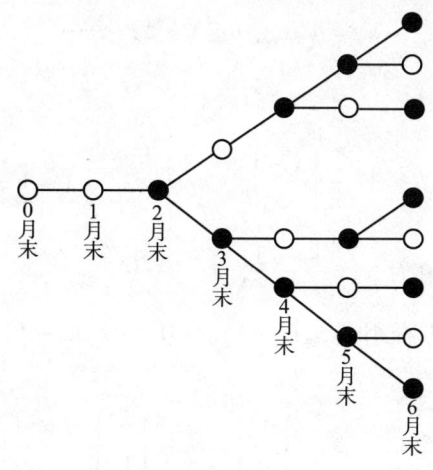

图 3.3.1　兔子繁殖

其中黑点为老兔,白点为小兔.

据图 3.3.1 知,一年中前 6 个月末的兔子数分别为 1、1、2、3、5、8.

易见,上一数列呈现出的规律是:第三个月末的兔子数是前两个月末的兔子数之和. 这样的数列称为斐波拿契数列.

设第 n 个月末的兔子数为 F_n,则可建立如下模型:
$$F_{n+2} = F_{n+1} + F_n, \quad n = 0, 1, 2, \cdots\cdots$$
其中 $F_0 = 0$,$F_1 = 1$.

显然,上述模型是一个差分方程,其求解在微积分学中有专门方法可用,详见参考文献 [24],此处利用代数学方法求解.

模型求解:

由模型得关系式
$$\begin{cases} F_{n+2} = F_{n+1} + F_n \\ F_{n+1} = F_{n+1} \end{cases} \tag{3.3.1}$$
$$n = 0, 1, 2, \cdots\cdots$$

令
$$A = \begin{bmatrix} 1 & 1 \\ 1 & 0 \end{bmatrix}, \quad \alpha_n = \begin{bmatrix} F_{n+1} \\ F_n \end{bmatrix}$$

则式 (3.3.1) 即为
$$\alpha_{n+1} = A\alpha_n \tag{3.3.2}$$

其中 $\alpha_0 = \begin{bmatrix} F_1 \\ F_0 \end{bmatrix} = \begin{bmatrix} 1 \\ 0 \end{bmatrix}$.

于是,由式 (3.3.2) 递推可得
$$\alpha_{n+1} = A^{n+1}\alpha_0, \quad n = 0, 1, 2, \cdots\cdots$$
即
$$\alpha_n = A^n \alpha_0, \quad n = 1, 2, \cdots\cdots \tag{3.3.3}$$

下面求 A^n.

由
$$|\lambda E - A| = \begin{vmatrix} \lambda - 1 & -1 \\ -1 & \lambda \end{vmatrix} = \lambda^2 - \lambda - 1 = 0$$

得 A 的特征值为 $\lambda_1 = \dfrac{1+\sqrt{5}}{2}$,$\lambda_2 = \dfrac{1-\sqrt{5}}{2}$.

分别解线性方程组 $(\lambda_1 E - A)x = 0$,$(\lambda_2 E - A)x = 0$,得对应的特征向量分别为
$$\beta_1 = \begin{bmatrix} \lambda_1 \\ 1 \end{bmatrix}, \quad \beta_2 = \begin{bmatrix} \lambda_2 \\ 1 \end{bmatrix}$$

(特征值和特征向量的计算可利用 MATLAB 软件实现,此处从

略）

因 A 为实对称矩阵，故 A 可对角化.

令矩阵 $P=(\beta_1,\beta_2)=\begin{bmatrix}\lambda_1 & \lambda_2 \\ 1 & 1\end{bmatrix}$，则 P 可逆，且 $P^{-1}AP=\begin{bmatrix}\lambda_1 & 0 \\ 0 & \lambda_2\end{bmatrix}$.

于是，

$$A^n = \left(P\begin{bmatrix}\lambda_1 & 0 \\ 0 & \lambda_2\end{bmatrix}P^{-1}\right)^n = P\begin{bmatrix}\lambda_1 & 0 \\ 0 & \lambda_2\end{bmatrix}^n P^{-1}$$

$$= \begin{bmatrix}\lambda_1 & \lambda_2 \\ 1 & 1\end{bmatrix}\begin{bmatrix}\lambda_1^n & 0 \\ 0 & \lambda_2^n\end{bmatrix}\begin{bmatrix}\dfrac{1}{\lambda_1-\lambda_2} & -\dfrac{\lambda_2}{\lambda_1-\lambda_2} \\ -\dfrac{1}{\lambda_1-\lambda_2} & \dfrac{\lambda_1}{\lambda_1-\lambda_2}\end{bmatrix}$$

$$= \begin{bmatrix}\dfrac{\lambda_1^{n+1}-\lambda_2^{n+1}}{\lambda_1-\lambda_2} & \dfrac{\lambda_1\lambda_2^{n+1}-\lambda_2\lambda_1^{n+1}}{\lambda_1-\lambda_2} \\ \dfrac{\lambda_1^n-\lambda_2^n}{\lambda_1-\lambda_2} & \dfrac{\lambda_1\lambda_2^n-\lambda_2\lambda_1^n}{\lambda_1-\lambda_2}\end{bmatrix}$$

从而，由式（3.3.3）得

$$\alpha_n = A^n\alpha_0 = \begin{bmatrix}\dfrac{\lambda_1^{n+1}-\lambda_2^{n+1}}{\lambda_1-\lambda_2} & \dfrac{\lambda_1\lambda_2^{n+1}-\lambda_2\lambda_1^{n+1}}{\lambda_1-\lambda_2} \\ \dfrac{\lambda_1^n-\lambda_2^n}{\lambda_1-\lambda_2} & \dfrac{\lambda_1\lambda_2^n-\lambda_2\lambda_1^n}{\lambda_1-\lambda_2}\end{bmatrix}\begin{bmatrix}1 \\ 0\end{bmatrix} = \begin{bmatrix}\dfrac{\lambda_1^{n+1}-\lambda_2^{n+1}}{\lambda_1-\lambda_2} \\ \dfrac{\lambda_1^n-\lambda_2^n}{\lambda_1-\lambda_2}\end{bmatrix}$$

即

$$\begin{bmatrix}F_{n+1} \\ F_n\end{bmatrix} = \begin{bmatrix}\dfrac{\lambda_1^{n+1}-\lambda_2^{n+1}}{\lambda_1-\lambda_2} \\ \dfrac{\lambda_1^n-\lambda_2^n}{\lambda_1-\lambda_2}\end{bmatrix}$$

故

$$F_n = \dfrac{\lambda_1^n-\lambda_2^n}{\lambda_1-\lambda_2} = \dfrac{1}{\sqrt{5}}\left[\left(\dfrac{1+\sqrt{5}}{2}\right)^n - \left(\dfrac{1-\sqrt{5}}{2}\right)^n\right],\ n=1,2,\cdots\cdots$$

程序：

编写 M 文件 fibonacci.m：

```
function fib = fibonacci(n)
fib = [1 1]; i = 1;
if n == 1
    fib(2) = [];
elseif n == 2
else
    while i < n - 1
```

```
            fib(i+2) = fib(i)+fib(i+1);
            i = i+1;
        end
end
```
或：
```
>> n = 1:12;
>> Fn = 1/sqrt(5).*(((1+sqrt(5))/2).^n-((1-sqrt(5))/2).^n)
```
结果：
```
>> fibonacci(12)
ans =
    1  1  2  3  5  8  13  21  34  55  89  144
```

3.4　常染色体的遗传

问题陈述：

为了揭示生命的奥秘，遗传学的研究越来越引起人们的重视．

染色体（chromosome）是细胞核内具有遗传性质的遗传物质深度压缩而形成的聚合体，因易被碱性染料染成深色而得名，其本质是脱氧核糖核酸（DNA）和蛋白质的组合．

染色体是遗传信息——基因的主要载体，而基因是染色体上的有效遗传片断，存在于 DNA 中．

人类细胞中有 23 对染色体，其中对性别决定不起直接作用的 1 对染色体称为性染色体，其余 22 对染色体称为常染色体．

人类眼睛的颜色是由常染色体上的基因 a、b 控制的，对应的基因对有 aa、ab、bb 三种类型，其中基因型是 aa、ab 的人的眼睛是棕色的，基因型是 bb 的人的眼睛为蓝色的．由于 aa 和 ab 表示了人眼的同一外部特征（棕色），因此称 a 为显性基因、b 为隐性基因，或称基因 b 对于基因 a 是隐性的．

当亲代的基因型分别为 aa、ab、bb 时，子代可从基因型 aa 中继承到基因 a，从基因型 bb 中继承到基因 b，从基因型 ab 中等可能地继承到基因 a 或基因 b．子代从父、母两个亲代的基因型中各继承一个基因，形成自己的基因型，实现遗传特征的传递，从而完成生命的延续．

下面，来考虑一个常染色体的遗传问题：

植物园中一种叫金鱼草的植物的基因型为 AA、AB、BB．现拟用基因型为 AA 的金鱼草与基因型为 AA、AB、BB 的三种金鱼草相结合的方式培育金鱼草后代．试分析若干年后这种金鱼草后代的基因型的分布情形.

模型建立：

根据培育方式，第 $n-1$ 代（父、母）金鱼草的基因型分别为 AA 和 AA 时，第 n 代（子代）金鱼草的基因型必定也为 AA，不可能为 AB 和 BB；第 $n-1$ 代的基因型分别为 AA 和 AB 时，第 n 代的基因型为 AA、AB 的概率均为 $\frac{1}{2}$，不可能为 BB；第 $n-1$ 代的基因型分别为 AA 和 BB 时，第 n 代的基因型必定为 AB，不可能为 AA 和 BB（见表 3.4.1）.

表 3.4.1 金鱼草基因型

概率		第 $n-1$ 代（父、母）金鱼草的基因型		
		$AA-AA$	$AA-AB$	$AA-BB$
第 n 代（子代）金鱼草的基因型	AA	1	$\frac{1}{2}$	0
	AB	0	$\frac{1}{2}$	1
	BB	0	0	0

设基因型为 AA、AB、BB 的第 n 代金鱼草占第 n 代金鱼草总数的比例分别为 a_n，b_n，c_n，则

$$\begin{cases} a_n = 1 \cdot a_{n-1} + \frac{1}{2} \cdot b_{n-1} + 0 \cdot c_{n-1} = a_{n-1} + \frac{1}{2} b_{n-1} \\ b_n = 0 \cdot a_{n-1} + \frac{1}{2} \cdot b_{n-1} + 1 \cdot c_{n-1} = \frac{1}{2} b_{n-1} + c_{n-1} \\ c_n = 0 \cdot a_{n-1} + 0 \cdot b_{n-1} + 0 \cdot c_{n-1} = 0 \end{cases} \quad (3.4.1)$$

$$n = 0, 1, 2, \cdots\cdots$$

其中 $a_0 + b_0 + c_0 = 1$，$a_n + b_n + c_n = 1$.

令

$$x_n = \begin{bmatrix} a_n \\ b_n \\ c_n \end{bmatrix}$$

则由式（3.4.1），有

$$x_n = \begin{bmatrix} a_n \\ b_n \\ c_n \end{bmatrix} = \begin{bmatrix} a_{n-1} + \frac{1}{2} b_{n-1} \\ \frac{1}{2} b_{n-1} + c_{n-1} \\ 0 \end{bmatrix} = \begin{bmatrix} 1 & \frac{1}{2} & 0 \\ 0 & \frac{1}{2} & 1 \\ 0 & 0 & 0 \end{bmatrix} \begin{bmatrix} a_{n-1} \\ b_{n-1} \\ c_{n-1} \end{bmatrix} = \begin{bmatrix} 1 & \frac{1}{2} & 0 \\ 0 & \frac{1}{2} & 1 \\ 0 & 0 & 0 \end{bmatrix} x_{n-1}$$

(3.4.2)

再令

$$M = \begin{bmatrix} 1 & \frac{1}{2} & 0 \\ 0 & \frac{1}{2} & 1 \\ 0 & 0 & 0 \end{bmatrix}$$

则式（3.4.2）即为

$$x_n = Mx_{n-1}, \quad n = 0, 1, 2, \cdots\cdots$$

由此递推得

$$x_n = M^n x_0, \quad n = 0, 1, 2, \cdots\cdots \tag{3.4.3}$$

下面求 M^n.

仿 3.2 节, 过程略.

$$M^n = \begin{bmatrix} 1 & 1-\frac{1}{2^n} & 1-\frac{1}{2^{n-1}} \\ 0 & \frac{1}{2^n} & \frac{1}{2^{n-1}} \\ 0 & 0 & 0 \end{bmatrix}$$

于是,

$$x_n = M^n x_0 = \begin{bmatrix} 1 & 1-\frac{1}{2^n} & 1-\frac{1}{2^{n-1}} \\ 0 & \frac{1}{2^n} & \frac{1}{2^{n-1}} \\ 0 & 0 & 0 \end{bmatrix} \begin{bmatrix} a_0 \\ b_0 \\ c_0 \end{bmatrix} = \begin{bmatrix} 1-\frac{1}{2^n}b_0 - \frac{1}{2^{n-1}}c_0 \\ \frac{1}{2^n}b_0 + \frac{1}{2^{n-1}}c_0 \\ 0 \end{bmatrix}$$

故

$$\begin{cases} a_n = 1 - \frac{1}{2^n}b_0 - \frac{1}{2^{n-1}}c_0 \\ b_n = \frac{1}{2^n}b_0 + \frac{1}{2^{n-1}}c_0 \\ c_n = 0 \end{cases}$$

这就是第 n 代金鱼草的基因型的分布情况.

易见, $\lim\limits_{n \to +\infty} a_n = 1$, $\lim\limits_{n \to +\infty} b_n = \lim\limits_{n \to +\infty} c_n = 0$, 即在足够长的时间后, 金鱼草的基因型基本上均为 AA 型.

模型说明：

1. 模型验证了生物学中一个重要结论：显性基因多次遗传后占主导因素. 这也正是显性基因名称的由来.

2. 模型实际上就是著名的莱斯利（Leslie）种群模型, 见参考文献 [25].

3.5 投入产出问题

问题陈述：

自 1936 年开始，美国经济学家列昂惕夫（W. Leontief）陆续在一系列研究论文中提出了投入产出模型（input-output model），用于分析一个经济系统中多个部门之间的投入产出关系. 1973 年，列昂惕夫为此而获得诺贝尔经济学奖。

此处通过一个简单例子介绍一下投入产出问题.

某地有一座煤矿、一个电厂和一条铁路. 煤矿每生产价值 1 元钱的煤需消耗 0.2 元钱的电、0.3 元钱的运费. 电厂每生产价值 1 元钱的电需消耗 0.4 元钱的煤、0.2 元钱的电、0.2 元钱的运费. 铁路每提供价值 1 元钱的运输服务需消耗 0.3 元钱的煤、0.3 元钱的电. 现煤矿接到价值 5 万元煤的外地订单，电厂接到价值 8 万元电的外地订单. 问：煤矿、电厂、铁路的产出应分别为多少，才能满足需求？

模型建立：

设煤矿、电厂、铁路的产出分别为 x 元、y 元、z 元，则由题意得到投入产出表（见表 3.5.1）：

表 3.5.1　　　　　　　　投入产出表

		产出（1 元）		产出	投入	订单
		煤矿	电厂	铁路			
	煤矿	0	0.4	0.3	x	$0.4y+0.3z$	50000
投入	电厂	0.2	0.2	0.3	y	$0.2x+0.2y+0.3z$	80000
	铁路	0.3	0.2	0	z	$0.3x+0.2y$	0

再根据各部门的需求，可建立如下模型：

$$\begin{cases} x-(0.4y+0.3z)=50000 \\ y-(0.2x+0.2y+0.3z)=80000 \\ z-(0.3x+0.2y)=0 \end{cases}$$

显然，上述模型是一个线性方程组，其求解有专门的初等行变换法可用，详见参考文献［25］，此处利用 MATLAB 软件进行求解.

模型求解：

模型即为

$$\begin{cases} x - 0.4y - 0.3z = 50000 \\ -0.2x + 0.8y - 0.3z = 80000 \\ -0.3x - 0.2y + z = 0 \end{cases}$$

程序及结果：

```
>> A = [1 -0.4 -0.3; -0.2 0.8 -0.3; -0.3 -0.2 1];
>> b = [50000;80000;0];
>> rank(A), rank([A b])
ans =
    3
ans =
    3
>> x = A\b
x =
   1.0e+005 *
    1.3667
    1.6167
    0.7333
```

据此知，解为 $x = 1.3667 \times 10^5$，$y = 1.6167 \times 10^5$，$z = 0.7333 \times 10^5$.

因此，煤矿、电厂、铁路的产出分别为 136670 元、161670 元、73330 元，即可满足需求．

3.6 调味品选购

问题陈述：

某调料公司用辣椒、姜黄、胡椒、咖喱粉、大蒜粉、食盐、丁香油 7 种成分来配制 6 种调味品 A、B、C、D、E、F. 表 3.6.1 给出了配制一包调味品所需各种成分的数量．

表 3.6.1　　　　　　　　　　配料表

	A	B	C	D	E	F
辣椒	4.5	1.5	3	7.5	9	4.5
姜黄	0	4	2	8	1	6
胡椒	0	2	1	4	2	3
咖喱粉	0	2	1	4	1	3
蒜粉	0	1	0.5	2	2	1.5

续表

	A	B	C	D	E	F
食盐	0	1	0.5	2	2	1.5
丁香油	0	0.5	0.25	2	1	0.75

顾客如不愿购买全部 6 种调味品，可只购买其中一部分，并用它们配制出其余几种调味制品．

问：该顾客须至少购买哪些调味品，才能如其所愿？

问题分析：

将配制一包调味品所需各种成分的数量视为一个 7 维列向量，则 6 种调味品对应 6 个列向量

$$\alpha_1, \alpha_2, \alpha_3, \alpha_4, \alpha_5, \alpha_6$$

判断向量组 $\alpha_1, \alpha_2, \alpha_3, \alpha_4, \alpha_5, \alpha_6$ 的线性相关性．若向量组线性无关，则顾客显然无法如愿；若向量组线性相关，即能用其极大无关组将其余向量线性表示，故顾客可以如愿，且购买调味品数量最少．

当然，上述想法还需满足问题的实际意义，即将其余向量用极大无关组线性表示时，表示系数须是非负数．

模型建立及求解：

构造向量组

$$\alpha_1 = \begin{bmatrix} 4.5 \\ 0 \\ 0 \\ 0 \\ 0 \\ 0 \\ 0 \end{bmatrix}, \alpha_2 = \begin{bmatrix} 1.5 \\ 4 \\ 2 \\ 2 \\ 1 \\ 1 \\ 0.5 \end{bmatrix}, \alpha_3 = \begin{bmatrix} 3 \\ 2 \\ 1 \\ 1 \\ 0.5 \\ 0.5 \\ 0.25 \end{bmatrix},$$

$$\alpha_4 = \begin{bmatrix} 7.5 \\ 8 \\ 4 \\ 4 \\ 2 \\ 2 \\ 2 \end{bmatrix}, \alpha_5 = \begin{bmatrix} 9 \\ 1 \\ 2 \\ 1 \\ 2 \\ 2 \\ 1 \end{bmatrix}, \alpha_6 = \begin{bmatrix} 4.5 \\ 6 \\ 3 \\ 3 \\ 1.5 \\ 1.5 \\ 0.75 \end{bmatrix}$$

下面求向量组 $\alpha_1, \alpha_2, \cdots, \alpha_6$ 的一个极大无关组．

程序及结果：

```
>>a1 =[4.5;0;0;0;0;0;0];
```

```
a2 = [1.5;4;2;2;1;1;0.5];
a3 = [3;2;1;1;0.5;0.5;0.25];
a4 = [7.5;8;4;4;2;2;2];
a5 = [9;1;2;1;2;2;1];
a6 = [4.5;6;3;3;1.5;1.5;0.75];
A = [a1 a2 a3 a4 a5 a6];
>>rank(A)
ans =
     4
>>[A0,jb] = rref(A)            % 行简化阶梯形和极大无关组
A0 =
  1.0000        0   0.5000        0        0   0.5000
       0   1.0000   0.5000        0        0   1.5000
       0        0        0   1.0000        0        0
       0        0        0        0   1.0000        0
       0        0        0        0        0        0
       0        0        0        0        0        0
       0        0        0        0        0        0
jb =
     1     2     4     5
```

据此知，A 经初等行变换可化为行简化阶梯形矩阵：

$$\begin{bmatrix} 1 & 0 & 0.5 & 0 & 0 & 0.5 \\ 0 & 1 & 0.5 & 0 & 0 & 1.5 \\ 0 & 0 & 0 & 1 & 0 & 0 \\ 0 & 0 & 0 & 0 & 1 & 0 \\ 0 & 0 & 0 & 0 & 0 & 0 \\ 0 & 0 & 0 & 0 & 0 & 0 \\ 0 & 0 & 0 & 0 & 0 & 0 \end{bmatrix}$$

向量组 α_1，α_2，$\cdots$，α_6 的极大无关组为 α_1，α_2，α_4，α_5。

不妨设 α_3，α_6 分别可由 α_1，α_2，α_4，α_5 线性表示为

$$\alpha_3 = x_1\alpha_1 + x_2\alpha_2 + x_4\alpha_4 + x_5\alpha_5$$
$$\alpha_6 = y_1\alpha_1 + y_2\alpha_2 + y_4\alpha_4 + y_5\alpha_5$$

即

$$\begin{cases} (\alpha_1, \ \alpha_2, \ \alpha_4, \ \alpha_5)x = \alpha_3 \\ (\alpha_1, \ \alpha_2, \ \alpha_4, \ \alpha_5)y = \alpha_6 \end{cases} \qquad (3.6.1)$$

其中

$$x = \begin{bmatrix} x_1 \\ x_2 \\ x_4 \\ x_5 \end{bmatrix}, \quad y = \begin{bmatrix} y_1 \\ y_2 \\ y_4 \\ y_5 \end{bmatrix}$$

解线性方程组（3.6.1）：

程序及结果：

```
>>B=[a1 a2 a4 a5];
>>rank(B),rank([B a3])
ans =
     4
ans =
     4
>>B\a3
ans =

    0.5000
    0.5000
    0.0000
   -0.0000
>>B\a6
ans =
    0.5000
    1.5000
   -0.0000
    0.0000
```

据此知，线性方程组（3.6.1）有非负解，即将向量 α_3、α_6 用极大无关组 α_1，α_2，α_4，α_5 线性表示时，表示系数均为非负数．

因此，顾客须至少购买调味品 A、B、D、E，且调味品 C、F 可按如下方式进行配制：

$$1 \text{ 包 C} = 0.5 \text{ 包 A} + 0.5 \text{ 包 B}$$
$$1 \text{ 包 F} = 0.5 \text{ 包 A} + 1.5 \text{ 包 B}$$

本章习题

1. 如何将 1、2……25 这 25 个数字填入一个 5×5 方块中，使每行数字之和、每列数字之和、两对角线数字之和均为 65？

2. （百鸡问题）今有鸡翁一，值钱五；鸡母一，值钱三；鸡雏三，值钱一．凡百钱买鸡百只，问：鸡翁、鸡母、鸡雏各几何？

3. 某试验性生产线每年1月份进行熟练工与非熟练工的人数统计，然后将$\frac{1}{6}$熟练工支援其他生产部门，其缺额由招收新的非熟练工补齐．新、老非熟练工经培训及实践至年终考核有$\frac{2}{5}$成为熟练工．设第1年1月份统计出熟练工、非熟练工所占的比例分别为$\frac{1}{2}$、$\frac{1}{2}$．试求第n年1月份熟练工、非熟练工所占的比例．

4. 经对城乡人口流动情况进行年度调查，发现人口在城乡间有一个稳定的流动趋势：每年农村人口的2.5%迁入城镇，而城镇人口的1%迁入乡村．假如城乡总人口数保持不变，其中60%为城镇人口，并且人口流动的趋势将持续稳定下去．那么，多年以后，城镇人口在城乡总人口中的占比应是多少？

5. 一家汽车租赁公司在3个相邻的城市A、B、C运营．为方便顾客起见，公司承诺：在某一个城市租赁的汽车可以在三个城市中的任意一个归还．根据经验估计和市场调查，在一个租赁期内，在城市A租赁的汽车在城市A、B、C归还的比例分别为0.6、0.3、0.1；在城市B租赁的汽车在城市A、B、C归还的比例分别为0.2、0.7、0.1；在城市C租赁的汽车在城市A、B、C归还的比例分别为0.1、0.3、0.6．公司开业时，将600辆汽车平均分配给3个城市．

试建立运营过程中汽车的数量在3个城市之间转移的模型，讨论时间充分长时的变化趋势，并分析这一变化趋势是否与600辆汽车的最初分配方案有关．

6. 有3家生产不同产品的公司，每家公司的产出在3家公司的分配如下表所示．

	产出分配		
	公司1	公司2	公司3
公司1	0	0.4	0.6
公司2	0.6	0.1	0.2
公司3	0.4	0.5	0.2

其中第2列数据表示公司2将其产出的40%、10%、50%分别分配给了公司1、公司2（作为本公司运营所需的投入）、公司3．

试求使三家公司的投入与产出都相等时的平衡价格．

7. 下图是一个交通网络图，其中所有道路均为单行道，且路边禁止停车，箭头处的数字为交通高峰期进出主路的车辆数．若在高峰期内，进入每个路口的车辆数等于离开该路口的车辆数，则交通流量平衡，不会发生堵车．

问：各支路的车流量应各为多少，才能达到流量平衡？

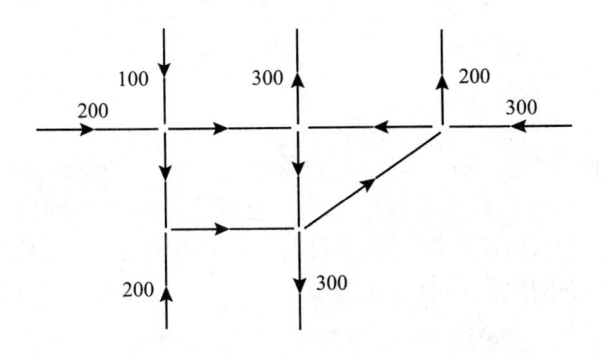

第4章 数学规划模型

针对某一系统，在一定的限制条件下，寻求一些变量的值，使某一（或若干）目标最大化或最小化，这就是数学规划问题．简言之，数学规划旨在从解决问题的多个可行方案中挑选出一个最优方案．

数学规划问题的一般形式为

$$\begin{cases} \max(\min) & z = f(x) \\ s.t. & g_i(x) = 0, \ i = 1, \cdots, k \\ & h_j(x) \geq 0, \ j = 1, \cdots, l \\ & x \geq 0 \end{cases}$$

其中 $x = (x_1, x_2, \cdots, x_n)^T$ 为决策变量（decision variable），$g_i(x) = 0 (i = 1, \cdots, k)$、$h_j(x) \geq 0 (j = 1, \cdots, l)$、$x \geq 0$ 为约束条件（constraint），$z = f(x)$ 为目标函数（objective function）．

在数学规划问题中，满足所有约束条件的 x 称为可行解（feasible solution），使目标函数达到最大（小）时的可行解称为最优解（optimal solution），最优解对应的目标函数值称为最优值（optimal value）．最优解分为局部（local）最优解和全局（global）最优解两种．

根据决策变量、约束条件和目标函数的不同，数学规划问题有无约束规划、线性规划、整数规划（含 0-1 规划）、非线性规划、多目标规划、目标规划、动态规划等．

在计算机科学与技术的推动下，数学规划已发展为一门十分活跃的学科，其理论和方法已经渗透到经济计划、工程设计、生产管理、交通运输、国防军事等众多领域．

有关数学规划的更为详细的介绍见参考文献 [19，20]．

4.1 无约束规划

例 4.1.1 光的折射定律．

问题描述：

1657 年，法国数学家费马（Fermat）发现光是沿直线传播的，而且在遇到障碍物时会"拐弯"，并提出了著名的费马原理：光是沿所需时间最短的路径传播的.

光在由一种介质进入另一种介质时,在界面处会发生折射现象. 人们发现,折射现象的形成遵从费马原理. 试据此建立数学模型来推导光的折射定律.

模型假设:

(1) 传播光的介质是均匀的.

(2) 光在同种介质中的传播速度为常数.

模型建立及求解:

如图 4.1.1 所示,设光由介质 1 内一点 P 经折射点 O 到达介质 2 内一点 Q,则所用时间为

$$T(x) = \frac{\sqrt{x^2 + a^2}}{v_1} + \frac{\sqrt{(d-x)^2 + b^2}}{v_2}$$

其中 v_1, v_2 分别为光在介质 1、介质 2 内的传播速度.

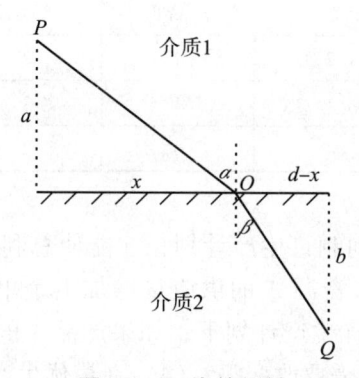

图 4.1.1 光的折射

令

$$T'(x) = \frac{x}{v_1 \sqrt{x^2 + a^2}} - \frac{d-x}{v_2 \sqrt{(d-x)^2 + b^2}} = 0$$

得

$$\frac{x}{v_1 \sqrt{x^2 + a^2}} = \frac{d-x}{v_2 \sqrt{(d-x)^2 + b^2}}$$

即

$$\frac{\frac{x}{\sqrt{x^2 + a^2}}}{v_1} = \frac{\frac{d-x}{\sqrt{(d-x)^2 + b^2}}}{v_2}$$

$$\frac{\sin\alpha}{v_1} = \frac{\sin\beta}{v_2}$$

$$\frac{\sin\alpha}{\sin\beta} = \frac{v_1}{v_2}$$

末式表明，入射角的正弦与折射角的正弦成正比．这就是光的折射定律，由荷兰学者斯涅耳（W. Snell）于1621年提出．

4.2 线 性 规 划

例 4.2.1 生产计划．

问题陈述：

某厂计划利用 A、B 两种资源生产Ⅰ、Ⅱ、Ⅲ三种产品，有关数据见表4.2.1.

表 4.2.1　　　　　　　　　生产计划

资源	生产单位产品所需资源的数量			资源的供应量
	产品Ⅰ	产品Ⅱ	产品Ⅲ	
A	2	2	2	6
B	1	4	7	9
产品的单位利润	4	6	2	—

问：(1) 应如何制订生产计划，才能使总利润最大？(2) 在最优生产计划下，如果资源 A 的供应量增加 1 个单位，那么总利润如何变化？(3) 在最优生产计划下，如果产品Ⅰ的单位利润由 4 增加为 6，那么生产计划需要改变吗？(4) 在最优生产计划下，如果资源 A 的供应量由 6 增加为 10，那么生产计划需要改变吗？

问题分析：

决策变量应为三种产品的产量，约束条件应为资源的使用量不超过供应量，目标函数应为总利润．

模型建立：

设产品Ⅰ、产品Ⅱ、产品Ⅲ的产量分别为 x_1，x_2 和 x_3，则可建立如下模型：

$$\begin{cases} \max \quad z = 4x_1 + 6x_2 + 2x_3 \\ s.t. \quad 2x_1 + 2x_2 + 2x_3 \leq 6 \\ \qquad\quad x_1 + 4x_2 + 7x_3 \leq 9 \\ \qquad\quad x_1, \ x_2, \ x_3 \geq 0 \end{cases}$$

显然，上述模型是一个数学规划问题，其中目标函数为线性函数，约束条件为线性不等式，故称为线性规划问题（linear programming problem）．

模型求解：

问题（1）：

线性规划问题有很多算法可用，如单纯形法、对偶单纯形法、两阶段法、大 M 法等，详见参考文献 [19，20]，此处利用 LINGO 软件进行求解（MATLAB 软件虽也能求解数学规划问题，但编程不便，不建议使用）. LINGO 软件是一款优秀的优化计算软件，其使用方法详见附录 2.

程序：

```
max = 4 * x1 + 6 * x2 + 2 * x3;
2 * x1 + 2 * x2 + 2 * x3 <= 6;
x1 + 4 * x2 + 7 * x3 <= 9;
```

或：

```
model:
sets:
  constraint/1..2/:b;
  variable/1..3/:c,x;
  matrix(constraint,variable):A;
endsets
max = @sum(variable:c * x);
@for(constraint(i):
  @sum(variable(j):A(i,j) * x(j)) <= b(i));
data:
  c = 4,6,2;
  b = 6,9;
  A = 2,2,2,
      1,4,7;
enddata
end
```

结果：

```
Global optimal solution found.
Objective value:                      16.00000
Infeasibilities:                      0.000000
Total solver iterations:                     2
Model Class:                                LP
Total variables:          3
Nonlinear variables:      0
Integer variables:        0
Total constraints:        3
```

	Nonlinear constraints:		0
	Total nonzeros:		9
	Nonlinear nonzeros:		0

Variable	Value	Reduced Cost
X1	1.000000	0.000000
X2	2.000000	0.000000
X3	0.000000	6.000000

Row	Slack or Surplus	Dual Price
1	16.00000	1.000000
2	0.000000	1.666667
3	0.000000	0.6666667

据此知，最优解为 $x_1 = 1$，$x_2 = 2$，$x_3 = 0$，最优值为 16.

因此，最佳生产计划为产品 Ⅰ、产品 Ⅱ、产品 Ⅲ 的产量分别为 1、2、0，此时最大利润为 16.

问题（2）：

由程序执行结果知，资源 A 的影子价格（shadow price，即 Dual Price）为 1.666667，故资源 A 的供应量增加 1 个单位时，最大总利润将增加 1.666667 个单位，即由 16 增加为 17.666667.

问题（3）、问题（4）：

继续利用 LINGO 软件做敏感性分析（具体操作步骤见附录 2），结果如下：

Ranges in which the basis is unchanged:

Objective Coefficient Ranges:

Variable	Current Coefficient	Allowable Increase	Allowable Decrease
X1	4.000000	2.000000	2.500000
X2	6.000000	10.00000	2.000000
X3	2.000000	6.000000	INFINITY

Righthand Side Ranges:

Row	Current RHS	Allowable Increase	Allowable Decrease
2	6.000000	12.00000	1.500000
3	9.000000	3.000000	6.000000

据此知，产品 Ⅰ 的单位利润在 $[4-2.5, 4+2] = [1.5, 6]$ 内变化时，最优解不变；资源 A 的供应量在 $[6-1.5, 6+12] = [4.5, 18]$ 内变化时，最优解不变.

因此，产品 Ⅰ 的单位利润由 4 增加为 6 时，生产计划不需改变；资源 A 的供应量由 6 增加为 10 时，生产计划不需改变.

注：如最优解发生变化，则应修改程序重新求解.

例 4.2.2 运输问题（transportation problem）.
问题陈述：

从 m 个发点 A_1，A_2，$\cdots$，A_m 往 n 个收点 B_1，B_2，$\cdots$，B_n 运输货物，有关数据如图 4.2.1 所示：

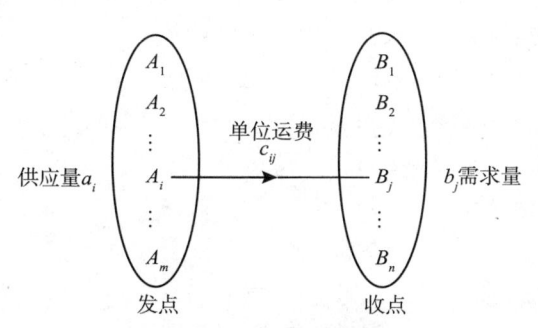

图 4.2.1 运输问题

其中 a_i，$b_j \in Z^+$ ($i=1, 2, \cdots, m$; $j=1, 2, \cdots, n$)，且 $\sum_{i=1}^{m} a_i = \sum_{j=1}^{n} b_j$（供需平衡）.

问：应如何组织运输，才能既满足供需关系，又使总运费最省？

模型建立：

设从发点 A_i 运往收点 B_j 的货物的数量为 x_{ij} ($i=1, 2, \cdots, m$; $j=1, 2, \cdots, n$)，则可建立如下模型：

$$\begin{cases} \min \ z = \sum_{i=1}^{m} \sum_{j=1}^{n} c_{ij} x_{ij} \\ s.t. \ \sum_{j=1}^{n} x_{ij} = a_i, \ i=1, 2, \cdots, m \\ \quad \ \sum_{i=1}^{m} x_{ij} = b_j, \ j=1, 2, \cdots, n \\ \quad \ x_{ij} \geq 0, \ i=1, 2, \cdots, m; \ j=1, 2, \cdots, n \end{cases}$$

显然，上述模型是一个线性规划问题.

模型求解：

运输问题有专门的表上作业法可用，详见参考文献 [19, 20]，此处利用 LINGO 软件进行求解.

算例：$m=3$，$n=4$，供应量为 15、25、5，需求量为 5、15、15、10，单位运费为 $c = \begin{bmatrix} 10 & 6 & 20 & 11 \\ 12 & 7 & 9 & 20 \\ 6 & 14 & 16 & 18 \end{bmatrix}$.

程序：

```
min =10*x11+6*x12+20*x13+11*x14
     +12*x21+7*x22+9*x23+20*x24
     +6*x31+14*x32+16*x33+18*x34;
x11+x12+x13+x14=15;
x21+x22+x23+x24=25;
x31+x32+x33+x34=5;
x11+x21+x31=5;
x12+x22+x32=15;
x13+x23+x33=15;
x14+x24+x34=10;
```

或:

```
model:
sets:
source/sr1..sr3/:supply;
sink/sk1..sk4/:demand;
links(source,sink):c,x;
endsets
data:
supply=15,25,5;
demand=5,15,15,10;
c=10,6,20,11
  12,7,9,20
  6,14,16,18;
enddata
min=@sum(links(i,j):c(i,j)*x(i,j));
@for(source(i):@sum(sink(j):x(i,j))=supply(i));
@for(sink(j):@sum(source(i):x(i,j))=demand(j));
end
```

结果:

Global optimal solution found.

Objective value:	375.0000
Infeasibilities:	0.000000
Total solver iterations:	6
Model Class:	LP
Total variables:	12
Nonlinear variables:	0
Integer variables:	0
Total constraints:	8

```
Nonlinear constraints:              0
Total nonzeros:                    36
Nonlinear nonzeros:                 0
          Variable        Value       Reduced Cost
       SUPPLY(SR1)       15.00000        0.000000
       SUPPLY(SR2)       25.00000        0.000000
       SUPPLY(SR3)        5.000000       0.000000
       DEMAND(SK1)        5.000000       0.000000
       DEMAND(SK2)       15.00000        0.000000
       DEMAND(SK3)       15.00000        0.000000
       DEMAND(SK4)       10.00000        0.000000
        C(SR1,SK1)       10.00000        0.000000
        C(SR1,SK2)        6.000000       0.000000
        C(SR1,SK3)       20.00000        0.000000
        C(SR1,SK4)       11.00000        0.000000
        C(SR2,SK1)       12.00000        0.000000
        C(SR2,SK2)        7.000000       0.000000
        C(SR2,SK3)        9.000000       0.000000
        C(SR2,SK4)       20.00000        0.000000
        C(SR3,SK1)        6.000000       0.000000
        C(SR3,SK2)       14.00000        0.000000
        C(SR3,SK3)       16.00000        0.000000
        C(SR3,SK4)       18.00000        0.000000
        X(SR1,SK1)        0.000000       0.000000
        X(SR1,SK2)        5.000000       0.000000
        X(SR1,SK3)        0.000000      12.00000
        X(SR1,SK4)       10.00000        0.000000
        X(SR2,SK1)        0.000000       1.000000
        X(SR2,SK2)       10.00000        0.000000
        X(SR2,SK3)       15.00000        0.000000
        X(SR2,SK4)        0.000000       8.000000
        X(SR3,SK1)        5.000000       0.000000
        X(SR3,SK2)        0.000000      12.00000
        X(SR3,SK3)        0.000000      12.00000
        X(SR3,SK4)        0.000000      11.00000
               Row    Slack or Surplus   Dual Price
                 1       375.0000       -1.000000
                 2         0.000000     -6.000000
```

3	0.000000	-7.000000
4	0.000000	-2.000000
5	0.000000	-4.000000
6	0.000000	0.000000
7	0.000000	-2.000000
8	0.000000	-5.000000

据此知，最优解为 $x_{12}=5$，$x_{14}=10$，$x_{22}=10$，$x_{23}=15$，$x_{31}=5$，其余 $x_{ij}=0$，最优值为 375.

因此，最优运输方案为发点 1 往收点 2 运货 5 个单位，发点 1 往收点 4 运货 10 个单位，发点 2 往收点 2 运货 10 个单位，发点 2 往收点 3 运货 15 个单位，发点 3 往收点 1 运货 5 个单位．此时，最小总运费为 375．

模型讨论：

例 4.2.2 中的模型是供需平衡型运输问题，下面说明供需不平衡型运输问题的处理方法．

(1) 供大于需型（$\sum_{i=1}^{m} a_i \geqslant \sum_{j=1}^{n} b_j$）：

此时，模型为

$$\begin{cases} \min \quad x = \sum_{i=1}^{m}\sum_{j=1}^{n} c_{ij}x_{ij} \\ s.t. \quad \sum_{j=1}^{n} x_{ij} \leqslant a_i, \ i=1,2,\cdots,m \\ \qquad \sum_{i=1}^{m} x_{ij} = b_j, \ j=1,2,\cdots,n \\ \qquad x_{ij} \geqslant 0, \ i=1,2,\cdots,m;\ j=1,2,\cdots,n \end{cases}$$

算例：$m=3$，$n=4$，供应量为 15、25、10，需求量为 5、15、15、10，单位运费为 $c = \begin{bmatrix} 10 & 6 & 20 & 11 \\ 12 & 7 & 9 & 20 \\ 6 & 14 & 16 & 18 \end{bmatrix}$．

程序：

只需在平衡型程序中，将语句"@for(source(i):@sum(sink(j):x(i,j))=supply(i));"改为"@for(source(i):@sum(sink(j):x(i,j))<=supply(i));"，并将发点 3 的供应量改为 10 即可．

(2) 供小于需型（$\sum_{i=1}^{m} a_i \leqslant \sum_{j=1}^{n} b_j$）：

此时，模型为

$$\begin{cases} \min \quad z = \sum_{i=1}^{m}\sum_{j=1}^{n} c_{ij}x_{ij} \\ s.t. \quad \sum_{j=1}^{n} x_{ij} = a_i, \quad i = 1, 2, \cdots, m \\ \quad\quad \sum_{i=1}^{m} x_{ij} \leqslant b_j, \quad j = 1, 2, \cdots, n \\ \quad\quad x_{ij} \geqslant 0, \quad i = 1, 2, \cdots, m; \quad j = 1, 2, \cdots, n \end{cases}$$

算例：$m = 3$，$n = 4$，供应量为 15、25、5，需求量为 5、15、25、10，单位运费为 $c = \begin{bmatrix} 10 & 6 & 20 & 11 \\ 12 & 7 & 9 & 20 \\ 6 & 14 & 16 & 18 \end{bmatrix}$.

程序：

只需在平衡型程序中，将语句"@for(sink(j):@sum(source(i):x(i,j))=demand(j));"改为"@for(sink(j):@sum(source(i):x(i,j))<=demand(j));"，并将收点 3 的需求量改为 25 即可.

例 4.2.3 转运问题（transshipment problem）.

问题陈述：

转运问题是运输问题的扩展. 在运输问题中，货物由发点被直接运到收点，不经过第三点中间转运；然而有时候，若将货物由发点先运到某个或某几个中间点（可以为其他发点、收点或中间转运站），再运到收点，则会更节省运费.

如图 4.2.2 所示，发点 1、2 的货物供应量分别为 600、400，收点 1、2、3、4 的需求量分别为 200、150、350、300. 需要将货物由发点经过中间点 1、2（仅转运，运入的货物全部运出）运往收点. 弧上的数字为单位运费. 问：应如何组织运输，才能既满足供需关系，又使总运费最省？

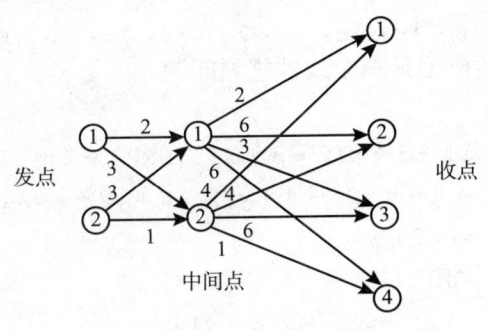

图 4.2.2 转运问题

模型建立：

设发点 i 到中间点 j 的运量为 x_{ij}，中间点 j 到收点 k 的运量为 y_{jk}，则

（1）总运费

$$z = 2x_{11} + 3x_{12} + 3x_{21} + x_{22} + 2y_{11} + 6y_{12} + 3y_{13}$$
$$+ 6y_{14} + 4y_{21} + 4y_{22} + 6y_{23} + y_{24}$$

（2）对发点的约束条件

$$x_{11} + x_{12} = 600 \quad (\text{发点 1})$$
$$x_{21} + x_{22} = 400 \quad (\text{发点 2})$$

（3）对中间点的约束条件

$$x_{11} + x_{21} = y_{11} + y_{12} + y_{13} + y_{14} \quad (\text{中间点 1})$$
$$x_{12} + x_{22} = y_{21} + y_{22} + y_{23} + y_{24} \quad (\text{中间点 2})$$

（4）对收点的约束条件

$$y_{11} + y_{21} = 200 \quad (\text{收点 1})$$
$$y_{12} + y_{22} = 150 \quad (\text{收点 2})$$
$$y_{13} + y_{23} = 350 \quad (\text{收点 3})$$
$$y_{14} + y_{24} = 300 \quad (\text{收点 4})$$

综上，建模如下：

min $z = 2x_{11} + 3x_{12} + 3x_{21} + x_{22} + 2y_{11} + 6y_{12} + 3y_{13} + 6y_{14} + 4y_{21} + 4y_{22} + 6y_{23} + y_{24}$

s.t.

$$x_{11} + x_{12} = 600$$
$$x_{21} + x_{22} = 400$$
$$x_{11} + x_{21} = y_{11} + y_{12} + y_{13} + y_{14}$$
$$x_{12} + x_{22} = y_{21} + y_{22} + y_{23} + y_{24}$$
$$y_{11} + y_{21} = 200$$
$$y_{12} + y_{22} = 150$$
$$y_{13} + y_{23} = 350$$
$$y_{14} + y_{24} = 300$$
$$x_{11}, x_{12}, x_{21}, x_{22}, y_{11}, y_{21}, y_{12}, y_{22}, y_{13}, y_{23}, y_{14}, y_{24} \geq 0$$

显然，上述模型是一个线性规划问题．

程序：

```
min =2 * x11 +3 * x12 +3 * x21 + x22 +2 * y11 +6 * y12 +
3 * y13 +6 * y14 +4 * y21 +4 * y22 +6 * y23 + y24；
x11 + x12 =600；
x21 + x22 =400；
x11 + x21 = y11 + y12 + y13 + y14；
x12 + x22 = y21 + y22 + y23 + y24；
y11 + y21 =200；
```

y12 + y22 = 150;
y13 + y23 = 350;
y14 + y24 = 300;
或:
model:
sets:
source/1..2/:supply;
sink/1..4/:demand;
between/1..2/:;
links1(source,between):cost1,x;
links2(between,sink):cost2,y;
endsets
data:
supply = 600,400;
demand = 200,150,350,300;
cost1 = 2,3,
        3,1;
cost2 = 2,6,3,6,
        4,4,6,1;
enddata
min = @sum(links1:cost1*x) + @sum(links2:cost2*y);
@for(source(i):@sum(between(j):x(i,j)) = supply(i));
@for(sink(k):@sum(between(j):y(j,k)) = demand(k));
@for(between(j):@sum(source(i):x(i,j)) = @sum(sink(k):y(j,k)));
end

结果:
Global optimal solution found.
Objective value: 4000.000
Infeasibilities: 0.000000
Total solver iterations: 1

Variable	Value	Reduced Cost
X11	550.0000	0.000000
X12	50.00000	0.000000
X21	0.000000	3.000000
X22	400.0000	0.000000

Y11	200.0000	0.000000
Y12	0.000000	1.000000
Y13	350.0000	0.000000
Y14	0.000000	4.000000
Y21	0.000000	3.000000
Y22	150.0000	0.000000
Y23	0.000000	4.000000
Y24	300.0000	0.000000

Row	Slack or Surplus	Dual Price
1	4000.000	−1.000000
2	0.000000	−2.000000
3	0.000000	0.000000
4	0.000000	0.000000
5	0.000000	−1.000000
6	0.000000	−2.000000
7	0.000000	−5.000000
8	0.000000	−3.000000
9	0.000000	−2.000000

据此知，最优解为 $x_{11}=550$，$x_{12}=50$，$x_{22}=400$，$y_{11}=200$，$y_{13}=350$，$y_{22}=150$，$y_{24}=300$，其余 $x_{ij}=y_{jk}=0$，最优值为 4000.

因此，最优运输方案为发点 1 分别往中间点 1、2 运货 550、50 个单位，发点 2 往中间点 2 运货 400 个单位，中间点 1 分别往收点 1、3 运货 200、350 个单位，中间点 2 分别往收点 2、4 运货 150、300 个单位. 此时，最小总运费为 4000.

4.3 整数规划

例 4.3.1 钢管截取.

问题陈述：

现有一批长度均为 15 米的钢管，用于截取 50 根 4 米、20 根 6 米和 15 根 8 米的钢管. 问：应如何截取，才能使用料最省？

模型准备：

为建立模型，事先需要确定所有可行的截取方式.

截取方式的确定相当于求不等式 $4x_1+6x_2+8x_3\leqslant 15$ 的非负整数解，其中 x_1，x_2，x_3 分别为 1 根 15 米的钢管可截取的 4 米、6 米、8 米钢管的数目. 这一问题可利用 MATLAB 软件实现.

MATLAB 程序：

编写 M 文件 jie.m：

```
solution =[ ]
for x1 =0:floor(15/4)
    for x2 =0:floor(15/6)
        for x3 =0:floor(15/8)
            if 4 * x1 +6 * x2 +8 * x3 <=15
                solution =[solution;x1 x2 x3];
            end
        end
    end
end
solution
```

结果：

```
>>jie
solution =
    []
solution =
    0    0    0
    0    0    1
    0    1    0
    0    1    1
    0    2    0
    1    0    0
    1    0    1
    1    1    0
    2    0    0
    2    1    0
    3    0    0
```

据此知，所有可行的截取方式见表 4.3.1（去掉第一种方式）.

表 4.3.1　　　　　　　所有截取方式

	4 米	6 米	8 米	余料
截取方式 1	0	0	1	7
截取方式 2	0	1	0	9
截取方式 3	0	1	1	1
截取方式 4	0	2	0	3
截取方式 5	1	0	0	11
截取方式 6	1	0	1	3

续表

	4米	6米	8米	余料
截取方式7	1	1	0	5
截取方式8	2	0	0	7
截取方式9	2	1	0	1
截取方式10	3	0	0	3

问题分析:

目标函数应为所有截取方式使用的钢管的数目之和.

模型建立:

设采用方式 i 进行截取的钢管的数目为 x_i, $i=1,\cdots,7$, 则可建立如下模型:

$$\min \quad z = x_1 + x_2 + x_3 + x_4 + x_5 + x_6 + x_7 + x_8 + x_9 + x_{10}$$

$s.t.$

$$x_5 + x_6 + x_7 + 2x_8 + 2x_9 + 3x_{10} = 50$$
$$x_2 + x_3 + 2x_4 + x_7 + x_9 = 20$$
$$x_1 + x_3 + x_6 = 15$$
$$x_1, x_2, x_3, x_4, x_5, x_6, x_7, x_8, x_9, x_{10} \geq 0, 整数$$

显然,上述模型是一个数学规划问题,其中所有决策变量都取整数值,称为纯整数规划问题(pure integer programming problem).

模型求解:

纯整数规划问题有很多算法可用,如割平面法、分支定界法等,详见参考文献[19,20],此处利用LINGO软件进行求解.

程序:

```
min = x1 + x2 + x3 + x4 + x5 + x6 + x7 + x8 + x9 + x10;
x5 + x6 + x7 + 2 * x8 + 2 * x9 + 3 * x10 = 50;
x2 + x3 + 2 * x4 + x7 + x9 = 20;
x1 + x3 + x6 = 15;
@gin(x1);
@gin(x2);
@gin(x3);
@gin(x4);
@gin(x5);
@gin(x6);
@gin(x7);
@gin(x8);
@gin(x9);
@gin(x10);
```

或:
```
model:
sets:
    constraint/1..3/:b;
    variable/1..10/:c,x;
    matrix(constraint,variable):A;
endsets
min=@sum(variable:c*x);
@for(constraint(i):
    @sum(variable(j):A(i,j)*x(j))=b(i));
@for(variable:@gin(x));
data:
    c=1,1,1,1,1,1,1,1,1,1;
    b=50,20,15;
    A=0,0,0,0,1,1,1,2,2,3
      0,1,1,2,0,0,1,0,1,0
      1,0,1,0,0,1,0,0,0,0;
enddata
end
```

结果:

Global optimal solution found.
Objective value: 34.00000
Objective bound: 34.00000
Infeasibilities: 0.000000
Extended solver steps: 0
Total solver iterations: 16
Model Class: PILP

Total variables: 10
Nonlinear variables: 0
Integer variables: 10
Total constraints: 4
Nonlinear constraints: 0
Total nonzeros: 24
Nonlinear nonzeros: 0

Variable	Value	Reduced Cost
X1	0.000000	1.000000
X2	0.000000	1.000000
X3	2.000000	1.000000

X4	0.000000	1.000000
X5	0.000000	1.000000
X6	13.00000	1.000000
X7	1.000000	1.000000
X8	1.000000	1.000000
X9	17.00000	1.000000
X10	0.000000	1.000000
Row	Slack or Surplus	Dual Price
1	34.00000	-1.000000
2	0.000000	0.000000
3	0.000000	0.000000
4	0.000000	0.000000

据此知，最优解为 $x_3=2$，$x_6=13$，$x_7=1$，$x_8=1$，$x_9=17$，其余 $x_j=0$，最优值为 34.

因此，最优方案为采用方式 3、6、7、8、9 进行截取的钢管的数目分别为 2、13、1、1、17，此时使用钢管的最少数目为 34.

模型说明：

如果以余料之和为目标函数，那么最优截取方案为何？请读者自行完成.

例 4.3.2 值班计划.

问题陈述：

医院急诊科一周七天中的每一天都需要有人值班，每天所需值班人员应至少分别为 20、16、13、16、19、14、12 人. 每一值班人员在一周中需连续值班 5 天. 问：应如何安排值班计划，才能既合乎工作要求，又使值班人员总数最少？

模型建立：

设一周中从第 i 天开始值班的人员数目为 x_i，则可建立如下模型：

$$\min \quad z = x_1 + x_2 + x_3 + x_4 + x_5 + x_6 + x_7$$

s.t.

$$x_4 + x_5 + x_6 + x_7 + x_1 \geq 20$$
$$x_5 + x_6 + x_7 + x_1 + x_2 \geq 16$$
$$x_6 + x_7 + x_1 + x_2 + x_3 \geq 13$$
$$x_7 + x_1 + x_2 + x_3 + x_4 \geq 16$$
$$x_1 + x_2 + x_3 + x_4 + x_5 \geq 19$$
$$x_2 + x_3 + x_4 + x_5 + x_6 \geq 14$$
$$x_3 + x_4 + x_5 + x_6 + x_7 \geq 12$$
$$x_1, x_2, x_3, x_4, x_5, x_6, x_7 \geq 0，整数$$

显然，上述模型是一个纯整数规划问题.

第4章 数学规划模型

模型求解：

程序：

```
min = x1 + x2 + x3 + x4 + x5 + x6 + x7;
x4 + x5 + x6 + x7 + x1 > = 20;
x5 + x6 + x7 + x1 + x2 > = 16;
x6 + x7 + x1 + x2 + x3 > = 13;
x7 + x1 + x2 + x3 + x4 > = 16;
x1 + x2 + x3 + x4 + x5 > = 19;
x2 + x3 + x4 + x5 + x6 > = 14;
x3 + x4 + x5 + x6 + x7 > = 12;
@gin(x1);@gin(x2);@gin(x3);@gin(x4);
@gin(x5);@gin(x6);@gin(x7);
```

或：

```
model:
sets:
days/mon..sun/:required,start;
endsets
data:
required = 20 16 13 16 19 14 12;
enddata
min = @sum(days:start);
@for(days(i):
@sum(days(j) |j#LE#5:
start(@wrap(i+j+2,7))) > = required(i));
end
```

结果：

```
Global optimal solution found.
Objective value:                         22.00000
Objective bound:                         22.00000
Infeasibilities:                         0.000000
Extended solver steps:                          0
Total solver iterations:                        5
Model Class:                                 PILP
Total variables:               7
Nonlinear variables:           0
Integer variables:             7
Total constraints:             8
Nonlinear constraints:         0
```

	Total nonzeros:	42
	Nonlinear nonzeros:	0

Variable	Value	Reduced Cost
X1	8.000000	1.000000
X2	2.000000	1.000000
X3	0.000000	1.000000
X4	6.000000	1.000000
X5	3.000000	1.000000
X6	3.000000	1.000000
X7	0.000000	1.000000

Row	Slack or Surplus	Dual Price
1	22.00000	-1.000000
2	0.000000	0.000000
3	0.000000	0.000000
4	0.000000	0.000000
5	0.000000	0.000000
6	0.000000	0.000000
7	0.000000	0.000000
8	0.000000	0.000000

据此知，最优解为 $x_1=8$, $x_2=2$, $x_3=0$, $x_4=6$, $x_5=3$, $x_6=3$, $x_7=0$，最优值为 22.

因此，最优方案为周一、二、三、四、五、六、七分别安排 8、2、0、6、3、3、0 人，此时最少值班人员总数为 22 人.

例 4.3.3 背包问题（knapsack problem）.

问题陈述：

今将 n 件物品选择性装入容积为 a 的背包中. 第 i 件物品的体积为 a_i，价值为 c_i，$i=1, 2, \cdots, n$. 问：应如何选择物品装入背包中，才能使装入物品的总体积不超过背包的容积，且总价值最大？

模型建立：

设决策变量

$$x_i = \begin{cases} 1, & \text{装入第 } i \text{ 件物品} \\ 0, & \text{否则} \end{cases}$$

$$i = 1, 2, \cdots, n$$

则可建立如下模型：

$$\begin{cases} \max & z = \sum_{i=1}^{n} c_i x_i \\ s.t. & \sum_{i=1}^{n} a_i x_i \leq a \\ & x_i = 0, 1; i = 1, 2, \cdots, n \end{cases}$$

显然，上述模型是一个数学规划问题，其中所有决策变量都取整数值 0 或 1，称为 0-1 规划问题（0-1 programming problem）。

模型求解：

0-1 规划问题有很多算法可用，如分支定界法等，详见参考文献 [19, 20]，此处利用 LINGO 软件进行求解.

算例：$a = 15$，其余数据见表 4.3.2.

表 4.3.2　　　　　　　　物品的体积和价值

物品 i	1	2	3	4	5	6	7	8
体积 a_i	1	3	4	3	3	1	5	10
价值 c_i	2	9	3	8	10	6	4	10

程序：

```
max = 2 * x1 + 9 * x2 + 3 * x3 + 8 * x4 + 10 * x5 + 6 * x6 + 4 * x7 + 10 * x8;
x1 + 3 * x2 + 4 * x3 + 3 * x4 + 3 * x5 + x6 + 5 * x7 + 10 * x8 <= 15;
@bin(x1);@bin(x2);@bin(x3);@bin(x4);
@bin(x5);@bin(x6);@bin(x7);@bin(x8);
```

或：

```
model:
sets:
wp/wp1..wp8/:a,c,x;
endsets
data:
a = 1 3 4 3 3 1 5 10;
c = 2 9 3 8 10 6 4 10;
enddata
max = @sum(wp:c * x);
@sum(wp:a * x) <= 15;
@for(wp:@bin(x));
end
```

结果：

Global optimal solution found.
Objective value: 38.00000
Objective bound: 38.00000
Infeasibilities: 0.000000
Extended solver steps: 0

Total solver iterations:		0
Model Class:		PILP
Total variables:		8
Nonlinear variables:		0
Integer variables:		8
Total constraints:		2
Nonlinear constraints:		0
Total nonzeros:		16
Nonlinear nonzeros:		0

Variable	Value	Reduced Cost
X1	1.000000	-2.000000
X2	1.000000	-9.000000
X3	1.000000	-3.000000
X4	1.000000	-8.000000
X5	1.000000	-10.00000
X6	1.000000	-6.000000
X7	0.000000	-4.000000
X8	0.000000	-10.00000

Row	Slack or Surplus	Dual Price
1	38.00000	1.000000
2	0.000000	0.000000

据此知，最优解为 $x_1 = x_2 = x_3 = x_4 = x_5 = x_6 = 1$，其余 $x_j = 0$，最优值为 38.

因此，最优方案为装入物品 1、2、3、4、5、6，此时最大总价值为 38.

模型说明：

例 4.3.3 是一维背包问题，请读者自行解决如下二维背包问题：

今将 n 件物品选择性装入容积为 a、载重为 b 的背包中．第 i 件物品的体积为 a_i，重量为 b_i，价值为 c_i，$i = 1, 2, \cdots, n$．问：应如何选择物品装入背包中，才能使装入物品的总体积不超过背包的容积，总重量不超过背包的载重，且总价值最大？

例 4.3.4 装箱问题（packing problem）．

问题陈述：

有 4 个完全相同的箱子，其长度为 0.8 米，拟装入 9 件物品：2 件长度为 0.31 米、2 件长度为 0.27 米、2 件长度为 0.26 米、3 件长度为 0.23 米．问：应如何装入，才能使所用箱子的数目最少？

模型假设：

箱子与各物品的宽度、高度均分别相同．

模型建立：

设决策变量

$$y_j = \begin{cases} 1, & \text{使用第} j \text{个箱子} \\ 0, & \text{否则} \end{cases}$$

$$j = 1, \cdots, 4$$

$$x_{ij} = \begin{cases} 1, & \text{第} i \text{件物品装入第} j \text{个箱子} \\ 0, & \text{否则} \end{cases}$$

$$i = 1, \cdots, 9; j = 1, \cdots, 4$$

则可建立如下模型：

$$\begin{cases} \min \quad z = \sum_{j=1}^{4} y_j \\ s.t. \quad 0.31 \sum_{i=1}^{2} x_{ij} + 0.27 \sum_{i=3}^{4} x_{ij} + 0.26 \sum_{i=5}^{6} x_{ij} \\ \qquad + 0.23 \sum_{i=7}^{9} x_{ij} \leq 0.8 y_j, \ j = 1, \cdots, 4 \\ \sum_{j=1}^{4} x_{ij} = 1, \ i = 1, \cdots, 9 \\ y_j = 0, 1; \ j = 1, \cdots, 4 \\ x_{ij} = 0, 1; \ i = 1, \cdots, 9; \ j = 1, \cdots, 4 \end{cases}$$

显然，上述模型是一个 0－1 规划问题．

模型求解：

程序：

```
min = y1 + y2 + y3 + y4;
0.31 * (x11 + x21) + 0.27 * (x31 + x41) + 0.26 * (x51 + x61) + 0.23 * (x71 + x81 + x91) <= 0.8 * y1;
0.31 * (x12 + x22) + 0.27 * (x32 + x42) + 0.26 * (x52 + x62) + 0.23 * (x72 + x82 + x92) <= 0.8 * y2;
0.31 * (x13 + x23) + 0.27 * (x33 + x43) + 0.26 * (x53 + x63) + 0.23 * (x73 + x83 + x93) <= 0.8 * y3;
0.31 * (x14 + x24) + 0.27 * (x34 + x44) + 0.26 * (x54 + x64) + 0.23 * (x74 + x84 + x94) <= 0.8 * y4;
x11 + x12 + x13 + x14 = 1;
x21 + x22 + x23 + x24 = 1;
x31 + x32 + x33 + x34 = 1;
x41 + x42 + x43 + x44 = 1;
x51 + x52 + x53 + x54 = 1;
x61 + x62 + x63 + x64 = 1;
x71 + x72 + x73 + x74 = 1;
```

x81 + x82 + x83 + x84 = 1;
x91 + x92 + x93 + x94 = 1;
@bin(y1);@bin(y2);@bin(y3);@bin(y4);
@bin(x11);@bin(x12);@bin(x13);@bin(x14);
@bin(x21);@bin(x22);@bin(x23);@bin(x24);
@bin(x31);@bin(x32);@bin(x33);@bin(x34);
@bin(x41);@bin(x42);@bin(x43);@bin(x44);
@bin(x51);@bin(x52);@bin(x53);@bin(x54);
@bin(x61);@bin(x62);@bin(x63);@bin(x64);
@bin(x71);@bin(x72);@bin(x73);@bin(x74);
@bin(x81);@bin(x82);@bin(x83);@bin(x84);
@bin(x91);@bin(x92);@bin(x93);@bin(x94);

或:

```
model:
sets:
wp/wp1..wp9/:L;
case/case1..case4/:y;
links(wp,case):x;
endsets
data:
L=0.31,0.31,0.27,0.27,0.26,0.26,0.23,0.23,0.23;
enddata
min=@sum(case(i):y(i));
@for(case:@bin(y));
@for(links:@bin(x));
@for(wp(i):@sum(case(j):x(i,j))=1);
@for(case(j):@sum(wp(i):L(i)*x(i,j))<=0.8*y(j));
end
```

结果：限于篇幅，仅列出主要结果.

Global optimal solution found.
Objective value: 3.000000
Objective bound: 3.000000
Infeasibilities: 0.000000
Extended solver steps: 0
Total solver iterations: 105

Variable	Value	Reduced Cost
L(WP1)	0.3100000	0.000000
L(WP2)	0.3100000	0.000000

L(WP3)	0.2700000	0.000000
L(WP4)	0.2700000	0.000000
L(WP5)	0.2600000	0.000000
L(WP6)	0.2600000	0.000000
L(WP7)	0.2300000	0.000000
L(WP8)	0.2300000	0.000000
L(WP9)	0.2300000	0.000000
Y(CASE1)	1.000000	1.000000
Y(CASE2)	1.000000	1.000000
Y(CASE3)	1.000000	1.000000
Y(CASE4)	0.000000	1.000000
X(WP1, CASE1)	0.000000	0.000000
X(WP1, CASE2)	0.000000	0.000000
X(WP1, CASE3)	1.000000	0.000000
X(WP1, CASE4)	0.000000	0.000000
X(WP2, CASE1)	1.000000	0.000000
X(WP2, CASE2)	0.000000	0.000000
X(WP2, CASE3)	0.000000	0.000000
X(WP2, CASE4)	0.000000	0.000000
X(WP3, CASE1)	0.000000	0.000000
X(WP3, CASE2)	1.000000	0.000000
X(WP3, CASE3)	0.000000	0.000000
X(WP3, CASE4)	0.000000	0.000000
X(WP4, CASE1)	0.000000	0.000000
X(WP4, CASE2)	1.000000	0.000000
X(WP4, CASE3)	0.000000	0.000000
X(WP4, CASE4)	0.000000	0.000000
X(WP5, CASE1)	1.000000	0.000000
X(WP5, CASE2)	0.000000	0.000000
X(WP5, CASE3)	0.000000	0.000000
X(WP5, CASE4)	0.000000	0.000000
X(WP6, CASE1)	0.000000	0.000000
X(WP6, CASE2)	0.000000	0.000000
X(WP6, CASE3)	1.000000	0.000000
X(WP6, CASE4)	0.000000	0.000000
X(WP7, CASE1)	0.000000	0.000000
X(WP7, CASE2)	0.000000	0.000000
X(WP7, CASE3)	1.000000	0.000000

X(WP7,CASE4)	0.000000	0.000000
X(WP8,CASE1)	0.000000	0.000000
X(WP8,CASE2)	1.000000	0.000000
X(WP8,CASE3)	0.000000	0.000000
X(WP8,CASE4)	0.000000	0.000000
X(WP9,CASE1)	1.000000	0.000000
X(WP9,CASE2)	0.000000	0.000000
X(WP9,CASE3)	0.000000	0.000000
X(WP9,CASE4)	0.000000	0.000000

据此知，最优解为 $y_1 = y_2 = y_3 = 1$，$x_{13} = x_{21} = x_{32} = x_{42} = x_{51} = x_{63} = x_{73} = x_{82} = x_{91} = 1$，其余 $y_j = x_{ij} = 0$，最优值为 3.

因此，最优方案为使用 4 个箱子中的前 3 个，并将长度为 0.31 米的 2 件物品分别装入第 3、1 个箱子，将长度为 0.27 米的 2 件物品都装入第 2 个箱子，将长度为 0.26 米的 2 件物品分别装入第 1、3 个箱子，将长度为 0.23 米的 3 件物品分别装入第 3、2、1 个箱子，此时所用箱子最少数目为 3.

例 4.3.5 指派问题（assignment problem）.

问题陈述：

今分派 n 个工人 $W_1, W_2, \cdots, W_n$ 去完成 n 件工作 $J_1, J_2, \cdots, J_n$，其中工人 W_i 完成工作 J_j 的费用为 c_{ij}，$i, j = 1, 2, \cdots, n$. 问：应如何分派，才能使每个工人仅完成一件工作，每件工作仅由一个工人完成，且总费用最小.

模型建立：

设决策变量

$$x_{ij} = \begin{cases} 1, & \text{指派工人 } W_i \text{ 去完成工作 } J_j \\ 0, & \text{否则} \end{cases}$$

$$i, j = 1, 2, \cdots, n$$

则可建立如下模型：

$$\begin{cases} \min \quad z = \sum_{i=1}^{n} \sum_{j=1}^{n} c_{ij} x_{ij} \\ s.t. \quad \sum_{j=1}^{n} x_{ij} = 1, \quad i = 1, 2, \cdots, n \\ \quad \sum_{i=1}^{n} x_{ij} = 1, \quad j = 1, 2, \cdots, n \\ \quad x_{ij} = 0, 1, \quad i, j = 1, 2, \cdots, n \end{cases}$$

其中约束条件"$\sum_{j=1}^{n} x_{ij} = 1, \quad i = 1, 2, \cdots, n$"保证每个工人都

完成一件工作,"$\sum_{i=1}^{n} x_{ij} = 1, j = 1, 2, \cdots, n$"保证每件工作都由一个工人完成.

显然,上述模型是一个 0 - 1 规划问题.

模型求解:

指派问题有专门的匈牙利算法可用,详见参考文献[19,20],此处利用 LINGO 软件进行求解

算例: $n = 5$,费用为 $C = \begin{bmatrix} 4 & 8 & 7 & 15 & 12 \\ 7 & 9 & 17 & 14 & 10 \\ 6 & 9 & 12 & 8 & 7 \\ 6 & 7 & 14 & 6 & 10 \\ 6 & 9 & 12 & 10 & 6 \end{bmatrix}$.

模型求解:
程序:
```
min = 4 * x11 + 8 * x12 + 7 * x13 + 15 * x14 + 12 * x15
    + 7 * x21 + 9 * x22 + 17 * x23 + 14 * x24 + 10 * x25
    + 6 * x31 + 9 * x32 + 12 * x33 + 8 * x34 + 7 * x35
    + 6 * x41 + 7 * x42 + 14 * x43 + 6 * x44 + 10 * x45
    + 6 * x51 + 9 * x52 + 12 * x53 + 10 * x54 + 6 * x55;
x11 + x12 + x13 + x14 + x15 = 1;
x21 + x22 + x23 + x24 + x25 = 1;
x31 + x32 + x33 + x34 + x35 = 1;
x41 + x42 + x43 + x44 + x45 = 1;
x51 + x52 + x53 + x54 + x55 = 1;
x11 + x21 + x31 + x41 + x51 = 1;
x12 + x22 + x32 + x42 + x52 = 1;
x13 + x23 + x33 + x43 + x53 = 1;
x14 + x24 + x34 + x44 + x54 = 1;
x15 + x25 + x35 + x45 + x55 = 1;
@bin(x11);@bin(x12);@bin(x13);@bin(x14);
@bin(x15);
@bin(x21);@bin(x22);@bin(x23);@bin(x24);@bin(x25);
@bin(x31);@bin(x32);@bin(x33);@bin(x34);@bin(x35);
@bin(x41);@bin(x42);@bin(x43);@bin(x44);@bin(x45);
@bin(x51);@bin(x52);@bin(x53);@bin(x54);@bin
```

(x55);

或:

```
model:
sets:
Worker/W1..W5/;
Job/J1..J5/;
links(Worker,Job):c,x;
endsets
data:
c=4,8,7,15,12,
  7,9,17,14,10,
  6,9,12,8,7,
  6,7,14,6,10,
  6,9,12,10,6;
enddata
min=@sum(links:c*x);
@for(Worker(i):@sum(Job(j):x(i,j))=1);
@for(Job(j):@sum(Worker(i):x(i,j))=1);
@for(links:@bin(x));
end
```

结果:

Global optimal solution found.

Objective value:	34.00000
Objective bound:	34.00000
Infeasibilities:	0.000000
Extended solver steps:	0
Total solver iterations:	0

Variable	Value	Reduced Cost
X11	0.000000	4.000000
X12	0.000000	8.000000
X13	1.000000	7.000000
X14	0.000000	15.00000
X15	0.000000	12.00000
X21	0.000000	7.000000
X22	1.000000	9.000000
X23	0.000000	17.00000
X24	0.000000	14.00000
X25	0.000000	10.00000

X31	1.000000	6.000000
X32	0.000000	9.000000
X33	0.000000	12.00000
X34	0.000000	8.000000
X35	0.000000	7.000000
X41	0.000000	6.000000
X42	0.000000	7.000000
X43	0.000000	14.00000
X44	1.000000	6.000000
X45	0.000000	10.00000
X51	0.000000	6.000000
X52	0.000000	9.000000
X53	0.000000	12.00000
X54	0.000000	10.00000
X55	1.000000	6.000000

Row	Slack or Surplus	Dual Price
1	34.00000	-1.000000
2	0.000000	0.000000
3	0.000000	0.000000
4	0.000000	0.000000
5	0.000000	0.000000
6	0.000000	0.000000
7	0.000000	0.000000
8	0.000000	0.000000
9	0.000000	0.000000
10	0.000000	0.000000
11	0.000000	0.000000

据此知，最优解为 $x_{13} = x_{22} = x_{31} = x_{44} = x_{55} = 1$，其余 $x_{ij} = 0$，最优值为 34.

因此，最优方案为工人 W_1, W_2, W_3, W_4, W_5 分别去完成工作 J_3, J_2, J_1, J_4, J_5，此时最小总费用为 34.

模型讨论：

例 4.3.5 中的模型是平衡型（工人数 = 工作数）指派问题，下面说明不平衡型指派问题的处理方法.

（1）工人数 > 工作数型.

此时，模型为

$$\begin{cases} \min \quad z = \sum_{i=1}^{m} \sum_{j=1}^{n} c_{ij} x_{ij} \\ s.t. \quad \sum_{j=1}^{n} x_{ij} \leq 1, \quad i=1,2,\cdots,m \\ \quad \sum_{i=1}^{m} x_{ij} = 1, \quad j=1,2,\cdots,n \\ x_{ij}=0,1, \quad i=1,2,\cdots,m; j=1,2,\cdots,n \end{cases}$$

算例：4个工人，3件工作，费用为 $C = \begin{bmatrix} 9 & 12 & 7 \\ 7 & 4 & 3 \\ 9 & 5 & 8 \\ 4 & 6 & 7 \end{bmatrix}$.

程序：

```
min =9*x11 +12*x12 +7*x13
    +7*x21 +4*x22 +3*x23
    +9*x31 +5*x32 +8*x33
    +4*x41 +6*x42 +7*x43;
x11 +x12 +x13 <=1;
x21 +x22 +x23 <=1;
x31 +x32 +x33 <=1;
x41 +x42 +x43 <=1;
x11 +x21 +x31 +x41 =1;
x12 +x22 +x32 +x42 =1;
x13 +x23 +x33 +x43 =1;
@bin(x11);@bin(x12);@bin(x13);
@bin(x21);@bin(x22);@bin(x23);
@bin(x31);@bin(x32);@bin(x33);
@bin(x41);@bin(x42);@bin(x43);
```

或：

```
model:
sets:
Worker/W1..W4/;
Job/J1..J3/;
links(Worker,Job):c,x;
endsets
data:
c =9,12,7,
   7,4,3,
   9,5,8,
```

```
    4,6,7;
enddata
min = @ sum(links:c*x);
@ for(Worker(i):@ sum(Job(j):x(i,j)) <= 1);
@ for(Job(j):@ sum(Worker(i):x(i,j)) = 1);
@ for(links:@ bin(x));
end
```

结果：限于篇幅，仅列出主要结果．

```
Global optimal solution found.
Objective value:                              12.00000
Objective bound:                              12.00000
Infeasibilities:                              0.000000
Extended solver steps:                               0
Total solver iterations:                             0
Model Class:                                      PILP
Total variables:           12
Nonlinear variables:        0
Integer variables:         12
Total constraints:          8
Nonlinear constraints:      0
Total nonzeros:            36
Nonlinear nonzeros:         0
```

Variable	Value	Reduced Cost
C(W1,J1)	9.000000	0.000000
C(W1,J2)	12.00000	0.000000
C(W1,J3)	7.000000	0.000000
C(W2,J1)	7.000000	0.000000
C(W2,J2)	4.000000	0.000000
C(W2,J3)	3.000000	0.000000
C(W3,J1)	9.000000	0.000000
C(W3,J2)	5.000000	0.000000
C(W3,J3)	8.000000	0.000000
C(W4,J1)	4.000000	0.000000
C(W4,J2)	6.000000	0.000000
C(W4,J3)	7.000000	0.000000
X(W1,J1)	0.000000	9.000000
X(W1,J2)	0.000000	12.00000
X(W1,J3)	0.000000	7.000000

X(W2,J1)	0.000000	7.000000
X(W2,J2)	0.000000	4.000000
X(W2,J3)	1.000000	3.000000
X(W3,J1)	0.000000	9.000000
X(W3,J2)	1.000000	5.000000
X(W3,J3)	0.000000	8.000000
X(W4,J1)	1.000000	4.000000
X(W4,J2)	0.000000	6.000000
X(W4,J3)	0.000000	7.000000

据此知，最优解为 $x_{23} = x_{32} = x_{41} = 1$，其余 $x_{ij} = 0$，最优值为 12.

因此，最优方案为工人 W_1 空闲，工人 W_2，W_3，W_4 分别去完成工作 J_3，J_2，J_1，此时最小总费用为 12.

(2) 工人数 < 工作数型

此时，模型为

$$\begin{cases} \min \quad z = \sum_{i=1}^{m} \sum_{j=1}^{n} c_{ij} x_{ij} \\ s.t. \quad \sum_{j=1}^{n} x_{ij} = 1, \ i = 1, 2, \cdots, m \\ \qquad \sum_{i=1}^{m} x_{ij} \leq 1, \ j = 1, 2, \cdots, n \\ \qquad x_{ij} = 0, 1, \ i = 1, 2, \cdots, m; \ j = 1, 2, \cdots, n \end{cases}$$

算例：3 个工人，4 件工作，费用为 $C = \begin{bmatrix} 9 & 7 & 9 & 4 \\ 12 & 4 & 5 & 6 \\ 7 & 3 & 8 & 7 \end{bmatrix}$.

程序：

```
min =9*x11+7*x12+9*x13+4*x14
    +12*x21+4*x22+5*x23+6*x24
    +7*x31+3*x32+8*x33+7*x34;
x11+x12+x13+x14=1;
x21+x22+x23+x24=1;
x31+x32+x33+x34=1;
x11+x21+x31<=1;
x12+x22+x32<=1;
x13+x23+x33<=1;
@bin(x11);@bin(x12);@bin(x13);@bin(x14);
@bin(x21);@bin(x22);@bin(x23);@bin(x24);
@bin(x31);@bin(x32);@bin(x33);@bin(x34);
```

或:
```
model:
sets:
Worker/W1..W3/;
Job/J1..J4/;
links(Worker,Job):c,x;
endsets
data:
c = 9,7,9,4,
    12,4,5,6,
    7,3,8,7;
enddata
min = @ sum(links:c * x);
@ for(Worker(i):@ sum(Job(j):x(i,j)) = 1);
@ for(Job(j):@ sum(Worker(i):x(i,j)) < = 1);
@ for(links:@ bin(x));
end
```
结果：限于篇幅，仅列出主要结果.

Global optimal solution found.
Objective value: 12.00000
Objective bound: 12.00000
Infeasibilities: 0.000000
Extended solver steps: 0
Total solver iterations: 0
Model Class: PILP
Total variables: 12
Nonlinear variables: 0
Integer variables: 12
Total constraints: 8
Nonlinear constraints: 0
Total nonzeros: 36
Nonlinear nonzeros: 0

Variable	Value	Reduced Cost
C(W1,J1)	9.000000	0.000000
C(W1,J2)	7.000000	0.000000
C(W1,J3)	9.000000	0.000000
C(W1,J4)	4.000000	0.000000
C(W2,J1)	12.00000	0.000000

C(W2,J2)	4.000000	0.000000
C(W2,J3)	5.000000	0.000000
C(W2,J4)	6.000000	0.000000
C(W3,J1)	7.000000	0.000000
C(W3,J2)	3.000000	0.000000
C(W3,J3)	8.000000	0.000000
C(W3,J4)	7.000000	0.000000
X(W1,J1)	0.000000	9.000000
X(W1,J2)	0.000000	7.000000
X(W1,J3)	0.000000	9.000000
X(W1,J4)	1.000000	4.000000
X(W2,J1)	0.000000	12.00000
X(W2,J2)	0.000000	4.000000
X(W2,J3)	1.000000	5.000000
X(W2,J4)	0.000000	6.000000
X(W3,J1)	0.000000	7.000000
X(W3,J2)	1.000000	3.000000
X(W3,J3)	0.000000	8.000000
X(W3,J4)	0.000000	7.000000

据此知，最优解为 $x_{14}=x_{23}=x_{31}=1$，其余 $x_{ij}=0$，最优值为 12.

因此，最优方案为工人 W_1，W_2，W_3 分别去完成工作 J_4，J_3，J_1，工作 J_2 闲置，此时最小总费用为 12.

例 4.3.6 煤矿建设与运营.

问题陈述：

今有 m 座煤矿，其中第 i 座煤矿的年产量为 a_i，$i=1,\cdots,m$. 另有电厂一个，年用煤量为 b_0，年固定运营成本为 h_0. 为因应经济发展需要，拟新建电厂一个，供选厂址有 n 处，其中在第 j 处建设电厂的年用煤量为 b_j，年固定运营成本为 h_j，$j=1,\cdots,n$. 又知第 i 座煤矿向第 j 处电厂（原有电厂设为第 0 处）运煤的单位运费为 c_{ij}，$i=1,\cdots,m$，$j=0,1,\cdots,n$. 问：应如何选址新建电厂并组织运输，才能既满足新旧电厂的用煤量，又使年运营成本（即固定运营成本和运煤费用之和）最小？

模型建立：

设决策变量

$$y_j = \begin{cases} 1, & \text{在厂址 } j \text{ 处新建电厂} \\ 0, & \text{否则} \end{cases}$$

$$j=1,2,\cdots,n$$

另设每年煤矿 i 运往电厂 j 的煤量为 x_{ij}，$i=1,\cdots,m$，$j=0$，

1，…，n，则可建立如下模型：

$$\begin{cases} \min \quad z = h_0 + \sum_{j=1}^{n} h_j y_j + \sum_{i=1}^{m} \sum_{j=0}^{n} c_{ij} x_{ij} \\ s.t. \quad \sum_{j=0}^{n} x_{ij} \leq a_i, \ i = 1, \cdots, m \\ \quad \sum_{j=1}^{n} y_j = 1 \\ \quad \sum_{i=1}^{m} x_{i0} = b_0 \\ \quad \sum_{i=1}^{m} x_{ij} = b_j y_j, \ j = 1, \cdots, n \\ \quad y_j = 0, 1, \ j = 1, \cdots, n \\ \quad x_{ij} \geq 0, \ i = 1, \cdots, m; j = 0, 1, \cdots, n \end{cases}$$

显然，上述模型是一个数学规划问题，其中决策变量有的要求取整数值0或1，有的无特别要求，称为混合整数规划问题（mixed integer programming problem）。

模型求解：

算例：3座煤矿，年产量分别为19、25、11；原有一个电厂的年用煤量为15，年固定运营成本为20；拟新建一个电厂，供选厂址有3处，建成后年用煤量分别为27、59、45，年固定运营成本分别为91、70、24. 运煤的单位运费为 $C = \begin{pmatrix} 6 & 2 & 6 & 7 \\ 4 & 9 & 5 & 3 \\ 8 & 8 & 1 & 5 \end{pmatrix}$.

程序：
```
min =20 +91*y1 +70*y2 +24*y3
    +6*x10 +2*x11 +6*x12 +7*x13
    +4*x20 +9*x21 +5*x22 +3*x23
    +8*x30 +8*x31 +x32 +5*x33;
x10 +x11 +x12 +x13 <=19;
x20 +x21 +x22 +x23 <=25;
x30 +x31 +x32 +x33 <=11;
y1 +y2 +y3 =1;
x10 +x20 +x30 =15;
x11 +x21 +x31 =27*y1;
x12 +x22 +x32 =59*y2;
x13 +x23 +x33 =45*y3;
@bin(y1);@bin(y2);@bin(y3);
```

或:

```
model:
sets:
    coal/1..3/:supply;
    cable/1..4/:demand,cost,y;
    links(coal,cable):c,x;
endsets
data:
supply=19,25,11;
demand=15,27,59,45;
cost=20,91,70,24;
    c=6  2  6  7
      4  9  5  3
      8  8  1  5;
enddata
min=@sum(cable:cost*y)+@sum(links:c*x);
@for(coal(i):@sum(cable(j):x(i,j))<=supply(i));
@for(cable(j):@sum(coal(i):x(i,j))=demand(j)*y(j));
@sum(cable:y)=2;
@for(cable:@bin(y));
y(1)=1;
end
```

结果:

Global optimal solution found.
Objective value: 273.0000
Objective bound: 273.0000
Infeasibilities: 0.000000
Extended solver steps: 2
Total solver iterations: 8

Variable	Value	Reduced Cost
Y1	1.000000	307.0000
Y2	0.000000	70.00000
Y3	0.000000	24.00000
X10	0.000000	8.000000
X11	19.00000	0.000000
X12	0.000000	12.00000

X13	0.000000	13.00000
X20	15.00000	0.000000
X21	0.000000	1.000000
X22	0.000000	5.000000
X23	0.000000	3.000000
X30	0.000000	4.000000
X31	8.000000	0.000000
X32	0.000000	1.000000
X33	0.000000	5.000000
Row	Slack or Surplus	Dual Price
1	273.0000	−1.000000
2	0.000000	6.000000
3	10.00000	0.000000
4	3.000000	0.000000
5	0.000000	0.000000
6	0.000000	−4.000000
7	0.000000	−8.000000
8	0.000000	0.000000
9	0.000000	0.000000

据此知，最优解为 $y_1=1$，$x_{11}=19$，$x_{20}=15$，$x_{31}=8$，其余 $y_j=x_{ij}=0$，最优值为 273.

因此，最优方案为在第 1 个厂址处新建电厂，且煤矿 1、3 分别往新电厂运煤 19、8 个单位，煤矿 2 往旧电厂运煤 15 个单位。此时，最小年运营成本为 273.

4.4 非线性规划

例 4.4.1 作物种植.

问题陈述：

一个容积为 100000 立方米的湖泊周围有 1000 公顷农田，施加在农作物上的农药有一部分流失到湖泊中。某农民计划在这片农田上种植两种作物 1、作物 2，其农药施加量（单位：千克/公顷）、农药流失率和经济收益（单位：千元/公顷）见表 4.4.1.

又知作物 1、作物 2 的种植成本（单位：千元）均与其种植面积的平方根成正比，比例系数分别为 1500、600.

表 4.4.1　农药施加量、农药流失率和经济收益

作物	农药施加量（千克/公顷）	农药流失率（%）	经济收益（千元/公顷）
1	6	15	300
2	2.5	20	150

生物学家研究发现，流失到湖泊中的农药将在食物链中呈几何级数被富集起来，并通过"湖水→藻类→鱼类→鹰"的食物链最终危害到鹰；鹰对农药浓度的最大忍耐上限为 100 毫克/升．

问：该农民应如何确定两种作物的种植面积，才能既不危害到鹰，又使总经济收益最高？

模型建立：

设作物 1、2 的种植面积分别为 x_1，x_2 公顷，则易知湖水中的农药浓度为

$$\frac{(6 \cdot x_1 \cdot 15\% + 2.5 \cdot x_2 \cdot 20\%) \cdot 10^6}{100000 \times 10^3} = 0.009 x_1 + 0.005 x_2 \text{（毫克/升）}.$$

于是，可建立如下模型：

$$\begin{cases} \max \quad z = 300 x_1 + 150 x_2 - (1500 \sqrt{x_1} + 600 \sqrt{x_2}) \\ s.t. \quad (0.009 x_1 + 0.005 x_2)^4 \leq 100 \\ \qquad x_1 + x_2 \leq 1000 \\ \qquad x_1, x_2 \geq 0 \end{cases}$$

显然，上述模型是一个数学规划问题，其中目标函数为非线性函数，约束条件的第一个为非线性不等式，称为非线性规划问题（nonlinear programming problem）．

模型求解：

非线性规划问题有很多算法可用，如最速下降法、牛顿法、共轭梯度法、惩罚函数法等，详见参考文献 [19，20，21]，此处利用 LINGO 软件进行求解

程序：

```
max=300*x1+150*x2-1500*x1^0.5-600*x2^0.5;
(0.009*x1+0.005*x2)^4<=100;
x1+x2<=1000;
```

或：

```
model:
sets:
  crop/1 2/:pesticide,gain,cost,x;
endsets
data:
```

```
pesticide = 0.009,0.005;
gain = 300,150;
cost = 1500,600;
enddata
max = @sum(crop:gain*x - cost*x^0.5);
@sum(crop:pesticide*x)^4 <= 100;
@sum(crop:x) <= 1000;
end
```
结果:
```
Global optimal solution found.
Objective value:                          79779.13
Objective bound:                          79779.13
Infeasibilities:                           0.000000
Extended solver steps:                          13
Total solver iterations:                       172
Model Class:                                   NLP

Total variables:               2
Nonlinear variables:           2
Integer variables:             0
Total constraints:             3
Nonlinear constraints:         2
Total nonzeros:                6
Nonlinear nonzeros:            4

       Variable         Value       Reduced Cost
             X1      0.000000       0.2121320E+11
             X2    632.4555         0.000000
            Row  Slack or Surplus   Dual Price
              1     79779.13         1.000000
              2      0.000000      218.3093
              3    367.5445          0.000000
```

据此知，最优解为 $x_1 = 0$，$x_2 = 632.4555$，最优值为 79779.13.

因此，最优方案为作物1、作物2的种植面积分别为 0、632.4555 公顷. 此时，最高总经济收益为 79779.13 千元.

例 4.4.2 料场选址.

问题陈述:

某建筑公司有6个工地正在施工，各工地 j 的位置 (x_j, y_j)（单位：公里）、每天需用水泥量 d_j（单位：吨）见表 4.4.2.

表 4.4.2　　　　　　　　　工地位置和日需水泥量

j	1	2	3	4	5	6
x_j（公里）	1.25	8.75	0.5	5.75	3	7.25
y_j（公里）	1.25	0.75	4.75	5	6.5	7.75
d_j（吨）	3	5	4	7	6	11

公司拟建设两个每天存储水泥量均为 20 吨的料场，以便为各工地提供水泥．料场与工地之间均有直线道路相通．

试为料场选择合适的场址，以使总"吨·公里"数最少．

模型建立：

设料场 i 的场址为 $(u_i, v_i)(i=1, 2)$，从料场 i 到工地 j 每天运输水泥量为 $w_{ij}(i=1, 2; j=1, \cdots, 6)$，则可建立如下模型：

$$\begin{cases} \min \quad z = \sum_{i=1}^{2} \sum_{j=1}^{6} w_{ij} \sqrt{(u_i - x_j)^2 + (v_i - y_j)^2} \\ s.t. \quad \sum_{j=1}^{6} w_{ij} \leq 20, \quad i=1, 2 \\ \quad\quad \sum_{i=1}^{2} w_{ij} = d_j, \quad j=1, \cdots, 6 \\ \quad\quad u_i, v_i \geq 0, \quad i=1, 2 \\ \quad\quad w_{ij} \geq 0, \quad i=1, 2; j=1, \cdots, 6 \end{cases}$$

显然，上述模型是一个非线性规划问题．

模型求解：

程序：

```
min =w11*((u1-1.25)^2+(v1-1.25)^2)^0.5
    +w12*((u1-8.75)^2+(v1-0.75)^2)^0.5
    +w13*((u1-0.5)^2+(v1-4.75)^2)^0.5
    +w14*((u1-5.75)^2+(v1-5)^2)^0.5
    +w15*((u1-3)^2+(v1-6.5)^2)^0.5
    +w16*((u1-7.25)^2+(v1-7.75)^2)^0.5
    +w21*((u2-1.25)^2+(v2-1.25)^2)^0.5
    +w22*((u2-8.75)^2+(v2-0.75)^2)^0.5
    +w23*((u2-0.5)^2+(v2-4.75)^2)^0.5
    +w24*((u2-5.75)^2+(v2-5)^2)^0.5
    +w25*((u2-3)^2+(v2-6.5)^2)^0.5
    +w26*((u2-7.25)^2+(v2-7.75)^2)^0.5;
w11+w12+w13+w14+w15+w16<=20;
w21+w22+w23+w24+w25+w26<=20;
```

w11 + w21 = 3;
w12 + w22 = 5;
w13 + w23 = 4;
w14 + w24 = 7;
w15 + w25 = 6;
w16 + w26 = 11;
或:
model:
sets:
lch/1,2/:u,v;
gd/1..6/:x,y,d;
links(lch,gd):w;
endsets
data:
x = 1.25 8.75 0.5 5.75 3 7.25;
y = 1.25 0.75 4.75 5 6.5 7.75;
d = 3,5,4,7,6,11;
enddata
min = @sum(links(i,j):w(i,j)*((u(i)-x(j))^2+(v(i)-y(j))^2)^(1/2));
@for(lch(i):@sum(gd(j):w(i,j))<=20);
@for(gd(j):@sum(lch(i):w(i,j))=d(j));
end
结果:
Local optimal solution found.

Objective value:		85.26604
Infeasibilities:		0.000000
Total solver iterations:		68

Variable	Value	Reduced Cost
W11	3.000000	0.000000
U1	3.254883	0.000000
V1	5.652332	0.000000
W12	0.000000	0.2051358
W13	4.000000	0.000000
W14	7.000000	0.000000
W15	6.000000	0.000000
W16	0.000000	4.512336
W21	0.000000	4.008540

U2	7.250000	$-0.1577177E-05$
V2	7.750000	$-0.1666826E-05$
W22	5.000000	0.000000
W23	0.000000	4.487750
W24	0.000000	0.5535090
W25	0.000000	3.544853
W26	11.00000	0.000000

Row	Slack or Surplus	Dual Price
1	85.26604	-1.000000
2	0.000000	0.000000
3	4.000000	0.000000
4	0.000000	-4.837363
5	0.000000	-7.158911
6	0.000000	-2.898893
7	0.000000	-2.578982
8	0.000000	-0.8851584
9	0.000000	0.000000

据此知，（局部）最优解为 $u_1=3.254883$，$v_1=5.652332$，$u_2=7.25$，$v_2=7.75$，$w_{13}=4$，$w_{14}=7$，$w_{15}=6$，$w_{22}=5$，$w_{26}=11$，其余 $w_{ij}=0$，最优值为 85.26604。

因此，最优方案为料场 1、2 的厂址分别为 (3.254883, 5.652332)、(7.25, 7.75)，且料场 1 每天分别往工地 3、4、5 运水泥 4、7、6 个单位，料场 2 每天分别往工地 2、6 运水泥 5、11 个单位。此时，最少总"吨·公里"数为 85.26604。

注：本例中 LINGO 程序在求解全局最优解时运行时间冗长而无法返回结果，故此处仅给出了局部最优解。在实际计算中，如果误差不大，这种做法是允许的。同时，本例也显示出 LINGO 软件在求解某些非线性规划问题上存在"缺陷"。事实上，如利用 1stOpt 软件，即可迅速返回全局最优解。

程序：
```
parameter u(1:2)[0,],v(1:2)[0,],w1(6)[0,],w2(6)[0,];
minfunction w11*((u1-1.25)^2+(v1-1.25)^2)^0.5
 +w12*((u1-8.75)^2+(v1-0.75)^2)^0.5
 +w13*((u1-0.5)^2+(v1-4.75)^2)^0.5
 +w14*((u1-5.75)^2+(v1-5)^2)^0.5
 +w15*((u1-3)^2+(v1-6.5)^2)^0.5
 +w16*((u1-7.25)^2+(v1-7.75)^2)^0.5
 +w21*((u2-1.25)^2+(v2-1.25)^2)^0.5
```

+w22 * ((u2 -8.75)^2 +(v2 -0.75)^2)^0.5
+w23 * ((u2 -0.5)^2 +(v2 -4.75)^2)^0.5
+w24 * ((u2 -5.75)^2 +(v2 -5)^2)^0.5
+w25 * ((u2 -3)^2 +(v2 -6.5)^2)^0.5
+w26 * ((u2 -7.25)^2 +(v2 -7.75)^2)^0.5;
w11 +w12 +w13 +w14 +w15 +w16 <=20;
w21 +w22 +w23 +w24 +w25 +w26 <=20;
w11 +w21 =3;
w12 +w22 =5;
w13 +w23 =4;
w14 +w24 =7;
w15 +w25 =6;
w16 +w26 =11;

结果：

======结果======

迭代数:82

计算用时(时:分:秒:微秒):00:00:03:363

计算结束原因:达到收敛判断标准

优化算法:通用全局优化算法(UGO1)

函数表达式:w11 * ((u1 -1.25)^2 +(v1 -1.25)^2)^0.5
+w12 * ((u1 -8.75)^2 +(v1 -0.75)^2)^0.5
+w13 * ((u1 -0.5)^2 +(v1 -4.75)^2)^0.5
+w14 * ((u1 -5.75)^2 +(v1 -5)^2)^0.5
+w15 * ((u1 -3)^2 +(v1 -6.5)^2)^0.5
+w16 * ((u1 -7.25)^2 +(v1 -7.75)^2)^0.5
+w21 * ((u2 -1.25)^2 +(v2 -1.25)^2)^0.5
+w22 * ((u2 -8.75)^2 +(v2 -0.75)^2)^0.5
+w23 * ((u2 -0.5)^2 +(v2 -4.75)^2)^0.5
+w24 * ((u2 -5.75)^2 +(v2 -5)^2)^0.5
+w25 * ((u2 -3)^2 +(v2 -6.5)^2)^0.5
+w26 * ((u2 -7.25)^2 +(v2 -7.75)^2)^0.5

目标函数值(最小):85.2660890056869

u1:7.2500000001226

u2:3.25405415138246

v1:7.74999999974659

v2:5.65278133554822

w11:1.40432979871597E -7

w12:4.99999999964012

w13:4.61413796773628E-6
w14:4.08999166799227E-5
w15:9.42451308606257E-19
w16:10.9999995342427
w21:2.99999985922495
w22:1.93028511906517E-12
w23:3.99999538560491
w24:6.99995909994051
w25:5.99999999995594
w26:4.65644402976069E-7

约束函数:
1:w11+w12+w13+w14+w15+w16-(20)=-3.99995481162959
2:w21+w22+w23+w24+w25+w26-(20)=-4.51896273609975E-5
3:w11+w21-(3)=-3.42074812920146E-10
4:w12+w22-(5)=-3.57945673101767E-10
5:w13+w23-(4)=-2.57118326629779E-10
6:w14+w24-(7)=-1.42809319925163E-10
7:w15+w25-(6)=-4.40625314013232E-11
8:w16+w26-(11)=-1.12937215135389E-10
======计算结束======

有关1stOpt软件的功能和使用详见参考文献[12].

4.5 多目标规划

例4.5.1 生产计划.

问题陈述:

某厂计划生产A,B两种产品,其成本分别为2100元/吨、4800元/吨,利润分别为3600元/吨、6500元/吨,每月最大生产能力分别为5吨、8吨,每月总市场需求量不少于9吨. 问: 该厂应如何安排生产,才能在满足市场需求的前提下,既使总生产成本最低,又使总利润最大?

模型建立:

设产品A,B的产量分别为x_1,x_2吨,则可建立如下模型:

$$\begin{cases} \min\quad z_1 = 2100x_1 + 4800x_2 \\ \max\quad z_2 = 3600x_1 + 6500x_2 \\ \quad\quad x_1 \leq 5 \\ \quad\quad\quad\quad x_2 \leq 8 \\ \quad\quad x_1 + x_2 \geq 9 \\ \quad\quad x_1, x_2 \geq 0 \end{cases}$$

显然，上述模型是一个数学规划问题，其目标函数有两个（一般数学规划问题只有一个目标函数），称为多目标规划问题（multiobjective programming problem）．

模型求解：

求解多目标规划问题的主要思想是将多个目标函数"合而为一"，化为单目标规划问题来求解．"合而为一"的方法很多，此处采用"乘除法"，即"$\min z = \dfrac{z_1}{z_2} = \dfrac{2100x_1 + 4800x_2}{3600x_1 + 6500x_2}$"．

程序：

min = (2100 * x1 + 4800 * x2)/(3600 * x1 + 6500 * x2);
x1 < = 5;
x2 < = 8;
x1 + x2 > = 9;

结果：

```
Global optimal solution found.
Objective value:                          0.6750000
Objective bound:                          0.6750000
Infeasibilities:                          0.000000
Extended solver steps:                           4
Total solver iterations:                       104
Model Class:                                   NLP

Total variables:                2
Nonlinear variables:            2
Integer variables:              0
Total constraints:              4
Nonlinear constraints:          1
Total nonzeros:                 6
Nonlinear nonzeros:             2

        Variable          Value        Reduced Cost
              X1       5.000000            0.000000
              X2       4.000000            0.000000
             Row   Slack or Surplus       Dual Price
               1       0.6750000           -1.000000
               2       0.000000        0.1687500E-01
               3       4.000000            0.000000
               4       0.000000       -0.9375000E-02
```

据此知，有效解为 $x_1 = 5$，$x_2 = 4$．

因此，最优方案为产品 A，B 分别生产 5 吨、4 吨．

注：对于多目标规划问题而言，绝对最优解（absolute solution，使诸目标函数同时达到最优值的可行解）往往不存在，只得退而求其次以"有效解"（valid solution）替代．

4.6 目标规划

例 4.6.1 购买股票．

问题陈述：

某股民拟将 90000 元资金用于购买 A、B 两种股票，有关数据见表 4.6.1.

表 4.6.1

股票	价格（元/股）	年收益（元/股）	年风险（元/股）
A	20	3	10
B	50	4	10

问：该股民应如何购买股票，才能使（按优先级从高到低顺序）（1）年风险不高于 700 元；（2）年收益不低于 10000 元？

模型建立：

设该股民购买 A、B 股票分别为 x_1，x_2 股，则可建立如下模型：

$$\begin{cases} \min \quad z = P_1 d_1^+ + P_2 d_2^- \\ s.t. \quad 20x_1 + 50x_2 \leq 90000 \\ \qquad 10x_1 + 10x_2 + d_1^- - d_1^+ = 700 \\ \qquad 3x_1 + 4x_2 + d_2^- - d_2^+ = 10000 \\ \qquad x_1, x_2, d_1^-, d_1^+, d_2^-, d_2^+ \geq 0 \end{cases}$$

显然，上述模型是一个数学规划问题，有两个优先级从高到低的目标函数 d_1^+ 和 d_2^-，称为目标规划问题（goal programming problem），其中 P_1，P_2 为优先因子，用以区分各目标函数之间的优先级，约束条件 "$20x_1 + 50x_2 \leq 90000$" 为硬约束（hard constraint），另外两个含有正偏差变量 d_1^+，d_2^+ 和负偏差变量 d_1^-，d_2^- 的约束条件为软约束（soft constraint）．

模型求解：

目标规划问题要求按优先级从高到低的顺序逐一考虑各目标，且低优先级目标不能以牺牲高优先级目标为前提．类似于多目标规划，目标规划的"绝对最优解"也用"有效解"替代．

在利用 LINGO 软件求解目标规划问题时，程序编写中常将不同优先级用大小不同的权重来表示.

程序：
min = 99999 * d12 + 99 * d21;
20 * x1 + 50 * x2 <= 90000;
10 * x1 + 10 * x2 + d11 - d12 = 700;
3 * x1 + 4 * x2 + d21 - d22 = 10000;

结果：
Global optimal solution found.
Objective value: 962280.0
Infeasibilities: 0.000000
Total solver iterations: 1

Variable	Value	Reduced Cost
D12	0.000000	99959.40
D21	9720.000	0.000000
X1	0.000000	99.00000
X2	70.00000	0.000000
D11	0.000000	39.60000
D22	0.000000	99.00000

Row	Slack or Surplus	Dual Price
1	962280.0	-1.000000
2	86500.00	0.000000
3	0.000000	39.60000
4	0.000000	-99.00000

据此知，有效解为 $x_1 = 0$，$x_2 = 70$.

因此，最优方案为购买 A、B 股票分别为 0 股、70 股.

4.7 动态规划

例 4.7.1 资源分配.

问题陈述：

将总量为 a 的资源用于生产 n 种产品，已知以数量为 x 的资源去生产第 i 种产品可获收益 $g_i(x)$，$i = 1, 2, \cdots, n$. 问：应如何分配资源投入生产，才能使总收益最大？

模型建立：

设用于生产第 i 种产品的资源的数量为 x_i，$i = 1, 2, \cdots, n$，则可建立如下模型：

$$\begin{cases} \max \quad z = \sum_{i=1}^{n} g_i(x_i) \\ s.t. \quad \sum_{i=1}^{n} x_i = a \\ \quad\quad x_i \geq 0, \ i=1, 2, \cdots, n \end{cases}$$

显然，上述模型是一个数学规划问题，根据函数 $g_i(x)$ 的类型，它可能为线性规划问题，也可能为非线性规划问题.

模型求解：

设想一下，将资源分配问题分为 n 个阶段，在这 n 个阶段上分别确定用于生产的资源数量. 设在第 i 个阶段时，资源的数量还有 y，以数量为 $x_i (0 \leq x_i \leq y)$ 的资源去生产第 i 种产品可获收益 $g_i(x_i)$，剩下的数量为 $y - x_i$ 的资源将用于其他阶段. 如此，得到一个多阶段决策问题.

动态规划正是求解多阶段决策问题的一种方法，其理论基础是最优化原理（principle of optimality）：一个过程的最优策略具有这样的性质，即无论其初始状态和初始决策如何，其以后诸决策对以第一个决策所形成的状态作为初始状态的过程而言，必须构成最优策略. 简言之，一个最优策略的任一子策略也是最优的.

设 $f_k(x)$ 表示当前资源的数量为 x，待分配给第 k 到第 n 个阶段，这些阶段采用最优分配方案时可获得的最大收益，则由最优化原理（后向最优）得递推方程为

$$\begin{cases} f_k(x) = \max_{0 \leq x_k \leq x} \{g_k(x_k) + f_{k+1}(x - x_k)\}, \ k = 1, 2, \cdots, n-1; \\ f_n(x) = \max_{0 \leq x_n \leq x} \{g_n(x_n)\} \end{cases}$$

显然，资源分配问题 $\Leftrightarrow$ 求 $f_n(a)$.

算例：$n = 3$，$a = 9$，$g_1(x) = \dfrac{4}{9}x^2$，$g_2(x) = -\dfrac{1}{4}x^2$，$g_3(x) = 2x^2$.

此时，模型为：

$$\begin{cases} \max \quad z = \dfrac{4}{9}x_1^2 - \dfrac{1}{4}x_2^2 + 2x_3^2 \\ s.t. \quad x_1 + x_2 + x_3 = 9 \\ \quad\quad x_1, \ x_2, \ x_3 \geq 0 \end{cases}$$

利用递推方程编程显然较为烦琐，此处采用直接求解方式编程.

程序：

```
max = 4/9 * x1^2 - 1/4 * x2^2 + 2 * x3^2;
x1 + x2 + x3 = 9;
```

结果：

Global optimal solution found.
Objective value: 162.0000

```
Objective bound:                           162.0000
Infeasibilities:                           0.000000
Extended solver steps:                            1
Total solver iterations:                         46
Model Class:                                    NLP

Total variables:             3
Nonlinear variables:         3
Integer variables:           0
Total constraints:           2
Nonlinear constraints:       1
Total nonzeros:              6
Nonlinear nonzeros:          3

        Variable       Value       Reduced Cost
           X1        0.000000       36.00000
           X2        0.000000       36.00000
           X3        9.000000       0.000000
           Row     Slack or Surplus  Dual Price
            1        162.0000       1.000000
            2        0.000000       36.00000
```

据此知，最优解为 $x_1=0$，$x_2=0$，$x_3=9$，最优值为 162.

因此，最优方案为将总量为 9 的资源都用于生产第 3 种产品，此时最大总收益为 162.

本章习题

1. 光在接触到一种介质的表面时会发生反射形象．同折射现象一样，反射现象的形成也遵从费马原理．试据此建立数学模型来推导光的反射定律，即入射角等于反射角．

2. 某厂拟投产甲、乙两种产品，其日产量分别为 30 个、120 个，单位利润分别为 500 元、400 元．又知该厂有四个车间，其日生产工时及生产单位产品所需的加工工时见下表．

车间	产品甲单位工时	产品乙单位工时	车间日生产工时
1	2	4	300
2	4	7	540
3	2	2	440
4	12	15	300

假设每天生产的产品都能全部卖出．试确定各车间的日产量，以便使总利润最大．

3. 求解运输问题：

（1）$m=3$，$n=4$，供应量为 50、60、50，需求量为 30、70、30、10，单位运费为 $c=\begin{bmatrix} 16 & 13 & 22 & 17 \\ 14 & 13 & 19 & 15 \\ 19 & 20 & 23 & 18 \end{bmatrix}$．

（2）$m=4$，$n=3$，供应量为 40、60、20、20，需求量为 40、30、50，单位运费为 $c=\begin{bmatrix} 16 & 14 & 19 \\ 13 & 13 & 20 \\ 22 & 19 & 23 \\ 17 & 15 & 18 \end{bmatrix}$．

4. 某电子设备公司在广州、大连各有一个工厂，广州厂、大连厂每月分别生产设备 500 台．该公司在上海、天津分别设立销售部负责南京、南昌、济南、青岛四个城市的销售业务，四个城市对设备的需求量分别为 300 台、250 台、200 台、250 台．每台设备在各城市之间的运输费用见下表．

问：应如何安排运输方案，才能既满足供需关系，又使总运输费用最少？

单位：元

	上海	天津	南京	南昌	济南	青岛
广州	12	23	—	—	—	—
大连	15	5	—	—	—	—
上海	—	—	2	6	10	9
天津	—	—	11	17	8	5

注："—"表示对应两个城市之间不安排运输．

5. 某医院的病房每日分为 6 个班次值班，每班次至少所需值班护士的数目见下表．

班次	值班时间	至少所需护士数目（人）
1	6 点 ~ 10 点	60
2	10 点 ~ 14 点	70
3	14 点 ~ 18 点	60
4	18 点 ~ 22 点	50
5	22 点 ~ 2 点	20
6	2 点 ~ 6 点	30

每班次值班护士在值班开始时向病房报到,并连续工作 8 小时.

问:为满足值班需要,医院应最少雇佣多少名护士?

6. 下图为某大学校园的主要街道图,为提高校园的安全性,该大学的保卫部门决定在校园内安装报警电话,要求无论哪条街道发生状况,都要能够及时报警.试为该校设计一个安装方案,使安装的电话数目最少.

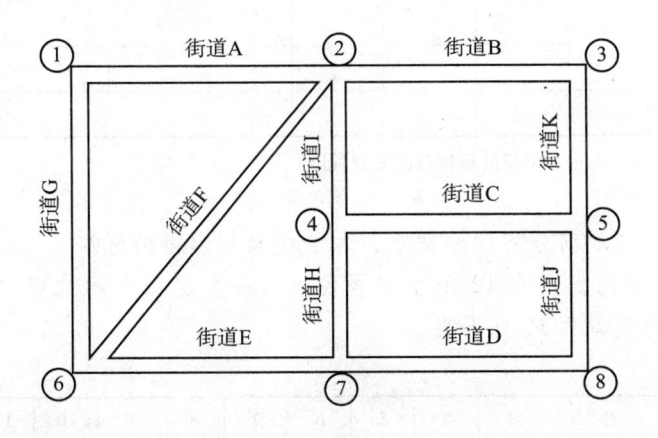

7. 求解背包问题:$a=100$,其余数据见下表.

物品 i	1	2	3	4	5
体积 a_i	56	20	54	42	15
价值 c_i	7	5	9	6	3

8. 有 30 个长度为 1 米的箱子,拟装入 30 件物品:6 件长度为 0.51 米、6 件长度为 0.27 米、6 件长度为 0.26 米、12 件长度为 0.23 米.问:应如何装入,才能使所用箱子的数目最少?

9. 求解指派问题:5 个工人,3 件工作,费用为 $C = \begin{bmatrix} 8 & 6 & 10 \\ 9 & 12 & 7 \\ 7 & 4 & 3 \\ 9 & 5 & 8 \\ 4 & 6 & 7 \end{bmatrix}$.

10. 某公司拟将 8 个职员平均分配到 4 个办公室.根据直观评估,有些职员在一起时合作得很好,有些则不然.下表给出了 8 个职员两两之间的相容程度 c_{ij}(由于对称性,只给出一半数据),数字越小代表相容得越好.

数学模型、算法与程序

	s_1	s_2	s_3	s_4	s_5	s_6	s_7	s_8
s_1	—	9	3	4	2	1	5	6
s_2		—	1	7	3	5	2	1
s_3			—	4	4	2	9	2
s_4				—	1	5	5	2
s_5					—	8	7	6
s_6						—	2	3
s_7							—	4
s_8								—

注:"—"表示忽略职员与自身的相容程度.

问：应如何分配这些职员，才能使其相容得最好？

11. 某海岛上有 12 个主要居民点，每个居民点的位置 (x_i, y_i) 和居住的人口数 P_i 见下表.

	1	2	3	4	5	6	7	8	9	10	11	12
x_i (km)	0	8.20	0.50	5.70	0.77	2.87	4.43	2.58	0.72	9.76	3.19	5.55
y_i (km)	0	0.50	4.90	5.00	6.49	8.76	3.26	9.32	9.96	3.16	7.20	7.88
P_i (个)	600	1000	800	1400	1200	700	600	800	1000	1200	1000	1100

现在准备在海岛上建立一个服务中心，以便为居民提供各种服务，问：服务中心应该建在何处为最佳？

12. 市场上有甲、乙、丙三种糖果，价格分别为 3 元/千克，2 元/千克，1 元/千克. 今筹办一桩婚事，需买三种糖果各若干千克，要求总花费不多于 50 元，总质量不少于 6 千克，糖果甲不少于 3.5 千克. 问：应如何确定购买方案，才能满足上述要求，且总花费最小，总千克数最多？

13. 某电视机厂生产黑白和彩色两种电视机，其单台利润分别为 40 元、80 元. 每生产一台电视机需占用生产线 1 小时，生产线计划每周开动 40 小时. 据预测，市场对黑白和彩色电视机的需求量分别为 24 台、30 台. 该厂确定的目标是（按优先级从高到低的顺序）：(1) 尽量充分利用生产线每周计划开动的 40 小时；(2) 允许生产线加班，但加班时间每周不超过 10 小时；(3) 电视机的产量尽量满足市场需求；因彩色电视机的单台利润较黑白电视机高，故分别取其权重为 2、1. 试为该厂制定最佳的生产方案.

第 5 章 数值计算模型

有些数学计算问题，比如解方程（组）、求导数、求积分等，无法给出准确的解析结果，只能借助数值计算（numerical computation），在计算机的辅助下，给出可以接受的近似的数值结果．

严格说来，数值计算只是解决计算问题的方法，但因其在数学建模过程中有着重要应用，故本章称之为数值计算模型．本章通过几个具体例子介绍了方程（组）、插值、拟合、数值微分、数值积分、偏微分方程等数值计算理论和方法在数学建模中的应用．

5.1 解方程（组）

方程和方程组是数学建模的常用方法．从是否线性角度，方程（组）可分为线性方程（组）和非线性方程（组），其中前者在数学建模中的应用见第 2、第 3 章，后者的应用通过下面的例子加以说明．

例 5.1.1 排水渠道设计．

问题陈述：

土木工程师在设计排水渠道时必须考虑渠道的宽度、深度、内壁光滑度等参数及水流的速度、流量、水深等物理量之间的关系．现在要设计一条横断面为矩形的水渠，其宽度为 $b=20$ 米，水流量（单位时间内流过的水的体积）为 $Q=5$ 米^3/秒，水渠的斜度系数为 $S=0.0002$（无量纲量），Manning 粗糙系数（一个与水渠内壁材料的光滑度有关的无量纲量）为 $N=0.03$. 试确定渠道中水的深度．

模型建立：

设渠道中水的深度为 x 米，则由水工学知识知，水的流速为

$$v = \frac{\sqrt{S}}{N}\left(\frac{bx}{b+2x}\right)^{\frac{2}{3}}$$

又 $Q = vbx$，故

$$Q = \frac{\sqrt{S}}{N}\left(\frac{bx}{b+2x}\right)^{\frac{2}{3}}bx$$

将 $Q=5$,$S=0.0002$,$N=0.03$,$b=20$ 代入,得

$$5 = \frac{\sqrt{0.0002}}{0.03}\left(\frac{20x}{20+2x}\right)^{\frac{2}{3}} \cdot 20x$$

令 $f(x) = \frac{20\sqrt{0.0002}}{0.03}x\left(\frac{20x}{20+2x}\right)^{\frac{2}{3}} - 5$,则问题相当于求方程 $f(x)=0$ 的根.

显然,上述模型是一个非线性方程,其求解在数值计算理论中有专门方法可用,详见参考文献 [23,26],此处利用 MATLAB 软件求解.

模型求解:

首先,绘制函数 $f(x)$ 的图像,观察根的大体位置.

程序:

```
>>x=0:4;
>>f=20.*sqrt(0.0002)./0.03.*x.*(20.*x./(20+2.*x)).^(2/3)-5;
>>plot(x,f)
```

结果:见图 5.1.1.

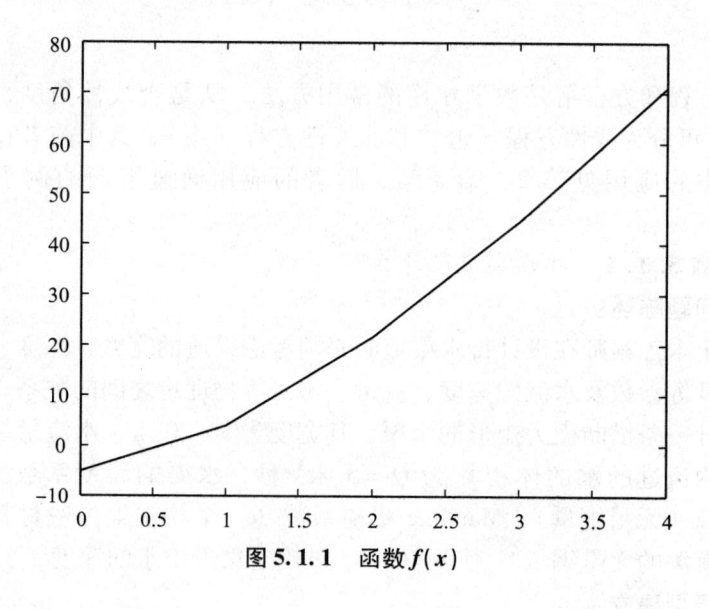

图 5.1.1 函数 $f(x)$

据此知,方程 $f(x)=0$ 有唯一一个根在点 $x=0.5$ 附近.

其次,求方程的根.

程序及结果:

```
>>syms x;
>>f='20*sqrt(0.0002)/0.03*x*(20*x/(20+2*x))^(2/3)-5';
```

```
>>fzero(f,0.5)
ans =
    0.7023
```

据此知，根为 $x = 0.7023$.

因此，渠道中水的深度为 0.7023 米.

5.2 插　　值

给定满足未知函数关系 $y = f(x)$ $(x \in D)$ 的一组数据点 (x_i, y_i) $(i = 1, 2, \cdots, n)$ 及点 $x_0 \in D$，求 $f(x)$ 在点 x_0 处的函数值 y_0，这就是插值（interpolation）问题，其一般表述为：

设未知函数 $y = f(x)$ 在点 $x_1 < x_2 < \cdots < x_n$ 处的函数值分别为 y_1，y_2，$\cdots$，y_n，求一函数 $y = g(x)$ 作为 $f(x)$ 的近似，使 $y_i = g(x_i)$ $(i = 1, 2, \cdots, n)$. 这里，$f(x)$ 称为被插函数，$g(x)$ 称为插值函数，$x_i(i = 1, 2, \cdots, n)$ 称为插值节点，$y_i = g(x_i)$ $(i = 1, 2, \cdots, n)$ 称为插值条件.

在实际计算中，一般不必给出插值函数的具体形式，而仅给出插值函数在插值节点处的函数值即可.

根据插值函数的类型，插值分为多项式插值和样条函数插值两类，其中多项式插值的插值函数为多项式，又分为 Lagrange 插值（包括线性插值和抛物线插值）、Newton 插值和 Hermite 插值三类，样条函数插值的插值函数为样条函数，所谓样条（spline）简言之就是多段多项式的光滑联结.

与插值有关的 MATLAB 命令：

1. 一维插值

(1) 命令：interp1(x,y,xi,'method').

上述命令中，x，y 为数据点，xi 为插值节点，method 为插值类型，包括 nearest（最邻近点插值）、linear（线性插值，可缺省）、cubic（三次多项式插值）、spline（三次样条函数插值）.

三次多项式插值："interp1(x,y,xi,'cubic')" 或 "pchip(x,y,xi)".

三次样条函数插值："interp1(x,y,xi,'spline')" 或 "spline(x,y,xi)".

(2) 返回样条插值函数的 pp 形式：ppform = spline(x,y).

解开 pp 形式：[breaks,coefs,nploys,ncofs,dim] = unmkpp(ppform)，其中 breaks 为数据点 x，coefs 为各段多项式函数的系数，nploys 为多项式函数的个数，ncofs 为每个多项式

的系数的个数，dim 为变量的维数.

2. 二维插值

（1）命令：interp2(x,y,z,xi,yi,'method').

上述命令中，x，y，z 为数据点，x，y 须为单调数列，且须为格栅形式（用函数 meshgrid 生成），xi，yi 为插值节点，且须为格栅形式，method 为插值类型，包括 nearest、linear、cubic.

（2）命令：griddata(x,y,z,xi,yi,'method').

上述命令中，x，y，z 为数据点，x，y 不须为单调数列，也不须为格栅形式，xi，yi 为插值节点，不须为格栅形式，但不可同为行（列）向量，method 为插值类型，包括 nearest、linear、cubic.

例 5.2.1 数日来，一水库的上游河段连降暴雨. 根据天气预报测算，随时间 t（单位：小时）的变化，上游流入水库的水流量 $Q(t)$（单位：100 立方米/秒）如表 5.2.1 所示.

表 5.2.1　　　　　　　　　　水流量

t（小时）	8	12	16	24	30	44	48	56	60
$Q(t)$（100 立方米/秒）	36	54	78	92	101	35	25	16	13

试估算 14：30 和 20：30 时上游流入水库的水流量.

解：利用插值方法计算.

程序及结果：

```
>>t=[8,12,16,24,30,44,48,56,60];
>>Q=[36,54,78,92,101,35,25,16,13];
>>Q1=interp1(t,Q,14.5,'spline')
Q1 =
    70.0269
>>Q2=interp1(t,Q,20.5,'cubic')
Q2 =
    87.0086
```

据此知，14：30、20：30 时的水流量分别为 70.0269、87.0086.

例 5.2.2 在时段 1：00～12：00 内每隔 1 小时测量一次某煅烧工件的温度（单位：℃），测得的数据分别为 5、8、9、15、25、29、31、30、22、25、27、24. 试估计该工件每隔一刻钟时的温度.

解：利用插值方法计算.

程序及结果：

```
>>x=1:12;
>>y=[5 8 9 15 25 29 31 30 22 25 27 24];
```

```
>> xi = 1:0.25:12;
>> yi = spline(x,y,xi)
yi =
  Columns 1 through 8
     5.0000    6.3869    7.2636    7.7585    8.0000    8.1165
     8.2364    8.4881
  Columns 9 through 16
     9.0000    9.8815   11.1658   12.8673   15.0000
    17.5294   20.2253   22.8085
  Columns 17 through 24
    25.0000   26.5946   27.6830   28.4299   29.0000
    29.5297   30.0427   30.5343
  Columns 25 through 32
    31.0000   31.3959   31.5212   31.1360   30.0000
    28.0116   25.6224   23.4219
  Columns 33 through 40
    22.0000   21.7763   22.4894   23.7078   25.0000
    26.0083   26.6702   26.9970
  Columns 41 through 45
    27.0000   26.6905   26.0798   25.1792   24.0000
```

据此知，该工件每隔一刻钟时的温度为上述 45 个 yi 值．

为检验插值的效果，可绘制出插值前后数据点的图像．

命令及结果：见图 5.2.1.

```
>> plot(x,y,'o',xi,yi,'+')
```

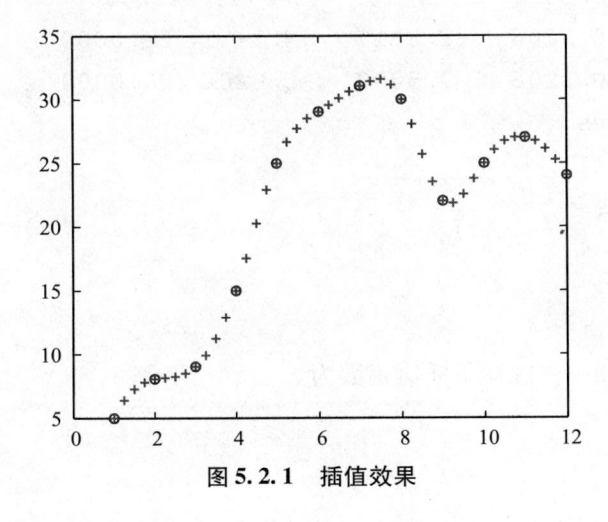

图 5.2.1　插值效果

显然，图 5.2.1 直观地描绘了插值前 12 个数据点和插值后 45 个数据点之间的关系.

如欲得到插值函数，可借助 PP 形式.

```
>>ppform = spline(x,y)
ppform =
      form:'pp'
    breaks:[1 2 3 4 5 6 7 8 9 10 11 12]
     coefs:[11x4 double]
    pieces:11
     order:4
       dim:1
>>[breaks,coefs,nploys,ncofs,dim] = unmkpp(ppform)
breaks =
     1    2    3    4    5    6    7    8    9   10   11   12
coefs =
     1.3696   -5.1089    6.7393    5.0000
     1.3696   -1.0000    0.6304    8.0000
     0.1519    3.1089    2.7393    9.0000
    -2.9771    3.5645    9.4126   15.0000
     1.7565   -5.3668    7.6103   25.0000
    -0.0490   -0.0972    2.1462   29.0000
    -2.5605   -0.2443    1.8047   31.0000
     6.2908   -7.9256   -6.3652   30.0000
    -4.6028   10.9468   -3.3440   22.0000
     0.1206   -2.8617    4.7411   25.0000
     0.1206   -2.5000   -0.6206   27.0000
nploys =
    11
ncofs =
     4
dim =
     1
```

据此知，三次样条插值函数为

$$y = \begin{cases} 1.3696x^3 - 5.1089x^2 + 6.7393x + 5, & 1 \leq x < 2 \\ 1.3696x^3 - x^2 + 0.6304x + 8, & 2 \leq x < 3 \\ 0.1519x^3 + 3.1089x^2 + 2.7393x + 9, & 3 \leq x < 4 \\ -2.9771x^3 + 3.5645x^2 + 9.4126x + 15, & 4 \leq x < 5 \\ 1.7565x^3 - 5.3668x^2 + 7.6103x + 25, & 5 \leq x < 6 \\ -0.049x^3 - 0.0972x^2 + 2.1462x + 29, & 6 \leq x < 7 \\ -2.5605x^3 - 0.2443x^2 + 1.8047x + 31, & 7 \leq x < 8 \\ 6.2908x^3 - 7.9256x^2 - 6.3652x + 30, & 8 \leq x < 9 \\ -4.6028x^3 + 10.9468x^2 - 3.344x + 22, & 9 \leq x < 10 \\ 0.1206x^3 - 2.8617x^2 + 4.7411x + 25, & 10 \leq x < 11 \\ 0.1206x^3 - 2.5x^2 - 0.6206x + 27, & 11 \leq x < 12 \end{cases}$$

例 5.2.3 测得某地区 3×5 网格点 (x, y) 处的海拔高度 z 分别为

```
82  81  80  82  84
79  75  71  73  81
84  84  82  85  86
```

试绘制该地区的地形区．

解：利用插值方法计算后绘制．

（1）直接绘图．

程序及结果：见图 5.2.2．

```
>> x = 1:5;
>> y = 1:3;
>> [X,Y] = meshgrid(x,y);
>> Z = [82 81 80 82 84;79 75 71 73 81;84 84 82 85 86];
>> surf(X,Y,Z)
```

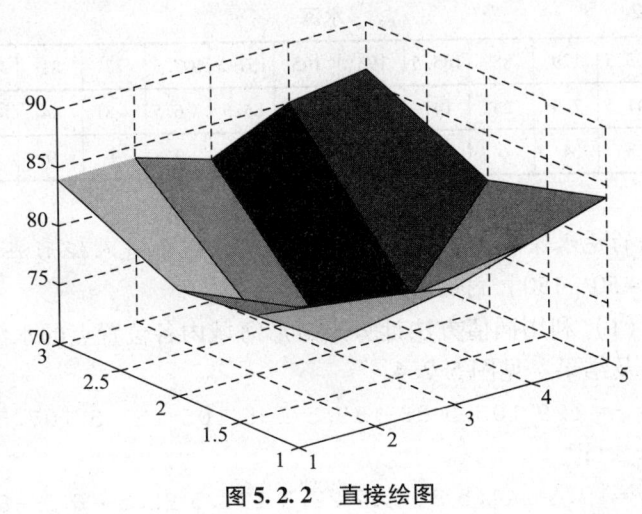

图 5.2.2 直接绘图

（2）插值后绘制.

程序及结果：见图 5.2.3.

```
>> xi =1:0.1:5;
>> yi =1:0.1:3;
>> [Xi,Yi] = meshgrid(xi,yi);
>> Zi = interp2(X,Y,Z,Xi,Yi,'cubic');
>> mesh(Xi,Yi,Zi)
```

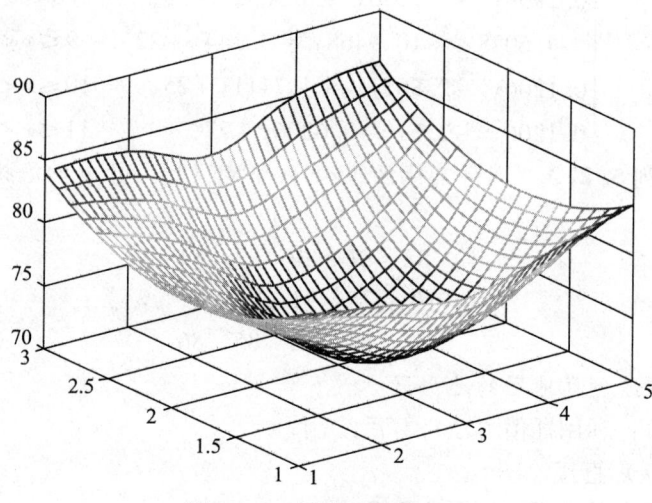

图 5.2.3　插值后绘图

据此知，插值后绘制的地形图比插值前更精细.

例 5.2.4　在某海域测得海平面上一些位置点 (x,y) 处的水深 z 见表 5.2.2.

表 5.2.2　　　　　　　　　　　水深

x	103.5	129	88	185.5	195	105	157.5	107.5	77	81	162	117.5
y	141.5	7.5	23	147	22.5	137.5	85.5	-6.5	-81	84	141.5	7.5
z(英尺)	8	4	6	8	6	8	8	9	9	9	8	4

若船的吃水深度为 5 英尺，问：该船应避免进入矩形海域 [75, 200]×[-50, 150] 内的哪些地方？

解：（1）利用插值方法计算出矩形海域内各位置点的水深.

程序及结果：见图 5.2.4.

```
>> x =[129 103.5 88 185.5 195 105 157.5 107.5 77 81 162 117.5];
>> y =[7.5 141.5 23 147 22.5 137.5 85.5 -6.5 -81 56.5
```

```
-66.5 84];
>>z=[4 8 6 8 6 8 8 9 9 8 8 9];
>>xi=75:0.5:200;yi=-50:0.5:150;
>>zi=griddata(x,y,z,xi,yi','cubic');
>>mesh(xi,yi,zi)
```

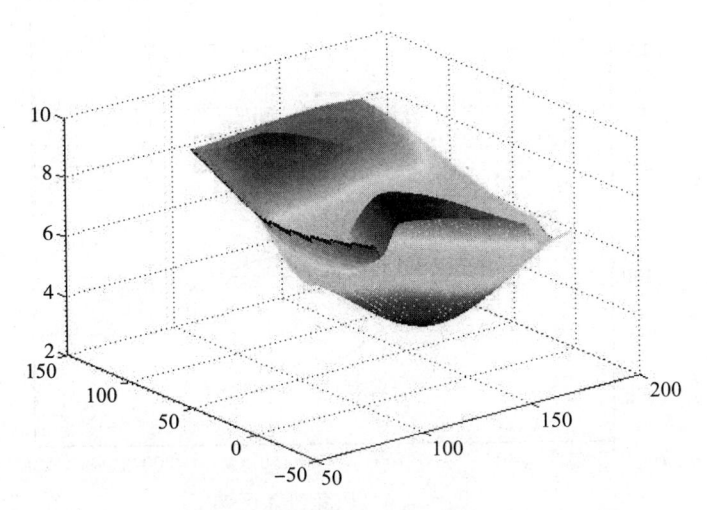

图 5.2.4　各位置点的水深

(2) 绘制矩形海域的水深等高线.
程序及结果：见图 5.2.5.
```
>>contour(zi)
>>grid on
```

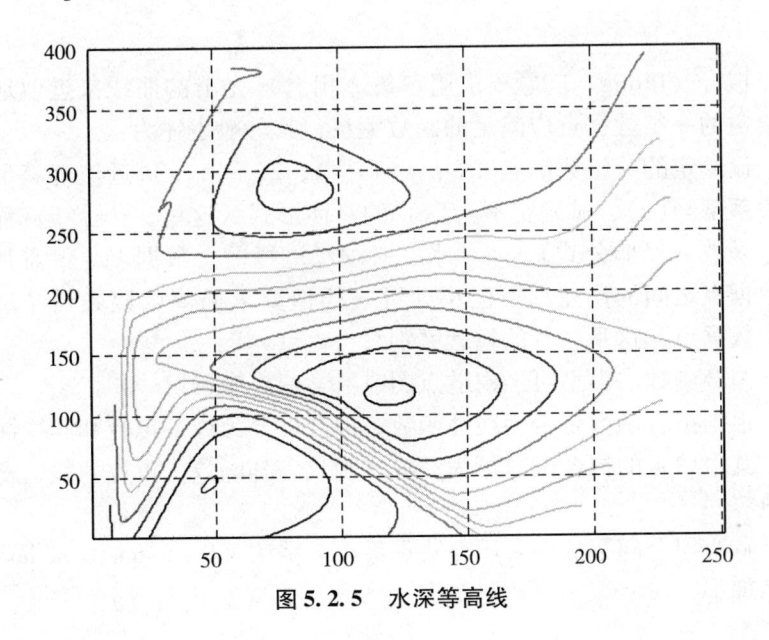

图 5.2.5　水深等高线

（3）在等高线图中找出水深等于 5 英尺的区域.

程序及结果：见图 5.2.6.

```
>>contour(zi,[5,5],'b')
>>grid on
```

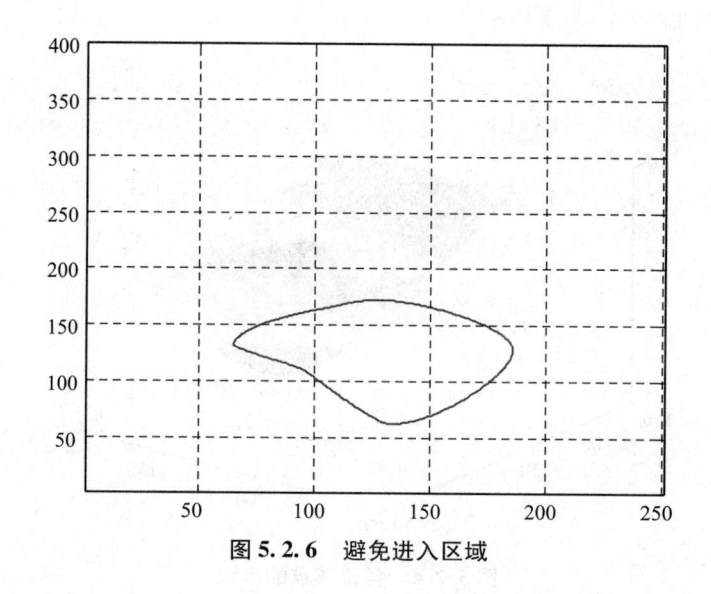

图 5.2.6　避免进入区域

据此知，图 5.2.6 中的等高线内区域即为该船应避免进入的区域.

5.3　拟　合

拟合（fitting）问题要求用一条（相对）光滑的曲线来近似地描述给定的一组数据点应满足的函数关系，其一般表述为：

设给定的一组数据点 $(x_i, y_i)(i=1, 2, \cdots, n)$ 近似地满足函数关系 $y=f(x)$，试确定 $y=f(x)$ 的具体形式. 这里，$y=f(x)$ 称为拟合函数（经验公式），不要求它必须经过每一个数据点，仅需其与各数据点之间的误差尽可能小即可（插值要求插值函数必须经过每一个数据点，这是二者的显著区别）.

拟合函数的类型可经由散点图或数学建模来确定.

根据拟合函数是否为线性函数，拟合可分为线性拟合和非线性拟合，其中后者的拟合函数可为多项式函数、幂函数、指数函数、三角函数等.

解决拟合问题的最常用方法是最小二乘法（least square method），其原理是：

$$\min S = \sum_{i=1}^{n} [f(x_i) - y_i]^2 \text{（残差平方和最小）}$$

拟合与统计学中的"回归"（regression）都能找出数据点应满足的函数关系，但回归对数据的统计分析更全面．

与拟合有关的 MATLAB 命令：

（1）n 次多项式拟合：polyfit(x,y,n).

线性拟合：polyfit(x,y,1)

（2）非线性拟合：nlinfit(x,y,f,beta)，其中 f 为拟合函数，beta 为 f 中参数的初值．

（3）线性和非线性拟合：

fun = fittype('f','dependent','y','independent','x','coefficients','a')

fit(x1,y1,fun,options)

其中 f 为拟合函数，dependent 为 y 的属性，independent 为 x 的属性，coefficients 为参数 a 的属性，数据点 x1，y1 须为列向量，options 为算法设置选项，如设置参数的初值 Start 等．

（4）线性回归：regress(y,X)（仅拟合，不做统计分析），其中 y 须为列向量，X = [ones(size(x))',x'].

例 5.3.1 有一组实验数据 (x,y) 如表 5.3.1 所示，试据此确定 y 和 x 之间的函数关系 $y = f(x)$.

表 5.3.1　　　　　　　　实验数据

x	18	20	22	24	26	28	30
y	26.86	27.50	28.00	28.87	29.50	30.00	30.36

解：（1）绘制散点图，直观确定函数 $y = f(x)$ 的类型．

程序及结果：见图 5.3.1.

```
>>x=[18,20,22,24,26,28,30];
>>y=[26.86,27.50,28.00,28.87,29.50,30.00,30.36];
>>scatter(x,y)
```

据此知，$y = f(x)$ 大致为线性函数 $y = ax + b$，其中 a,b 为参数．

（2）利用表 5.3.1 中的数据点拟合参数 a,b.

程序及结果：

```
>>polyfit(x,y,1)
ans =
    0.3036   21.4414
```

图 5.3.1 散点图

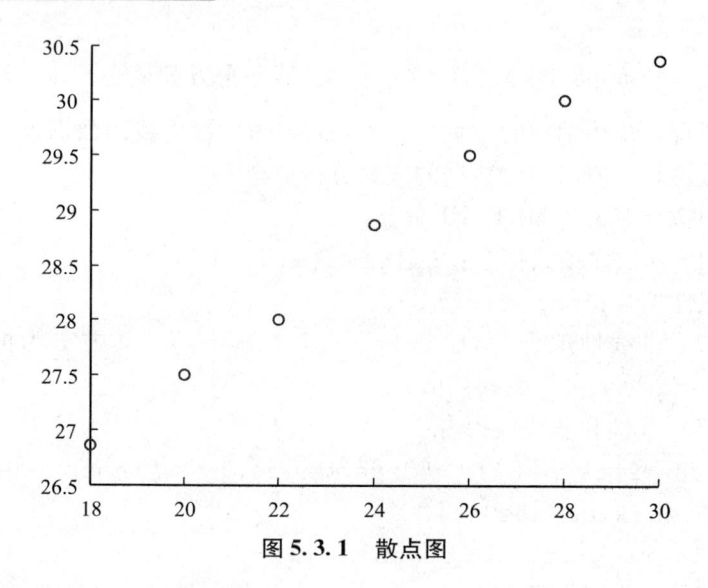

据此知，函数关系为 $y = 0.3036x + 21.4414$.

例 5.3.2 有一组实验数据如表 5.3.2 所示，试用 7 次多项式拟合 y 和 x 之间的函数关系 $y = f(x)$，并检验拟合效果.

表 5.3.2　　　　　　　　　实验数据

x	1	2	3	4	5	6	7	8	9	10
y	3.21	2.1	4.8	8.7	5.8	8.32	7.65	5.43	3.32	2.76

解：(1) 多项式拟合.
程序及结果：见图 5.3.2.

```
>>x=1:10;
>>y=[3.21 2.1 4.8 8.7 5.8 8.32 7.65 5.43 3.32 2.76];
>>y1=polyfit(x,y,7)
y1=
    -0.0006   0.0266   -0.4721   4.3792   -22.6858
64.3874   -88.4515   46.0660
```

据此知，函数关系为 $y = -0.0006x^7 + 0.0266x^6 - 0.4721x^5 + 4.3792x^4 - 22.6858x^3 + 64.3874x^2 - 88.4515x + 46.066$.

(2) 拟合效果检验.
程序及结果：见图 5.3.2.

```
>>plot(x,y,'o')
>>hold on
>>xi=1:0.05:10;
>>yi=polyval(y1,xi);
```

```
>>plot(xi,yi,'r')
```

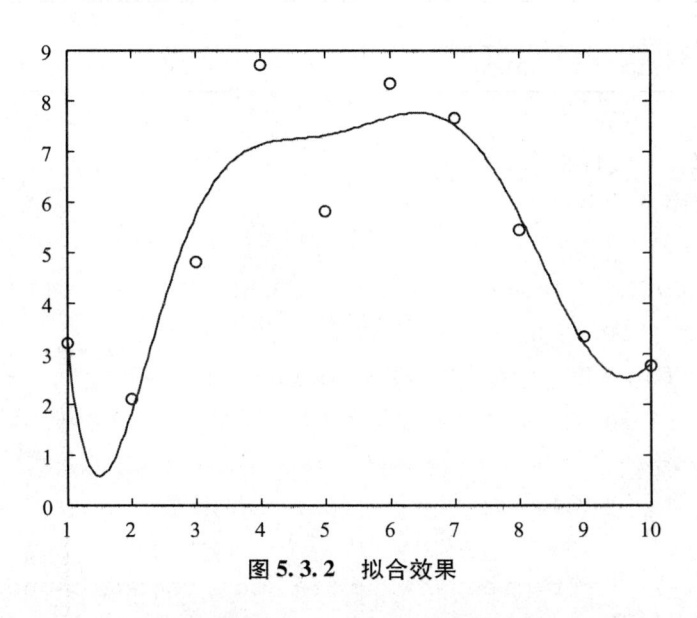

图 5.3.2 拟合效果

图 5.3.2 表明,除个别奇异点外,拟合效果很好.

例 5.3.3 利用表 5.3.3 中的数据拟合函数关系 $c = re^{-kt}$,其中 r,k 为参数.

表 5.3.3 数据

t	0.25	0.5	1	0.5	2	3	4	6	8
c	19.21	18.15	15.36	14.10	12.89	9.32	7.45	5.24	3.01

解:非线性拟合.

程序及结果:

```
>>t=[0.25 0.5 1 0.5 2 3 4 6 8];
>>c=[19.21 18.15 15.36 14.10 12.89 9.32 7.45 5.24 3.01];
>>fun=@(beta,t)(beta(1)*exp(-beta(2)*t));
>>beta=[0.01 0.01];
>>nlinfit(t,c,fun,beta)
ans =
    19.0294    0.2256
```

据此知,函数关系为 $c = 19.0294e^{-0.2256t}$.

例 5.3.4 利用表 5.3.4 中的数据拟合函数关系 $y = a + b\ln x$,其中 a,b 为参数.

表 5.3.4　　　　　　　　　　数据

x	2	3	4	5	7	8	10
y	106.42	108.20	109.58	109.50	110.00	109.93	110.49

解：非线性拟合．

程序及结果：

```
>> x1 = [2 3 4 5 7 8 10];
>> y1 = [106.42  108.20  109.58  109.50  110.00  109.93  110.49];
>> fun = fittype('a+b*log(x)');
>> [f,got] = fit(x1',y1',fun,'Start',rand(1,2))
f = 
    General model:
      f(x) = a+b*log(x)
    Coefficients(with 95% confidence bounds):
      a =        105.5  (103.8,107.3)
      b =        2.281  (1.247,3.314)
got = 
        sse:1.5858
    rsquare:0.8655
        dfe:5
 adjrsquare:0.8386
       rmse:0.5632
```

据此知，函数关系为 $y = 105.5 + 2.281\ln x$．

例 5.3.5　血压估测．

问题陈述：

某医学与健康机构随机采集了 30 个成年人的血压 y、年龄 x_1、体重指数 x_2 的数据，见表 5.3.5．

表 5.3.5　　　　　　　血压、年龄、体重指数

序号	y（百帕）	x_1（岁）	x_2
1	195.84	39	24.2
2	292.40	47	31.1
3	187.68	45	22.6
4	197.20	47	24.0
5	220.32	65	25.9

续表

序号	y（百帕）	x_1（岁）	x_2
6	193.12	46	25.1
7	231.20	67	29.5
8	168.64	42	19.7
9	214.88	67	27.2
10	209.44	56	19.3
11	220.32	64	28.0
12	204.00	56	25.8
13	190.40	59	27.3
14	149.60	34	20.1
15	174.08	42	21.7
16	176.80	48	22.2
17	183.60	45	27.4
18	155.04	18	18.8
19	157.76	20	22.6
20	168.64	19	21.5
21	184.96	36	25.0
22	193.12	50	26.2
23	163.20	39	23.5
24	163.20	21	20.3
25	217.60	44	27.1
26	214.88	53	28.6
27	195.84	63	28.3
28	176.80	29	22.0
29	170.00	25	25.3
30	238.00	69	27.4

其中"体重指数"采用的是世界卫生组织（WHO）颁布的定义，即体重（单位：千克）与身高（单位：米）平方之比，它比体重本身更能反映人的胖瘦程度．

试据此确定血压与年龄、体重指数之间的关系，并估测某年龄为42岁、体重为70千克、身高为175厘米的男子的血压．

模型建立：

分别绘制血压与年龄、体重指数的散点图，找出 y 和 x_1、y 和 x_2

之间的关系.

程序及结果：见图 5.3.3.

```
>> A = [195.84 39 24.2
292.40 47 31.1
187.68 45 22.6
197.20 47 24.0
220.32 65 25.9
193.12 46 25.1
231.20 67 29.5
168.64 42 19.7
214.88 67 27.2
209.44 56 19.3
220.32 64 28.0
204.00 56 25.8
190.40 59 27.3
149.60 34 20.1
174.08 42 21.7
176.80 48 22.2
183.60 45 27.4
155.04 18 18.8
157.76 20 22.6
168.64 19 21.5
184.96 36 25.0
193.12 50 26.2
163.20 39 23.5
163.20 21 20.3
217.60 44 27.1
214.88 53 28.6
195.84 63 28.3
176.80 29 22.0
170.00 25 25.3
238.00 69 27.4];
>> y = A(:,1);
>> x1 = A(:,2);x2 = A(:,3);
>> subplot(1,2,1);
>> plot(x1,y,'+')
>> subplot(1,2,2);
>> plot(x2,y,'*')
```

图 5.3.3 散点图

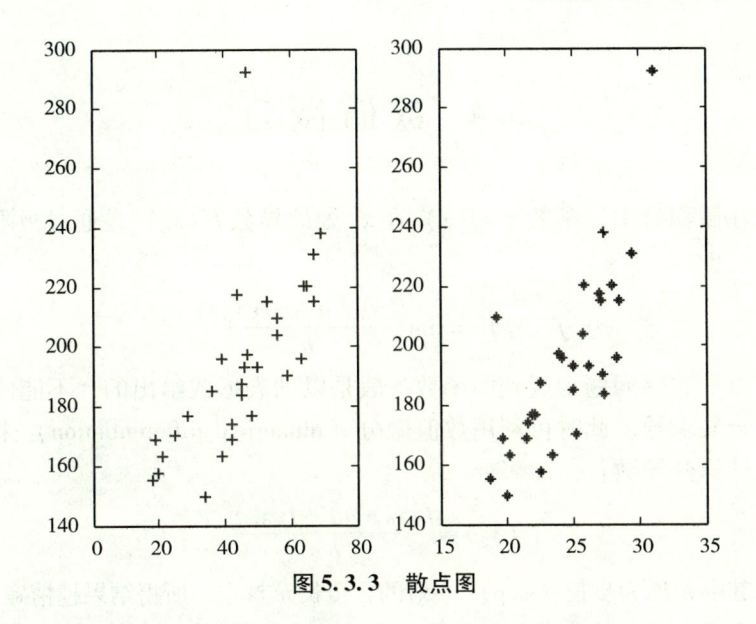

据此知，y 和 x_1、y 和 x_2 之间均大致为线性关系．

因此，可建立如下模型：

$$y = a_0 + a_1 x_1 + a_2 x_2$$

其中 a_0，a_1，a_2 为参数．

模型求解：

利用表 5.3.5 中的数据点做多元线性拟合，拟合出参数 a_0，a_1，a_2.

```
>> X =[ones(size(y)),x1,x2];
>> regress(y,X)
ans =
    41.8268
     0.6393
     4.9986
```

据此知，$a_0 = 41.8268$，$a_1 = 0.6393$，$a_2 = 4.9986$.

因此，血压与年龄、体重指数之间的关系为 $y = 41.8268 + 0.6393 x_1 + 4.9986 x_2$.

年龄为 42 岁、体重为 72 千克、身高为 173 厘米的男子的体重指数为 $\dfrac{72}{1.73^2} \approx 24.0569$，故其血压约为

$$y = 41.8268 + 0.6393 \times 42 + 4.9986 \times 24.0569 = 188.9282 \text{（百帕）}$$

5.4 数值微分

在微积分中，函数 $y=f(x)$ 在 x_0 处的导数 $f'(x_0)$ 是通过极限定义的，即

$$f'(x_0)=\lim_{h\to 0}\frac{f(x_0+h)-f(x_0)}{h}$$

但在实际问题中遇到的函数一般是以列表形式给出的，不能使用极限定义求导，此时可利用数值微分（numerical differentiation）来近似地计算其导数：

$$f'(x_0)\approx\frac{f(x_0+h)-f(x_0)}{h}$$

其中 h 称为步长（step）。一般的，步长 h 越小，所得结果越精确。

上式右端项的分子称为函数 $y=f(x)$ 在 x_0 处的差分（difference），分母称为自变量在 x_0 处的差分，故右端项又称为差商（difference quotient）。数值微分即用差商近似代替微商（导数）。

常用的差商公式有

$$f'(x_0)\approx\frac{f(x_0+h)-f(x_0-h)}{2h}$$

$$f'(x_0)\approx\frac{-3y_0+4y_1-y_2}{2h}$$

$$f'(x_n)\approx\frac{y_{n-2}-4y_{n-1}+3y_n}{2h}$$

统称为三点公式，其误差均为 $O(h)^2$。

例 5.4.1 物体的运动。

一物体在时刻 t 时的运动距离 $D=D(t)$ 如表 5.4.1 所示。

表 5.4.1　　　　　　　　运动距离

t	8.0	9.0	10.0	11.0	12.0
$D(t)$	17.453	21.460	25.752	30.301	35.084

分别利用三点公式和三次样条插值方法计算此物体在各时刻的运动速度 $V(t)$。(2) 与 $D(t)$ 的解析式 $D(t)=-70+7t+70e^{-t/10}$ 比较计算结果。

解：先编写三点公式的 M 文件 diff3.m：

```
function f=diff3(x,y)
n=length(x);h=x(2)-x(1);
```

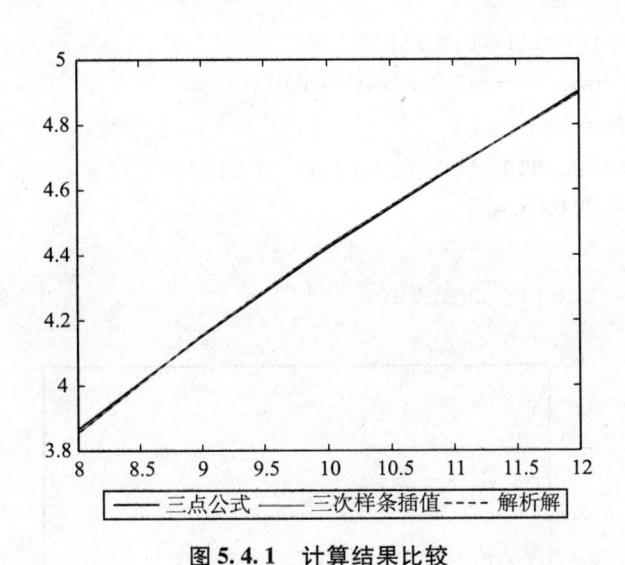

```
f(1)=(-3*y(1)+4*y(2)-y(3))/(2*h);
for j=2:n-1
    f(j)=(y(j+1)-y(j-1))/(2*h);
end
f(n)=(y(n-2)-4*y(n-1)+3*y(n))/(2*h);
```
再输入命令：
```
t=8.0:12.0;Dt=[17.453 21.460 25.752 30.301 35.084];
dDt1=diff3(t,Dt)    % 三点公式
pp=spline(t,Dt);dDt=fnder(pp);
dDt2=ppval(dDt,t)   % 三次样条插值
dDt=7+70*exp(-t/10)*(-1/10);   % 解析解
plot(t,dDt1,t,dDt2,t,dDt)
legend('三点公式','三次样条插值','解析解')
```
结果：见图 5.4.1.

dDt1 =
    3.8645   4.1495   4.4205   4.6660   4.9000

dDt2 =
    3.8548   4.1544   4.4247   4.6696   4.8928

图 5.4.1　计算结果比较

由图 5.4.1 可以看出，利用三次样条插值求导所得误差比利用三点公式求导所得误差小，且利用三次样条插值求导所得曲线与解析求导所得曲线基本吻合.

例 5.4.2　湖水温度变化.

湖水在夏天会出现分层现象，其特点是接近湖面的水的温度较高,越往下水的温度越低.这种现象会影响水的对流和混合过程,使得下层水域缺氧,导致水生鱼类死亡.对整个湖的水温进行观测得到的数据见表5.4.2.试求湖水温度变化最大的深度.

表 5.4.2　　　　　　　　　　湖水温度

深度 (m)	0	2.4	4.9	9.2	13.7	18.4	23.0	27.3
温度 (℃)	22.8	23.2	22.8	20.6	13.9	11.7	11.4	11.1

解:设湖水的深度为 h 米,相应的温度为 T℃,且有 $T=T(h)$,并假定函数 $T(h)$ 可导.对给定的数据进行三次样条插值,并对其求导,得到 $T(h)$ 的插值导函数;然后将给定的深度数据加密,搜索加密数据的导数值的绝对值,找出其最大值及相应的深度.

程序:

```
h=[0 2.4 4.9 9.2 13.7 18.4 23.0 27.3];
T=[22.8 23.2 22.8 20.6 13.9 11.7 11.4 11.1];
hh=0:0.1:27.2;
pp=spline(h,T);
dT=fnder(pp);
dTT=ppval(dT,hh);
[dTTmax,i]=max(abs(dTT));
[dTTmax hh(i)]
plot(hh,dTT,'b',hh(i),dTT(i),'k.')
```

结果:见图 5.4.2.

ans =

　　1.6548　11.5000

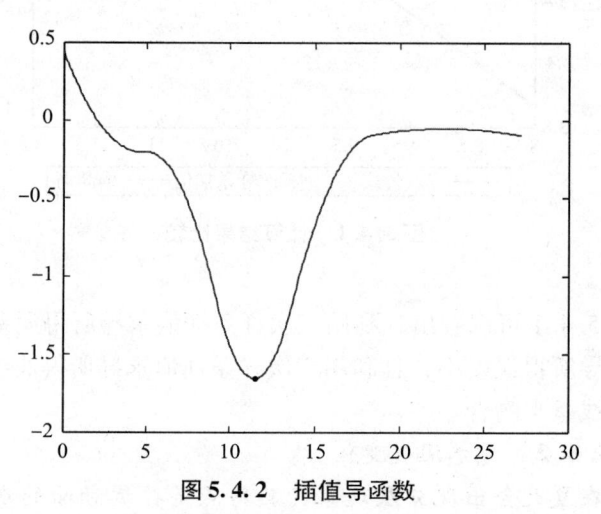

图 5.4.2　插值导函数

据此知，导函数的绝对值的最大值点为 $h = 11.5$，最大值为 1.6568.

因此，湖水在深度为 11.5 米处温度变化最大.

5.5 数值积分

同微分一样，积分也是通过极限定义的．由于实际问题中遇到的有些函数虽有解析式，但因其原函数不是初等函数，故不能直接积分，此时可用数值积分进行近似计算．

例 5.5.1 卫星轨道的长度．

问题陈述：

人造地球卫星的轨道可视为平面上的椭圆．我国第一颗人造地球卫星近地点距地球表面 439 千米，远地点距地球表面 2384 千米，地球半径 6371 千米．求该卫星的轨道长度．

模型建立：

设卫星的轨道为椭圆

$$\begin{cases} x = a\cos t \\ y = b\sin t \end{cases} (0 \leq t \leq 2\pi)$$

其中 a，b 分别为长、短半轴的长度，则由题意知，$a = 6371 + 2384 = 8755$，$b = 6371 + 439 = 6810$.

再由参数方程的弧长计算公式知，卫星的轨道长度即为椭圆的长度

$$L = 4\int_0^{\frac{\pi}{2}} (a^2\sin^2 t + b^2\cos^2 t)^{\frac{1}{2}} dt$$

模型求解：

先编写 M 文件 y.m：

```
function y = y(t)
a = 8755; b = 6810;
y = 4*sqrt(a^2*sin(t).^2 + b^2*cos(t).^2);
```

再在命令窗口内输入命令：

```
I = quad('y', 0, pi/2)
```

结果为：

I = 4.9090e + 004

据此知，卫星的轨道长度为 49090km.

例 5.5.2 清真寺的金箔装饰．

问题陈述：

某阿拉伯国家有一座著名的清真寺，以中央大厅的巨大金色拱形

圆顶名闻遐迩. 因年久失修, 国王下令将清真寺顶部重新贴金箔装饰. 大厅顶部的形状是半径为 30 米的半球面. 考虑到可能的损耗和其他技术因素, 实际用量将会比顶部面积多 1.5%. 据此, 国王拨出了可制造有规定厚度、面积为 5700 米^2 的金箔的黄金. 建筑商人哈桑略通数学, 他计算了一下, 觉得黄金会有盈余. 于是, 他以较低的承包价得到了这项工程. 但在施工前的测量中, 工程师发现清真寺顶部实际上并非是一个精确的半球面, 而是一个半椭球面, 其半立轴是 30 米, 长、短半轴分别是 30.6 米和 29.6 米. 这一来, 哈桑犯了愁, 他担心黄金是否还有盈余. 请为哈桑解疑释惑.

模型建立:

取椭球面中心为坐标原点建立直角坐标系, 则教堂顶部半椭球面的方程可写为

$$z = R\sqrt{1 - \frac{x^2}{a^2} - \frac{y^2}{b^2}}$$

其中 $R = 30$, $a = 30.6$, $b = 29.6$.

于是, 半椭球面的面积为

$$S = \iint_D \sqrt{1 + (z'_x)^2 + (z'_y)^2} \, dxdy$$

其中 D 为椭圆面 $\frac{x^2}{a^2} + \frac{y^2}{b^2} \leq 1$.

通过简单计算易知

$$\sqrt{1 + (z'_x)^2 + (z'_y)^2} = \sqrt{1 + \frac{\frac{R^2 x^2}{a^4} + \frac{R^2 y^2}{b^4}}{1 - \frac{x^2}{a^2} - \frac{y^2}{b^2}}}$$

再引入变量代换: $x = ar\cos\theta$, $y = br\sin\theta$, 则教堂顶部曲面的面积为

$$S = \int_0^{2\pi} d\theta \int_0^1 \sqrt{1 + \frac{R^2 r^2 \left(\frac{\cos^2\theta}{a^2} + \frac{\sin^2\theta}{b^2}\right)}{1 - r^2}} \, abrdr$$

模型求解:

先编写 M 文件 integrnd.m:

```
function out = integrnd(r,theta)
a =30.6;b =29.6;R =30;
out =a*b*r.*sqrt(1+R^2*r.^2.*((cos(theta)./a).^2+(sin(theta)./b).^2)./(1-r.^2));
```

再在命令窗口内输入命令:

```
>> s =dblquad('integrnd',0,1,0,2*pi)
```

结果：

```
s =
    5.6798e+003
```

据此知，教堂顶部表面积为 $S \approx 5680$ 米^2.

加上耗损等因素，共使用金箔为 $\bar{S} \approx 1.015S = 5765.2$ 米$^2 < 5700$ 米^2.

因此，黄金不会有盈余，哈桑将遭受损失.

例 5.5.3 国土面积的计算.

问题陈述：

图 5.5.1 为瑞士的地图，比例尺为 18 毫米：40 千米.

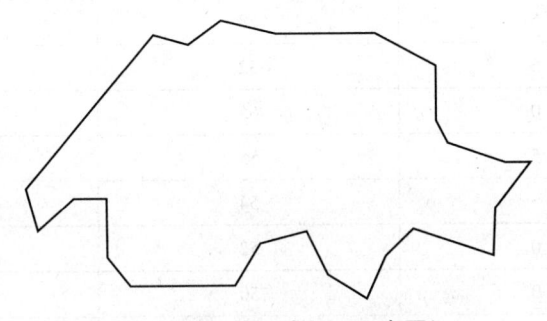

图 5.5.1 瑞士地图（示意图）

为计算出瑞士的国土面积，首先对地图做如下测量：以由西向东方向为 x 轴，由南到北方向为 y 轴，选择方便的原点，并将从最西边界点到最东边界点在 x 轴上的区间适当地划分为若干段，在每个分点的 y 方向上测出南边界点和北边界点的 y 坐标 y_1，y_2，数据见表 5.5.1.

表 5.5.1　　　　　南北边界点的坐标　　　　　单位：毫米

x	y_1	y_2
7.0	44	44
10.5	45	59
13.0	47	70
17.5	50	72
34.0	50	93
40.5	38	100
44.5	30	110
48.0	30	110
56.0	34	110

续表

x	y_1	y_2
61.0	36	117
68.5	34	118
76.5	41	116
80.5	45	118
91.0	46	118
96.0	43	121
101.0	37	124
104.0	33	121
106.5	28	121
111.5	32	121
118.0	65	122
123.5	55	116
136.5	54	83
142.0	52	81
146.0	50	82
150.0	66	86
157.0	66	85
158.0	68	68

试计算出瑞士的国土面积，并与其精确值 41288 千米^2 做比较．

模型假设：

（1）测量的图形和数据准确，由最西边边界点与最东边边界点分为上下两条连续的边界曲线，边界内的所有土地均为瑞士国土．

（2）从最西边界点到最东边界点，变量 $x \in [a, b]$ 划分 $[a, b]$ 为 n 个小段 $[x_{i-1}, x_i]$，并由此将国土分成 n 个小块．设每一小块均为 X 型区域，即作垂直于 x 轴的直线穿过该区域，直线与边界曲线最多只有两个交点．

模型建立：

数值积分法的基本思想是将上边界点与下边界点分别利用插值函数求出两条曲线，则曲线所围面积即为地图上的国土面积，再根据比例缩放关系求出国土面积的近似解．在求国土面积时，利用求平面图形面积的数值积分方法——将该面积分成若干个小长方形，分别求出长方形的面积后相加即为该面积的近似解．

设下边界函数为 $f_1(x)$，上边界函数为 $f_2(x)$，则由定积分的定

义知，曲线所围区域的面积为

$$\int_a^b f(x)\,dx = \lim_{n\to\infty}\sum_{i=1}^n [f_2(\xi_i) - f_1(\xi_i)]\Delta x_i$$

模型求解：

程序：

```
>> x = [7.0 10.5 13.0 17.5 34.0 40.5 44.5 48.0 56.0 61.0 68.5 76.5 80.5 91.0 96.0 101.0 104.0 106.5 111.5 118.0 123.5 136.5 142.0 146.0 150.0 157.0 158.0];
y1 = [44 45 47 50 50 38 30 30 34 36 34 41 45 46 43 37 33 28 32 65 55 54 52 50 66 66 68];
y2 = [44 59 70 72 93 100 110 110 110 117 118 116 118 118 121 124 121 121 121 122 116 83 81 82 86 85 68];
nx = 7:0.1:158;
l = length(nx);
ny1 = interp1(x,y1,nx,'linear');
ny2 = interp1(x,y2,nx,'linear');
area = sum(ny2 - ny1) * 0.1/18^2 * 1600
```

结果：

```
area =
    4.2414e+004
```

据此知，瑞士的国土面积约为 42414 千米^2，与其准确值 41288 千米^2 只相差 2.73%。

例 5.5.4 煤炭储量.

问题陈述：

某煤矿为估计矿区内的煤炭储量，在该矿区内进行勘探，得到位置点 (x, y) 处的煤炭厚度 h 的数据见表 5.5.2。

表 5.5.2　　　　　　　　煤炭厚度

编号	1	2	3	4	5	6	7	8	9	10
x（千米）	1	1	1	1	1	2	2	2	2	2
y（千米）	1	2	3	4	5	1	2	3	4	5
h（米）	13.72	25.80	8.47	25.27	22.32	15.47	21.33	14.49	24.83	26.19
编号	11	12	13	14	15	16	17	18	19	20
x（千米）	3	3	3	3	3	4	4	4	4	4
y（千米）	1	2	3	4	5	1	2	3	4	5
h（米）	23.28	26.48	29.14	12.04	14.58	19.95	23.73	15.35	18.01	16.29

试估计出该矿区（$1 \leqslant x \leqslant 4$，$1 \leqslant y \leqslant 5$）内的煤炭储量。

模型建立：

问题给出了很多位置点处的煤炭厚度，整个煤矿可以看作是一个巨大的曲顶柱体，而煤炭的储量即为此曲顶柱体的体积。要计算此立体的体积，可以利用插值得到曲顶柱体的顶面函数，再对其积分；也可以将此曲顶柱体分割成若干个细的曲顶柱体，用数值方法计算这些细曲顶柱体的体积，再对其求和即得原曲顶柱体的体积。

以煤炭的厚度为三维空间中的 z 坐标建立空间坐标系。记煤炭的厚度为 h，则它是坐标 x，y 的二元函数，即 $z = \varphi(x, y)$，则由二重积分的知识知，煤矿的煤炭储量为

$$W = \iint_D \varphi(x, y) \mathrm{d}x \mathrm{d}y \tag{5.5.1}$$

其中 $D = \{(x, y) \mid 1 \leq x \leq 4, 1 \leq y \leq 5\}$。

由于函数 $\varphi(x, y)$ 只给出了一些离散点上的函数值，无法直接计算上述二重积分，下面采用数值积分的方法计算其值。

由数值积分的知识知，计算定积分有复合梯形公式为

$$\int_a^b f(x) \mathrm{d}x \approx \frac{h}{2}[f(a) + f(b) + 2\sum_{k=1}^{n-1} f(x_k)] \tag{5.5.2}$$

其中 h 为步长，$x_k (k = 0, 1, \cdots, n)$ 为节点，且有 $x_k = a + kh$。

由 (5.5.1) 式得

$$W = \int_a^b [\int_c^d \varphi(x, y) \mathrm{d}y] \mathrm{d}x = \int_a^b g(x) \mathrm{d}x \tag{5.5.3}$$

其中 $g(x) = \int_c^d \varphi(x, y) \mathrm{d}y$。

由 (5.5.2) 式可得

$$W = \int_a^b g(x) \mathrm{d}x \approx \frac{h_x}{2}[g(a) + g(b) + 2\sum_{j=1}^{n-1} g(x_j)] \tag{5.5.4}$$

又

$$g(a) = \int_c^d \varphi(a, y) \mathrm{d}y \approx \frac{h_y}{2}[\varphi(a, c) + \varphi(a, d) + 2\sum_{k=1}^{m-1} \varphi(a, y_k)]$$

$$g(b) = \int_c^d \varphi(b, y) \mathrm{d}y \approx \frac{h_y}{2}[\varphi(b, c) + \varphi(b, d) + 2\sum_{k=1}^{m-1} \varphi(b, y_k)]$$

$$g(x_k) = \int_c^d \varphi(x_k, y) \mathrm{d}y \approx \frac{h_y}{2}[\varphi(x_k, c) + \varphi(x_k, d) + 2\sum_{k=1}^{m-1} \varphi(x_k, y_k)]$$

故

$$W \approx \frac{h_x h_y}{4} \{\varphi(a, c) + \varphi(a, d) + \varphi(b, c) + \varphi(b, d) +$$

$$2\sum_{k=1}^{m-1}[\varphi(a, y_k) + \varphi(b, y_k)] + 2\sum_{j=1}^{n-1}[\varphi(x_j, c) +$$

$$\varphi(x_j, d) + 2\sum_{k=1}^{m-1}\varphi(x_j, y_k)]\}$$

$$= \frac{h_x h_y}{4}[-\varphi(a,c) - \varphi(a,d) - \varphi(b,c) - \varphi(b,d) -$$

$$2\sum_{k=0}^{m}[\varphi(a,y_k) + \varphi(b,y_k)] - 2\sum_{j=0}^{n}[\varphi(x_j,c) +$$

$$\varphi(x_j,d)] + 4\sum_{j=0}^{n}\sum_{k=0}^{m}\varphi(x_j,y_k) \tag{5.5.5}$$

模型求解：

考虑到给定的数据较少，由此产生的误差较大，所以利用插值后的数据计算（5.5.5）式．

程序：

```
x=[1 1 1 1 1 2 2 2 2 2 3 3 3 3 3 4 4 4 4 4]*1000;
y=[1 2 3 4 5 1 2 3 4 5 1 2 3 4 5 1 2 3 4 5]*1000;
z=[13.72 25.80 8.47 25.27 22.32 15.47 21.33 14.49
24.83 26.19 23.28 26.48 29.14 12.04 14.58 19.95 23.73
15.35 18.01 16.29];
hx=10;hy=10;cx=1000:hx:4000;cy=1000:hy:5000;
[X,Y]=meshgrid(cx,cy);n=length(cx);m=length(cy);
Z=griddata(x,y,z,X,Y,'v4');          % 插值
surf(X,Y,Z)                          % 绘制图3
W=hx*hy*(-Z(1,1)-Z(1,n)-Z(m,1)-Z(m,n)-2*
(sum(Z(1,:)+Z(m,:))+sum(Z(:,1)+Z(:,n)))+4*sum
(sum(Z)))/4
```

结果：见图 5.5.2．

W =

    2.4970e+008

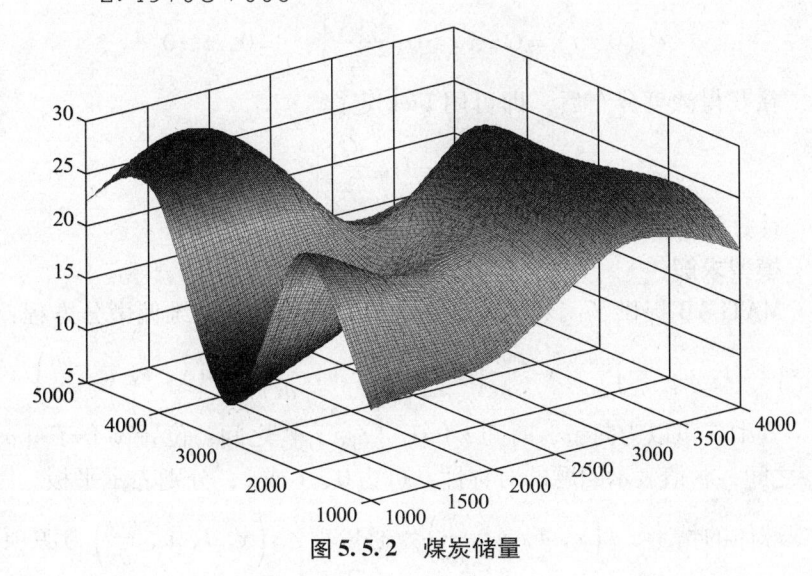

图 5.5.2　煤炭储量

据此知，煤矿的煤炭储量约为 2.4970×10^8 米^3.

5.6 偏微分方程

自然科学与工程技术中种种运动发展过程与平衡现象各自遵守一定的规律，这些规律的定量表述一般呈现为关于含有未知函数及其导数的方程. 只含有未知多元函数及其偏导数的方程，称为偏微分方程（partial differential equation），其中未知函数的偏导数的最高阶数称为偏微分方程的阶，初始条件与边界条件称为定解条件.

例 5.6.1 扩散系统的浓度分布.

问题陈述：

管中储放静止液体 B，高度为 $L=10$ 厘米，放置于充满 A 气体的环境中. 假设与 B 液体接触面的浓度为 $C_{A0}=0.01$ 摩尔/米^3，且此浓度不随时间改变而改变，即在操作时间内（$h=10$ 天）维持定值. 气体 A 在液体 B 中的扩散系数为 $D_{AB}=2\times 10^{-9}$ 米^2/秒，试确定在 A 与 B 不发生反应的情况下，A 气体溶于液体 B 中的流通量.

模型建立：

因气体 A 与液体 B 不发生反应，根据 Fick 第二定律，其扩散现象的质量平衡方程为

$$\frac{\partial C_A}{\partial t} = D_{AB}\frac{\partial^2 C_A}{\partial z^2}$$

由题意知，初始条件、边界条件分别为

$$C_A(z,0) = 0, \quad z > 0$$

$$C_A(0,t) = C_{A0}, \; t \geq 0; \quad \left.\frac{\partial C_A}{\partial z}\right|_{z=L} = 0, \; t \geq 0$$

在获得浓度分布后，即可用 Fick 定律

$$N_{AZ}(t) = -D_{AB}\left.\frac{\partial C_A}{\partial z}\right|_{z=0}$$

计算流通量.

模型求解：

MATLAB 提供了函数 pdepe 来求解如下形式的一维偏微分方程：

$$c\left(x,t,u,\frac{\partial u}{\partial x}\right)\frac{\partial u}{\partial t} = x^{-m}\frac{\partial}{\partial x}\left(x^m f\left(x,t,u,\frac{\partial u}{\partial x}\right)\right) + s\left(x,t,u,\frac{\partial u}{\partial x}\right)$$

其中 u 可以为向量，时间 t 介于 $[t_0, t_f]$ 之间，位置 x 介于 $[a, b]$ 之间，m 值表示问题的对称性，可为 0、1 或 2，分别表示平板、圆柱或球体的情形，$f\left(x,t,u,\frac{\partial u}{\partial x}\right)$ 为通量项，$s\left(x,t,u,\frac{\partial u}{\partial x}\right)$ 为源项，

$c\left(x, t, u, \dfrac{\partial u}{\partial x}\right)$ 为偏微分方程的系数对角矩阵.

偏微分方程的初始条件为
$$u(x, t_0) = v_0(x)$$

边界条件为
$$p_a(x, t, u) + q_a(x, t)f\left(x, t, u, \dfrac{\partial u}{\partial x}\right) = 0, \quad x = a, \quad t_0 \leqslant t \leqslant t_f$$

$$p_b(x, t, u) + q_b(x, t)f\left(x, t, u, \dfrac{\partial u}{\partial x}\right) = 0, \quad x = b, \quad t_0 \leqslant t \leqslant t_f$$

下面编写程序求解质量平衡方程定解问题.

第一步，将扩散现象的质量平衡方程转化为标准形式
$$c\left(z, t, C_A, \dfrac{\partial C_A}{\partial z}\right) = \dfrac{1}{D_{AB}}$$
$$f\left(z, t, C_A, \dfrac{\partial C_A}{\partial z}\right) = \dfrac{\partial C_A}{\partial z}$$
$$s\left(z, t, C_A, \dfrac{\partial C_A}{\partial z}\right) = 0$$

第二步，编写偏微分方程的系数向量函数 pdefun.m：
```
function[c,f,s] = pdefun(z,t,CA,dCAdz)
global DAB k CA0
c = 1/DAB; f = dCAdz; s = 0;
```
第三步，编写初始条件函数 ic.m：
```
function CA_i = ic(z)
CA_i = 0;
```
第四步，编写边界条件函数 bc.m：
```
function[pa,qa,pb,qb] = bc(za,CAa,zb,CAb,t)
global DAB k CA0
pa = CAa - CA0; qa = 0;
pb = 0; qb = 1/DAB;
```
第五步，利用 pdepe 求解，编写 M 文件 concentration.m：
```
global DAB k CA0
CA0 = 0.01; L = 0.1; DAB = 2e - 9;
k = 2e - 7; h = 10 * 24 * 3600;
% 取点
t = linspace(0,h,100); z = linspace(0,L,10);
% 求解
m = 0;
CA = pdepe(m,@ pdefun,@ ic,@ bc,z,t);
% 显示结果
```

```
    u = CA(:,:,1)
    surf(z,t/(24*3600),u)
    xlabel('length(m)'),ylabel('time(day)'),zlabel
('conc.(mol/m^3)')
    for i = 1:length(t)
        [CA_i,dCAdz_i] = pdeval(m,z,CA(i,:),0);
        NAz(i) = -dCAdz_i*DAB;
    end
    figure
    plot(t/(24*3600),NAz'*24*3600)
    xlabel('time(day)'),ylabel('flux(mol/m^2.day)')
```
结果：见图 5.6.1、图 5.6.2.

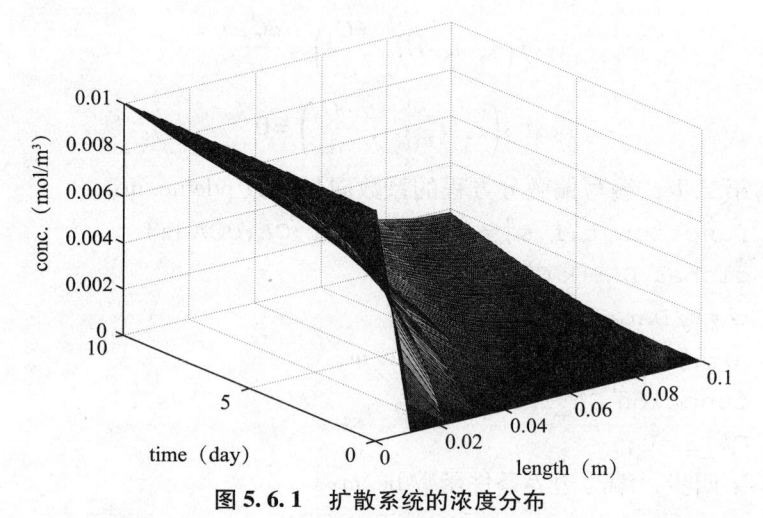

图 5.6.1　扩散系统的浓度分布

图 5.6.2　气体 A 溶于液体 B 中的流通量

例 5.6.2 最小曲面问题.

问题陈述:

在 xy 平面区域 Ω 的边界 $\partial\Omega$ 上给定函数值 $u|_{\partial\Omega} = \varphi(x, y)$,即给定空间一条曲线:

$$\{(x, y, z): u = \varphi(x, y), (x, y) \in \partial\Omega\}$$

最小曲面问题就是求张在这一曲线上的曲面,使曲面的面积最小:

$$f(u) = \inf \iint_\Omega \sqrt{1 + \left(\frac{\partial v}{\partial x}\right)^2 + \left(\frac{\partial v}{\partial y}\right)^2} \, dx dy$$

$$\forall v \in \{v \in C^1(\Omega) v|_{\partial\Omega} = \varphi(x, y)\}$$

模型建立:

上述问题可化成一个非线性边值问题. 假定

$$\Omega = \{(x, y) | x^2 + y^2 < 1\}, \quad u|_{\partial\Omega} = x^2$$

则最小曲面问题等价于非线性边值问题:

$$\begin{cases} -\nabla\left(\frac{1}{\sqrt{1+|\nabla u|^2}} \nabla u\right) = 0, & in\,\Omega \\ u|_{\partial\Omega} = x^2 \end{cases}$$

模型求解:

MATLAB 偏微分方程工具箱(PDE Toolbox)提供了研究和求解空间二维偏微分方程问题的一个强大而又灵活实用的环境. PDE Toolbox 的功能包括:

(1) 设置 PDE (偏微分方程) 定解问题,即设置二维定解区域、边界条件以及方程的形式和系数.

(2) 用有限元法求解 PDE,即网格的生成、方程的离散以及求出数值解.

(3) 解的可视化.

PDE Toolbox 求解的基本方程包括椭圆形方程、抛物型方程、双曲型方程、特征值方程、椭圆形方程组、非线性椭圆形方程.

(1) 椭圆形方程.

$$-\nabla \cdot (c \nabla u) + au = f, \quad in\,\Omega$$

其中 Ω 是平面有界区域,c, a, f 及未知数 u 是定义在 Ω 上的函数.

(2) 抛物型方程.

$$d\frac{\partial u}{\partial t} - \nabla \cdot (c \nabla u) + au = f, \quad in\,\Omega$$

(3) 双曲型方程.

$$d\frac{\partial^2 u}{\partial t^2} - \nabla \cdot (c \nabla u) + au = f, \quad in\,\Omega$$

(4) 特征值方程.

$$-\nabla \cdot (c \nabla u) + au = \lambda d u, \quad in\,\Omega$$

其中 d 是定义在 Ω 上的复函数，λ 是待求的特征值．在抛物型方程和双曲型方程中，系数 c，a，f，d 可以依赖于时间 t．

（5）非线性椭圆形方程．
$$-\nabla \cdot (c(u)\nabla u) + a(u)u = f, \quad in\,\Omega$$
其中 c，a，f 可以是解 u 的函数．

（6）椭圆形方程组．
$$\begin{cases} -\nabla \cdot (c_{11}\nabla u_1) - \nabla \cdot (c_{12}\nabla u_2) + a_{11}u_1 + a_{12}u_2 = f_1 \\ -\nabla \cdot (c_{21}\nabla u_1) - \nabla \cdot (c_{22}\nabla u_2) + a_{21}u_1 + a_{22}u_2 = f_2 \end{cases}$$

偏微分方程（组）的边界条件可为：

（1）Dirichlet 条件：$hu = r$．

（2）Neumann 条件：$\boldsymbol{n} \cdot (c\nabla u) + qu = g$．

其中 $\boldsymbol{n}$ 是 $\partial\Omega$ 上的单位外法向矢量，g，q，h，r 是定义在 $\partial\Omega$ 上的函数．对于特征值问题仅限于齐次条件：$g = r = 0$．对于非线性情形，系数 g，q，h，r 可以依赖于 u；对于抛物型方程和双曲型方程，系数可以依赖于时间 t．对于方程组情形，Dirichlet 边界条件为
$$h_{11}u_1 + h_{12}u_2 = r_1, \quad h_{21}u_1 + h_{22}u_2 = r_2$$

Neumann 边界条件为
$$\boldsymbol{n} \cdot (c_{11}\nabla u_1) + \boldsymbol{n} \cdot (c_{12}\nabla u_2) + q_{11}u_1 + q_{12}u_2 = g_1$$
$$\boldsymbol{n} \cdot (c_{21}\nabla u_1) + \boldsymbol{n} \cdot (c_{22}\nabla u_2) + q_{21}u_1 + q_{22}u_2 = g_2$$

混合边界条件为
$$h_{11}u_1 + h_{12}u_2 = r_1$$
$$\boldsymbol{n} \cdot (c_{11}\nabla u_1) + \boldsymbol{n} \cdot (c_{12}\nabla u_2) + q_{11}u_1 + q_{12}u_2 = g_1 + h_{11}\mu$$
$$\boldsymbol{n} \cdot (c_{21}\nabla u_1) + \boldsymbol{n} \cdot (c_{22}\nabla u_2) + q_{21}u_1 + q_{22}u_2 = g_2 + h_{12}\mu$$

其中 μ 的计算要满足 Dirichlet 条件．

下面用 PDE Toolbox 求解模型．首先在工作窗口输入命令 pdetool，按回车键打开 PDE Toolbox 窗口．

（1）画出求解区域．

单击工具栏按钮 ⬭，单击鼠标右键同时拖动鼠标到适当位置松开，绘制圆，在所绘圆上双击，打开 Object Dialog 对话框，输入圆心 X – center 为 0，Y – center 为 0，半径 Radius 为 1，然后单击 OK 按钮，如图 5.6.3 所示，画好单位圆．

（2）设置边界条件．

单击工具栏按钮 ∂Ω，图形边界变红，此时可逐段双击边界，打开 Boundary Condition 对话框，输入边界条件．按 shift 键，选中所有边界，双击打开 Boundary Condition 对话框，本题选择 Dirichlet 条件，输入 h 为 1，r 为 x.^2，如图 5.6.4 所示，然后单击 OK 按钮．

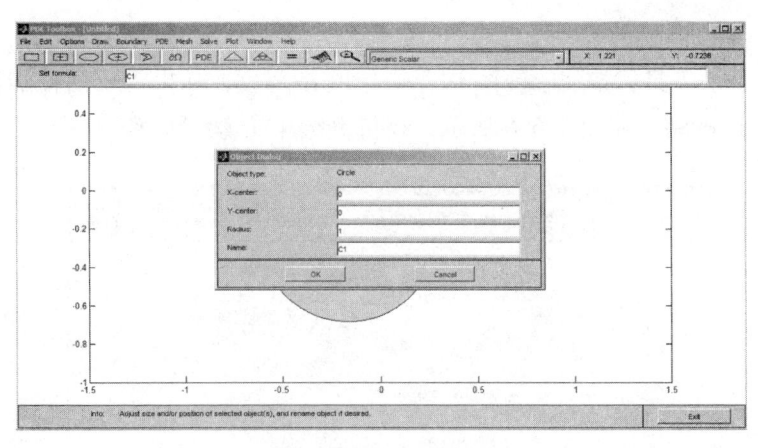

图 5.6.3　绘制求解区域

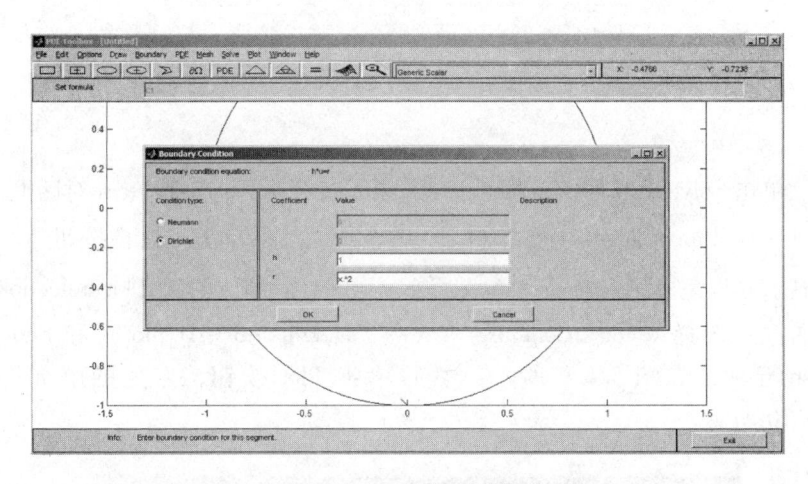

图 5.6.4　设置边界条件

（3）设置方程类型.

单击工具栏按钮 PDE，打开 PDE Specification 对话框，选择方程类型. 本题单击 Elliptic，输入 c 为 1./sqrt（1 + ux.^2 + uy.^2），a 为 0，f 为 0，如图 5.6.5 所示，然后单击 OK 按钮.

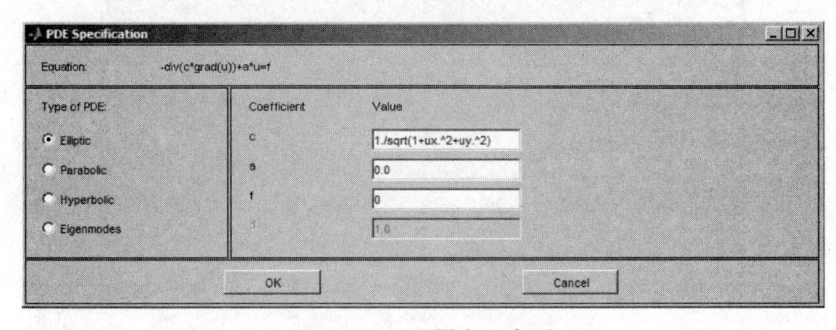

图 5.6.5　设置方程类型

(4) 网格剖分.

单击工具栏按钮 △，进行初始网格剖分，如果需要网格加密，再单击 △，如图 5.6.6 所示，还可继续单击 △ 加密.

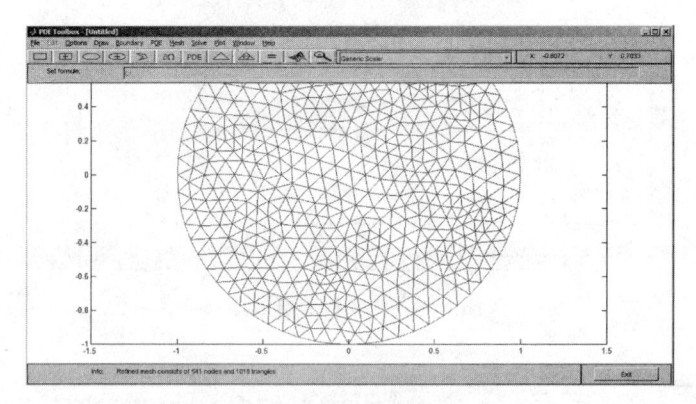

图 5.6.6　网格部分

(5) 解方程.

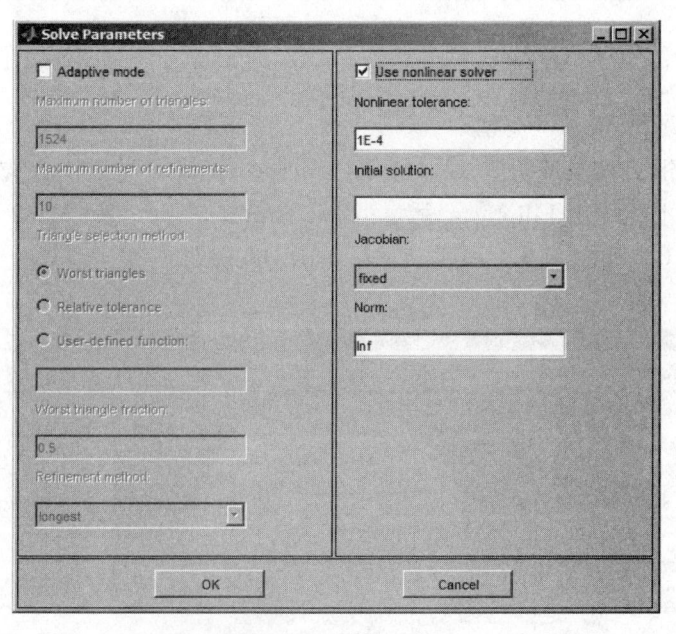

单击 Solve 菜单中 Parameters…选项，打开 Solve Parameters 对话框，选 Use nonlinear solver 项，如图 5.6.7 所示，然后单击工具栏按钮 =，可显示方程色彩解，如图 5.6.8 所示. 可单击 ，打开 Plot Selection 对话框，选择 Color、Contour、Arrows、Height（3 – D plot）和 Show mesh 五项，如图 5.6.9 所示，然后单击 Plot 按钮，方程的解如图 5.6.10 所示.

图 5.6.7　求解方程

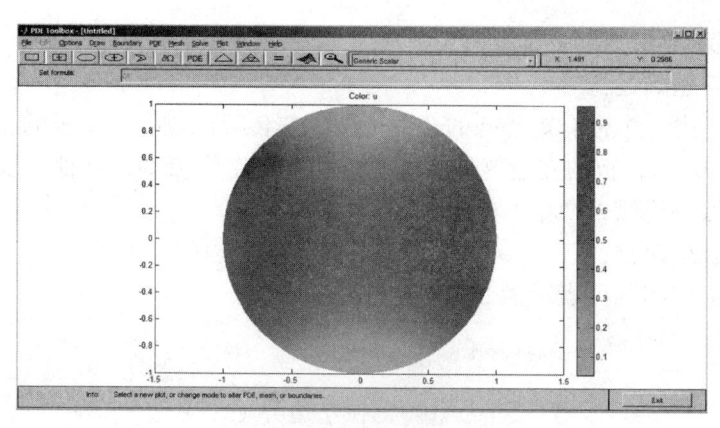

图 5.6.8　方程的彩色解

图 5.6.9　绘制方程的解

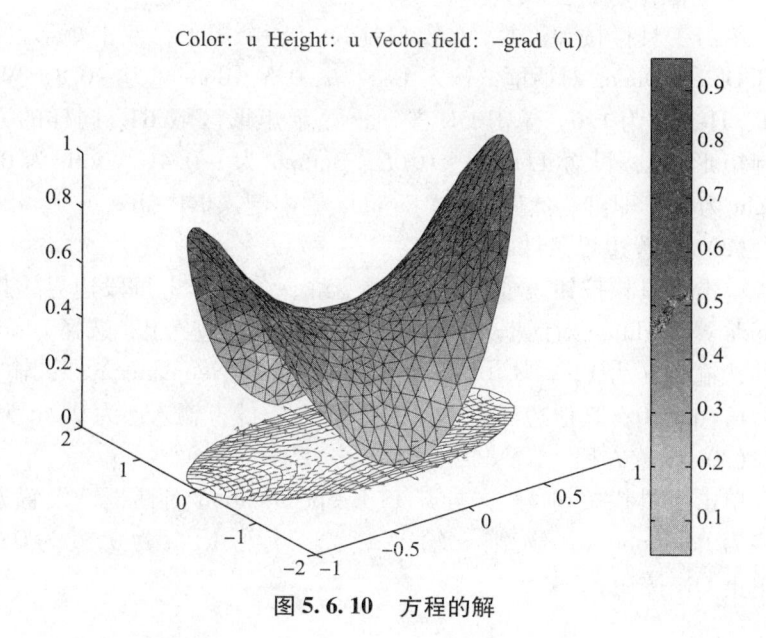

Color: u Height: u Vector field: −grad (u)

图 5.6.10　方程的解

例 5.6.3 金属板的导热问题.

问题陈述：

考虑一个带有矩形孔的金属板上的热传导问题. 已知板的左边保持在 100℃，板的右边热量从板向环境空气定常流动，其他边及内孔边界保持绝缘，初始 $t = t_0$ 时板的温度为 0℃.

模型建立：

上述问题可表示为如下定解问题：

$$\begin{cases} \mathrm{d}\dfrac{\partial u}{\partial t} - \Delta u = 0 \\ u = 100, \text{在左边界上} \\ \dfrac{\partial u}{\partial n} = -1, \text{在右边界上} \\ \dfrac{\partial u}{\partial n} = 0, \text{在其他边界上} \\ u\big|_{t=t_0} = 0 \end{cases}$$

区域 Ω 的外边界顶点坐标为 $(-0.5, -0.8)$、$(0.5, -0.8)$、$(0.5, 0.8)$、$(-0.5, 0.8)$，内边界的顶点坐标为 $(-0.05, -0.4)$、$(0.05, -0.4)$、$(0.05, 0.4)$、$(-0.05, 0.4)$.

模型求解：

用 PDE Toolbox 求解模型. 首先在命令窗口输入 pdetool，按回车键确定，打开 PDE Toolbox 窗口. 单击 Options 菜单下的 Grid 选项，可打开坐标网格. 下面分步进行操作：

（1）画出求解区域.

单击工具栏按钮 ▭，在窗口拖拉出一个矩形，双击矩形区域，打开 Object Dialog 对话框，输入 Left 为 -0.5，Bottom 为 -0.8，Width 为 1，Height 为 1.6，单击 OK 按钮，显示矩形区域 R1. 同样的方法绘制矩形 R2，设置 Left 为 -0.05，Bottom 为 -0.4，Width 为 0.1，Height 为 0.8 即可. 然后在 Set formula 栏中键入 R1 - R2.

（2）设置边界条件.

单击工具栏按钮 ∂Ω，图形边界变红，分别双击每段边界，打开 Boundary Condition 对话框，输入边界条件. 在左边界上，选择 Dirichlet 条件，输入 h 为 1，r 为 100；右边界上，选择 Neumann 条件，输入 g 为 -1，q 为 0；其他边界，选择 Neumann 条件，输入 g 为 0，q 为 0.

（3）设置方程.

单击工具栏按钮 PDE，打开 PDE Specification 对话框，设置方程类型为 Parabolic（抛物型），输入 d 为 1，c 为 1，a 为 0，f 为 0，然后单击 OK 按钮.

(4) 网格剖分.

单击工具栏按钮 △,进行初始网格剖分,如果需要网格加密,再单击 △,还可继续单击 △ 加密.

(5) 设置初值和误差.

单击 Solve 菜单中的 Parameters 选项,打开 Solve Parameters 对话框,输入 Time 为 0:5, u (t0) 为 0, Relative tolerance 为 0.01, Absolute tolerance 为 0.001,然后单击 OK 按钮.

(6) 输出数值解.

单击 Solve 菜单中的 Export Solution 选项,在 Export 对话框中输入 u,单击 OK 按钮. 再在命令窗口输入 u,按回车键即可显示按节点编号排列的解的数值.

(7) 解的图形.

单击 Plot 菜单中的 Parameters 选项,打开 Plot Selection 对话框,选择 Color、Contour、Arrows,单击 Plot 按钮,图形窗口会显示 Time = 5 时解的彩色图形,如图 5.6.11 所示.

也可用 MATLAB 程序求解此问题,显示解的图形,程序如下:

```
[p,e,t]=initmesh('crackg');   % 网格初始化
u=parabolic(0,0:0.5:5,'crackb',p,e,t,1,0,0,1);   % 求解
pdeplot(p,e,t,'xydata',u(:,11),'mesh','off','colormap','hot')   % 绘图
```

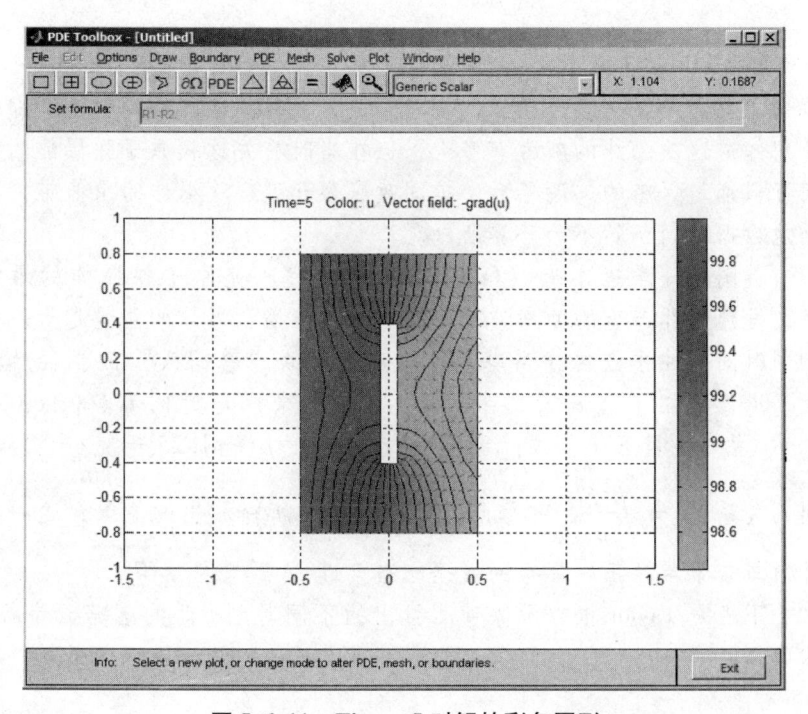

图 5.6.11 Time = 5 时解的彩色图形

本 章 习 题

1. 有一组实验数据 (x, y) 如下表所示,试据此确定 y 和 x 之间的函数关系 $y = f(x)$.

x_i	165	123	150	123	141
y_i	187	126	172	125	148

2. 利用下表中的数据拟合函数关系 $y = ax^3 + b$,其中 a, b 为参数.

x	-2	-1	0	1	2
y	-7.9	-1.1	0	1.05	8.0

3. 利用下表中的数据拟合函数关系 $y = a + be^{-t} + cte^{-t}$,其中 a, b, c 为参数.

t	0	0.3	0.8	1.1	1.6	2.3
y	0.5	0.82	1.14	1.25	1.35	1.40

4. 1945 年 7 月 16 日,美国科学家在新墨西哥州 Los Alamos 沙漠试爆了世界上第一颗原子弹,全球震惊. 很多其他国家的科学家都非常想知道这次爆炸的威力有多大,但在当时有关这颗原子弹爆炸的任何资料都是保密的. 两年后,美国政府公开了这次爆炸的录像带,而其他数据资料仍然不为外界所知.

英国物理学家泰勒(G. I. Taylor)通过研究原子弹爆炸的录像带,发现爆炸产生的冲击波从中心点向外传播,爆炸的能量越大,在相同时间内冲击波传播得越远,爆炸形成的"蘑菇云"的半径就越大,进而建立了蘑菇云的半径 r(单位:米)与时间 t(单位:毫秒)、爆炸能量 E(单位:焦耳)、空气密度 ρ($=1.25$ 千克/米^2)之间的关系: $r = \sqrt[5]{\dfrac{t^2 E}{\rho}}$,并据此估计出了爆炸所释放出的能量,这一估计值与若干年后正式公布的数据相当接近.

下表是 Taylor 根据录像带测量出的不同时刻 t 时的蘑菇云半径 r 的数据.

t	r	t	r	t	r	t	r	t	r
0.10	11.1	0.80	34.2	1.50	44.4	3.53	61.1	15.0	106.5
0.24	19.9	0.94	36.3	1.65	46.0	3.80	62.9	25.0	130.0
0.38	25.4	1.08	38.9	1.79	46.9	4.07	64.3	34.0	145.0
0.52	28.8	1.22	41.0	1.93	48.7	4.34	65.6	53.0	175.0
0.66	31.9	1.36	42.8	3.26	59.0	4.61	97.3	62.0	185.0

试利用上述资料计算出这颗原子弹的爆炸能量.

5. 设标准正态分布函数值 $\Phi(1.23) = 0.8907$,$\Phi(1.25) = 0.8944$,求 $\Phi(1.22)$,$\Phi(1.24)$,$\Phi(1.26)$.

6. 为在山区修一条公路,测得一些位置点 (x, y) 处的海拔高程 z(单位:米),见下表.

	$y = 100$	300	500	700	900	1100
$x = 100$	870	680	550	600	670	690
300	710	620	730	800	850	870
500	650	760	880	970	1020	1050
700	740	880	1080	1130	1250	1280
900	830	980	1180	1320	1450	1420
1100	880	1060	1230	1190	1100	1000

试画出该地区的地貌模型,以便选择拟建公路的位置.

7. 20 世纪美国人口统计数据(单位:万)见下表,试计算 1900~1990 年各年份的人口相对增长率,并以此分析美国在这些年的人口变化情况.

年份	1900	1910	1920	1930	1940	1950	1960	1970	1980	1990
人口(万人)	76.0	92.0	106.5	123.2	131.7	150.7	179.3	204.0	226.5	251.4

8. 函数 $y = y(x)$ 的离散数据见下表,试计算积分 $\int_{0.1}^{1.5} y(d) \mathrm{d}x$.

x	0.1	0.3	0.5	0.7	0.9	1.1	1.3	1.5
y	1.0100	1.0873	1.2298	1.4150	1.6136	1.7943	1.9284	1.9950

9. 在桥梁的一端每隔一段时间记录 1 分钟内的车流量(单位:辆),数据见下表.

时间	车流量（辆）	时间	车流量（辆）	时间	车流量（辆）
0：00	2	9：00	12	18：00	22
2：00	2	10：30	5	19：00	10
4：00	0	11：30	10	20：00	9
5：00	2	12：30	12	21：00	11
6：00	5	14：00	7	22：00	8
7：00	8	16：00	9	23：00	9
8：00	25	17：00	28	24：00	3

试估计一天内的车流量.

10. 一位数学家即将要迎来他的90岁生日，有很多的学生来为他庆祝，所以要订作一个特大的蛋糕. 为了纪念他提出的一项重要成果——空腔医学的悬链线模型，他的弟子要求蛋糕店的老板将蛋糕边缘圆盘半径 r 作成高度 h 的下列悬链线函数 $r = 2 - \frac{1}{5}(e^{2h} + e^{-2h})$，$0 \leq h \leq 1$，$r$ 和 h 的单位为米. 由于蛋糕店从来没有做过这么大的蛋糕，蛋糕店的老板必须要计算一下成本. 这主要涉及两个问题的计算：一个是蛋糕的质量，由此可以确定需要多少鸡蛋和面粉，不妨设蛋糕密度为 k；另一个是蛋糕的表面积（底面除外），由此确定需要多少奶油.

11. 某铸件为曲顶柱体，其曲顶面数据见下表. 现要对曲顶面进行涂漆，单位表面的费用为120元. 试估算对曲顶面进行涂漆的费用.

编号	1	2	3	4	5	6	7	8	9	10
x 坐标	0	0	0	0	0	1.22	1.22	1.22	1.22	1.22
y 坐标	0	2.14	4.28	6.42	8.56	0	2.14	4.28	6.42	8.56
z 坐标	0	1.20	1.20	1.20	1.20	1.20	1.70	0.33	2.20	0.35
编号	11	12	13	14	15	16	17	18	19	20
x 坐标	2.44	2.44	2.44	2.44	2.44	3.66	3.66	3.66	3.66	3.66
y 坐标	0	2.14	4.28	6.42	8.56	0	2.14	4.28	6.42	8.56
z 坐标	1.20	0.33	0.35	1.25	2.09	1.20	2.20	1.24	0.20	1.11

12. 用 pdepe 函数试求解偏微分方程

$$\pi^2 \frac{\partial u}{\partial t} = \frac{\partial^2 u}{\partial x^2},$$

其中 $0 \leq x \leq 1$，且满足以下初边值条件：

（1）初值条件：$u(x, 0) = \sin(\pi x)$；（2）边值条件：$u(0, t) =$

0,$\pi e^{-t}+\dfrac{\partial u(1,t)}{\partial x}=0$.

13. 单位圆上的 Poisson 方程边值问题：
$$\begin{cases} -\nabla u = 1, & \Omega = \{(x,y) \mid x^2+y^2<1\}, \\ u\mid_{\partial\Omega}=0. \end{cases}$$

这一问题的精确解为 $u(x,y)=\dfrac{1-x^2-y^2}{4}$，用偏微分方程工具箱（PDE Toolbox）求解此问题的数值解，并与精确解比较.

第 6 章 图 论 模 型

图论是一门内容十分丰富的学科. 随着计算机软硬件技术的发展, 图论越来越多地被应用到生产生活中, 成为解决众多实际问题的重要工具.

图论所讨论的"图", 不是几何学、微积分、解析几何等学科中的图形, 而是客观世界中具体事物之间的关系的数学抽象.

本章主要介绍图的基本概念、几个重要的图论问题及相关算法.

6.1 图的基本概念

1. 图

在研究某些对象之间的关系时, 常用点 (vertex) 表示对象, 边 (edge) 表示对象之间的关系, 这样就得到了一个由点和边组成的二元数据结构, 称为图 (graph), 记作 $G=(V, E)$, 其中 V 为点集, E 为边集.

如图 6.1.1 所示的图 G 中, $V=\{v_1, v_2, v_3, v_4, v_5\}$, $E=\{e_1, e_2, e_3, e_4, e_5, e_6\}$.

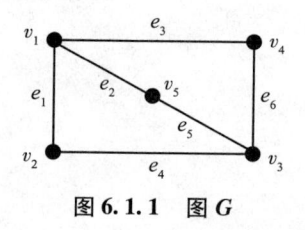

图 6.1.1 图 G

2. 无向图和有向图

每条边没有方向的图称为无向图, 简称为图. 在无向图中, 点 u 和点 v 之间的边 e 记作 $e=uv$.

每条边都有方向的图称为有向图. 在有向图中, 边称为弧. 以 u 为起点、v 为终点的弧 a 记作 $a=(u, v)$.

如图 6.1.1 所示的图为无向图，图 6.1.2 所示的图为有向图．

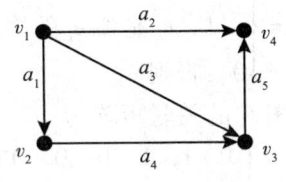

图 6.1.2 有向图

3. 赋权图

将图 G 的每条边 e 都赋予一个实数 $w(e)$，称 G 为赋权图，其中 $w(e)$ 为边 e 的权（weight）.

对有向图赋权后得到有向赋权图．

4. 邻接矩阵

图中点和点之间的关系可用邻接矩阵（adjacent matrix）表示．

对无向图 G，其邻接矩阵为 $A = (a_{ij})$，其中

$$a_{ij} = \begin{cases} 1, & v_i v_j \in E \\ 0, & 否则 \end{cases}$$

对有向图 G，其邻接矩阵为 $A = (a_{ij})$，其中

$$a_{ij} = \begin{cases} 1, & (v_i, v_j) \in E \\ 0, & 否则 \end{cases}$$

如图 6.1.1 所示的图 G 的邻接矩阵为

$$A = \begin{bmatrix} 0 & 1 & 0 & 1 & 1 \\ 1 & 0 & 1 & 0 & 0 \\ 0 & 1 & 0 & 1 & 1 \\ 1 & 0 & 1 & 0 & 0 \\ 1 & 0 & 1 & 0 & 0 \end{bmatrix}$$

图 6.1.2 所示的图 G 的邻接矩阵为

$$A = \begin{bmatrix} 0 & 1 & 1 & 1 \\ 0 & 0 & 1 & 0 \\ 0 & 0 & 0 & 1 \\ 0 & 0 & 0 & 0 \end{bmatrix}$$

5. 关联矩阵

图中点和边（弧）之间的关系可用关联矩阵（incident matrix）表示．

对无向图 G，其关联矩阵为 $M = (m_{ij})$，其中

$$m_{ij} = \begin{cases} 1, & v_i \text{ 是边 } e_j \text{ 的端点} \\ 0, & 否则 \end{cases}$$

对有向图 G，其关联矩阵为 $M = (m_{ij})$，其中

$$m_{ij} = \begin{cases} 1, & v_i \text{ 是弧 } e_j \text{ 的起点} \\ -1, & v_i \text{ 是弧 } e_j \text{ 的终点} \\ 0, & \text{否则} \end{cases}$$

如图 6.1.1 所示的图 G 的关联矩阵为

$$M = \begin{bmatrix} 1 & 1 & 1 & 0 & 0 & 0 \\ 1 & 0 & 0 & 1 & 0 & 0 \\ 0 & 0 & 0 & 1 & 1 & 1 \\ 0 & 0 & 1 & 0 & 0 & 1 \\ 0 & 1 & 0 & 0 & 1 & 0 \end{bmatrix}$$

图 6.1.2 所示的图 G 的关联矩阵为

$$M = \begin{bmatrix} 1 & 1 & 1 & 0 & 0 \\ -1 & 0 & 0 & 1 & 0 \\ 0 & 0 & -1 & -1 & 1 \\ 0 & -1 & 0 & 0 & -1 \end{bmatrix}$$

6. 路和圈

在图 G 中，点、边交错出现的非空有限序列 $v_0 e_1 v_1 e_2 \cdots v_{k-1} e_k v_k$ 称为一条从 v_0 到 v_k 的链（walk），其中边不重复（但点可重复）的链称为迹（trail），点与边均不可重复的链称为路（path），起点与终点重合的路称为圈（cycle）。

如图 6.1.1 所示的图 G 中，$v_1 e_1 v_2 e_4 v_3 e_6 v_4 e_6 v_3 e_5 v_5$ 是链，$v_1 e_1 v_2 e_4 v_3 e_6 v_4$ 是迹也是路，$v_1 e_1 v_2 e_4 v_3 e_5 v_5 e_2 v_1$ 是圈.

7. 连通图和非连通图

若图 G 中存在从点 u 到点 v 的路，则称 u 和 v 是连通的（connected）.

若图 G 的任意两点 u、v 都是连通的，则称 G 为连通图，否则称为非连通图.

8. 子图与支撑子图

设有图 $G = (V, E)$ 和图 $G' = (V', E')$，若 $V' \subseteq V$，$E' \subseteq E$，则称 G' 为 G 的子图（subgraph）.

若图 G' 为图 G 的子图，且 $V = V'$，则称 G' 是 G 的支撑子图（spanning subgraph）.

9. 点的度数

点 v 关联的边的条数称为 v 的度数（degree），记为 $d(v)$.

度数为奇数的点称为奇点，度数为偶数的点称为偶点.

任一图的所有点的度数之和为偶数. 任一图的奇点的个数为偶数.

6.2 最短路问题

问题陈述：

有 n 个城市 $1, 2, \cdots, n$，其中城市 i 和城市 j 之间的距离为 w_{ij}（i, j 之间不直接相连时，其距离规定为 $+\infty$）. 求：(1) 指定的某两城市之间的最短路线及其长度；(2) 任意两个城市之间的最短路线及其长度.

模型建立及求解：

用点 v_1, v_2, $\cdots$, v_n 表示 n 个城市，点 v_i 与点 v_j 之间的边 v_iv_j 表示城市 i 和城市 j 之间的连线，边 v_iv_j 的权为距离 w_{ij}，如此得赋权图 $G = (V, E)$.

易见，最短路问题 (1)、问题 (2) 分别相当于在图 G 中求 (1) 指定的两点之间的最短路及其长度、(2) 任意两点之间的最短路及其长度.

上述问题称为最短路问题 (shortest path problem).

问题 (1)、问题 (2) 的求解分别有专门的 Dijkstra 算法、Floyd 算法可用，详见参考文献 [19, 20]，此处利用数学规划法求解.

以问题 (1) 为例，不妨设求从点 v_1 到点 v_n 的最短路及其长度. 引入决策变量

$$x_{ij} = \begin{cases} 1, & \text{边 } ij \text{ 在最短路上} \\ 0, & \text{否则} \end{cases}$$

$$i, j = 1, 2, \cdots, n$$

则可建立如下模型：

$$\begin{cases} \min \quad z = \sum_{i=1}^{n} \sum_{j=1}^{n} w_{ij} x_{ij} \\ s.t. \quad \sum_{j=1}^{n} x_{ij} - \sum_{j=1}^{n} x_{ji} = \begin{cases} 1, & i = 1 \\ -1, & i = n \\ 0, & i \neq 1, n \end{cases} \\ x_{ij} = 0, 1, \ i, j = 1, 2, \cdots, n \end{cases}$$

其中第一个约束条件保证点 v_1 只出不进（且只出一次），点 v_n 只进不出（且只进一次），其余点进出次数相等.

显然，上述模型是一个 0-1 规划问题，可利用 LINGO 软件求解.

注：(1) 在编写程序时，权 "$+\infty$" 可用一个充分大的正数代替. (2) 若限定两点之间的连线方向，则可用 "弧" 代替 "边"，得到赋权有向图，其中不存在的弧的权规定为 $+\infty$.

例 6.2.1 如图 6.2.1 所示，求从点 v_1 到点 v_6 的最短路及其长度.

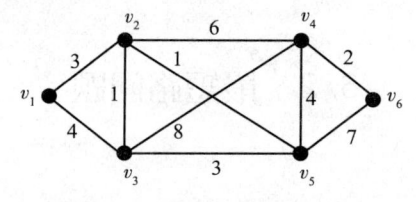

图 6.2.1　图 G

程序：
```
model:
sets:
point/1..6/;
road(point,point):w,x;
endsets
data:
w = 1000 3 4 1000 1000 1000
    3 1000 1 6 1 1000
    4 1 1000 8 3 1000
    1000 6 8 1000 4 2
    1000 1 3 4 1000 7
    1000 1000 1000 2 7 1000;     ！用较大的数字 1000 表示边不存在；
enddata
min = @sum(road(i,j):w(i,j)*x(i,j));
@for(point(i)|i#ne#1#and#i#ne#6:@sum(point(k):x(k,i)) = @sum(point(j):x(i,j)));
@sum(point(j)|j#ne#1:x(1,j)) = 1;     ！要离开点 1；
@sum(point(k)|k#ne#1:x(k,1)) = 0;     ！不能回到点 1；
@sum(point(k)|k#ne#11:x(k,6)) = 1;    ！要进入点 6；
@sum(point(j)|j#ne#11:x(6,j)) = 0;    ！不能离开点 6；
@for(road(i,j):x(i,j) <= W(i,j));     ！不能到达的边不考虑；
@for(road(i,j):@bin(x(i,j)));
end
```
或：
```
model:
sets:
  cities/1..6/;
```

136

```
    roads(cities,cities):p,w,x;
endsets
data:
 p = 0 1 1 0 0 0
     1 0 1 1 1 0
     1 1 0 1 1 0
     0 1 1 0 1 1
     0 1 1 1 0 1
     0 0 0 1 1 0;         !邻接矩阵;
 w =1000 3 4 1000 1000 1000
    3 1000 1 6 1 1000
    4 1 1000 8 3 1000
    1000 6 8 1000 4 2
    1000 1 3 4 1000 7
    1000 1000 1000 2 7 1000;
enddata
n = @size(cities);
min = @sum(roads:w*x);
@for(cities(i) | i #ne# 1 #and# i #ne# n:
   @sum(cities(j):p(i,j)*x(i,j)) = @sum(cities
(j):p(j,i)*x(j,i)));
@sum(cities(j):p(1,j)*x(1,j)) =1;    !要离开点1;
@sum(cities(j):p(j,1)*x(j,1)) =0;    !不能回到点1;
@sum(cities(j):p(j,n)*x(j,n)) =1;    !要进入点6;
@sum(cities(j):p(n,j)*x(n,j)) =0;    !不能离开点6;
end
```

结果：限于篇幅，仅列出主要结果．

Global optimal solution found.
Objective value: 10.00000
Objective bound: 10.00000
Infeasibilities: 0.000000
Extended solver steps: 0
Total solver iterations: 0

	Variable	Value	Reduced Cost
	W(1,1)	1000.000	0.000000
	W(1,2)	3.000000	0.000000
	W(1,3)	4.000000	0.000000
	W(1,4)	1000.000	0.000000

W(1,5)	1000.000	0.000000
W(1,6)	1000.000	0.000000
W(2,1)	3.000000	0.000000
W(2,2)	1000.000	0.000000
W(2,3)	1.000000	0.000000
W(2,4)	6.000000	0.000000
W(2,5)	1.000000	0.000000
W(2,6)	1000.000	0.000000
W(3,1)	4.000000	0.000000
W(3,2)	1.000000	0.000000
W(3,3)	1000.000	0.000000
W(3,4)	8.000000	0.000000
W(3,5)	3.000000	0.000000
W(3,6)	1000.000	0.000000
W(4,1)	1000.000	0.000000
W(4,2)	6.000000	0.000000
W(4,3)	8.000000	0.000000
W(4,4)	1000.000	0.000000
W(4,5)	4.000000	0.000000
W(4,6)	2.000000	0.000000
W(5,1)	1000.000	0.000000
W(5,2)	1.000000	0.000000
W(5,3)	3.000000	0.000000
W(5,4)	4.000000	0.000000
W(5,5)	1000.000	0.000000
W(5,6)	7.000000	0.000000
W(6,1)	1000.000	0.000000
W(6,2)	1000.000	0.000000
W(6,3)	1000.000	0.000000
W(6,4)	2.000000	0.000000
W(6,5)	7.000000	0.000000
W(6,6)	1000.000	0.000000
X(1,1)	0.000000	1000.000
X(1,2)	1.000000	3.000000
X(1,3)	0.000000	4.000000
X(1,4)	0.000000	1000.000
X(1,5)	0.000000	1000.000
X(1,6)	0.000000	1000.000

X(2,1)	0.000000	3.000000
X(2,2)	0.000000	1000.000
X(2,3)	0.000000	1.000000
X(2,4)	0.000000	6.000000
X(2,5)	1.000000	1.000000
X(2,6)	0.000000	1000.000
X(3,1)	0.000000	4.000000
X(3,2)	0.000000	1.000000
X(3,3)	0.000000	1000.000
X(3,4)	0.000000	8.000000
X(3,5)	0.000000	3.000000
X(3,6)	0.000000	1000.000
X(4,1)	0.000000	1000.000
X(4,2)	0.000000	6.000000
X(4,3)	0.000000	8.000000
X(4,4)	0.000000	1000.000
X(4,5)	0.000000	4.000000
X(4,6)	1.000000	2.000000
X(5,1)	0.000000	1000.000
X(5,2)	0.000000	1.000000
X(5,3)	0.000000	3.000000
X(5,4)	1.000000	4.000000
X(5,5)	0.000000	1000.000
X(5,6)	0.000000	7.000000
X(6,1)	0.000000	1000.000
X(6,2)	0.000000	1000.000
X(6,3)	0.000000	1000.000
X(6,4)	0.000000	2.000000
X(6,5)	0.000000	7.000000
X(6,6)	0.000000	1000.000

据此知，最优解为 $x_{12}=x_{25}=x_{54}=x_{46}=1$，其余 $x_{ij}=0$，最优值为 10.

因此，从点 v_1 到点 v_6 的最短路为 $v_1 \to v_2 \to v_5 \to v_4 \to v_6$，其长度为 10.

例 6.2.2 如图 6.2.2 所示，求从点 v_1 到点 v_6 的最短路及其长度.

图 6.2.2　图 G

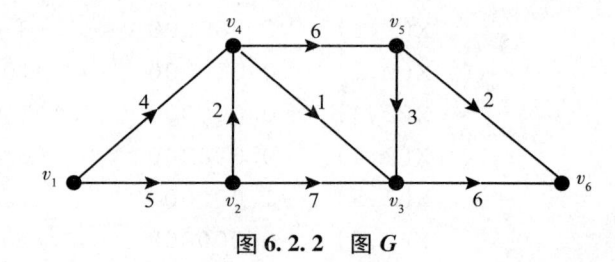

程序：
```
model:
sets:
point/1..6/;
road(point,point):w,x;
endsets
data:
w =1000 5 1000 4 1000 1000
   1000 1000 7 2 1000 1000
   1000 1000 1000 1000 1000 6
   1000 1000 1 1000 6 1000
   1000 1000 3 1000 1000 2
   1000 1000 1000 1000 1000 1000;    !用较大的数字
1000 表示弧不存在;
enddata
min =@sum(road(i,j):w(i,j)*x(i,j));
@for(point(i)|i#ne#1#and#i#ne#6:@sum(point(k):x
(k,i))=@sum(point(j):
   x(i,j)));
@sum(point(j)|j#ne#1:x(1,j))=1;         !要离开顶点 1;
@sum(point(k)|k#ne#1:x(k,1))=0;         !不能回到顶点 1;
@sum(point(k)|k#ne#11:x(k,6))=1;        !要进入顶点 6;
@sum(point(j)|j#ne#11:x(6,j))=0;        !不能离开顶点 6;
@for(road(i,j):x(i,j)<=W(i,j));         !不能到达的边不
考虑;
@for(road(i,j):@bin(x(i,j)));
end
```
结果：限于篇幅，仅列出主要结果．
Global optimal solution found.
Objective value: 11.00000
Objective bound: 11.00000

第6章 图论模型

```
 Infeasibilities:              0.000000
 Extended solver steps:               0
 Total solver iterations:             0
           Variable       Value    Reduced Cost
           W(1,1)      1000.000      0.000000
           W(1,2)         5.000000   0.000000
           W(1,3)      1000.000      0.000000
           W(1,4)         4.000000   0.000000
           W(1,5)      1000.000      0.000000
           W(1,6)      1000.000      0.000000
           W(2,1)      1000.000      0.000000
           W(2,2)      1000.000      0.000000
           W(2,3)         7.000000   0.000000
           W(2,4)         2.000000   0.000000
           W(2,5)      1000.000      0.000000
           W(2,6)      1000.000      0.000000
           W(3,1)      1000.000      0.000000
           W(3,2)      1000.000      0.000000
           W(3,3)      1000.000      0.000000
           W(3,4)      1000.000      0.000000
           W(3,5)      1000.000      0.000000
           W(3,6)         6.000000   0.000000
           W(4,1)      1000.000      0.000000
           W(4,2)      1000.000      0.000000
           W(4,3)         1.000000   0.000000
           W(4,4)      1000.000      0.000000
           W(4,5)         6.000000   0.000000
           W(4,6)      1000.000      0.000000
           W(5,1)      1000.000      0.000000
           W(5,2)      1000.000      0.000000
           W(5,3)         3.000000   0.000000
           W(5,4)      1000.000      0.000000
           W(5,5)      1000.000      0.000000
           W(5,6)         2.000000   0.000000
           W(6,1)      1000.000      0.000000
           W(6,2)      1000.000      0.000000
           W(6,3)      1000.000      0.000000
           W(6,4)      1000.000      0.000000
```

W(6,5)	1000.000	0.000000
W(6,6)	1000.000	0.000000
X(1,1)	0.000000	1000.000
X(1,2)	0.000000	5.000000
X(1,3)	0.000000	1000.000
X(1,4)	1.000000	4.000000
X(1,5)	0.000000	1000.000
X(1,6)	0.000000	1000.000
X(2,1)	0.000000	1000.000
X(2,2)	0.000000	1000.000
X(2,3)	0.000000	7.000000
X(2,4)	0.000000	2.000000
X(2,5)	0.000000	1000.000
X(2,6)	0.000000	1000.000
X(3,1)	0.000000	1000.000
X(3,2)	0.000000	1000.000
X(3,3)	0.000000	1000.000
X(3,4)	0.000000	1000.000
X(3,5)	0.000000	1000.000
X(3,6)	1.000000	6.000000
X(4,1)	0.000000	1000.000
X(4,2)	0.000000	1000.000
X(4,3)	1.000000	1.000000
X(4,4)	0.000000	1000.000
X(4,5)	0.000000	6.000000
X(4,6)	0.000000	1000.000
X(5,1)	0.000000	1000.000
X(5,2)	0.000000	1000.000
X(5,3)	0.000000	3.000000
X(5,4)	0.000000	1000.000
X(5,5)	0.000000	1000.000
X(5,6)	0.000000	2.000000
X(6,1)	0.000000	1000.000
X(6,2)	0.000000	1000.000
X(6,3)	0.000000	1000.000
X(6,4)	0.000000	1000.000
X(6,5)	0.000000	1000.000
X(6,6)	0.000000	1000.000

据此知，最优解为 $x_{14}=x_{36}=x_{43}=1$，其余 $x_{ij}=0$，最优值为 11．
因此，从点 v_1 到点 v_6 的最短路为 $v_1 \to v_4 \to v_3 \to v_6$，其长度为 11．

例 6.2.3 如图 6.2.3 所示，求从点 A 到点 D 的最短路及其长度．

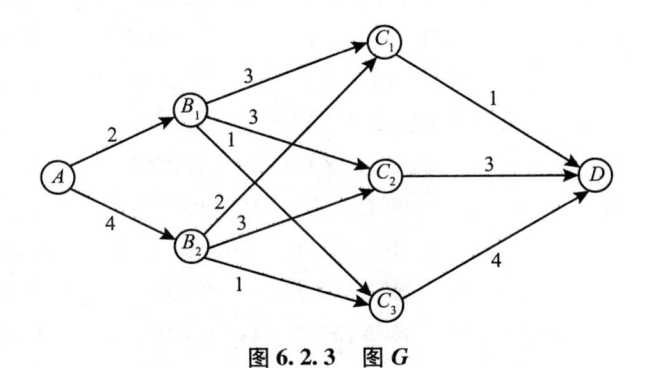

图 6.2.3 图 G

程序：
```
model:
sets:
   cities/A,B1,B2,C1,C2,C3,D/;
   roads(cities,cities)/A,B1 A,B2 B1,C1 B1,C2
B1,C3 B2,C1 B2,C2 B2,C3 C1,D C2,D C3,D/:w,x;
endsets
data:
   w = 2  4  3  3  1  2  3  1  1  3  4;
enddata
n=@size(cities);
min = @sum(roads:w*x);
@for(cities(i) | i #ne# 1 #and# i #ne# n:
   @sum(roads(i,j):x(i,j)) = @sum(roads(j,i):x(j,
i)));
@sum(roads(i,j) | i #eq# 1:x(i,j)) = 1;
end
```

结果：限于篇幅，仅列出主要结果．
Global optimal solution found.
Objective value: 6.000000
Infeasibilities: 0.000000
Total solver iterations: 0

            Variable   Value   Reduced Cost
                   N   7.000000   0.000000

W(A,B1)	2.000000	0.000000
W(A,B2)	4.000000	0.000000
W(B1,C1)	3.000000	0.000000
W(B1,C2)	3.000000	0.000000
W(B1,C3)	1.000000	0.000000
W(B2,C1)	2.000000	0.000000
W(B2,C2)	3.000000	0.000000
W(B2,C3)	1.000000	0.000000
W(C1,D)	1.000000	0.000000
W(C2,D)	3.000000	0.000000
W(C3,D)	4.000000	0.000000
X(A,B1)	1.000000	0.000000
X(A,B2)	0.000000	1.000000
X(B1,C1)	1.000000	0.000000
X(B1,C2)	0.000000	2.000000
X(B1,C3)	0.000000	1.000000
X(B2,C1)	0.000000	0.000000
X(B2,C2)	0.000000	3.000000
X(B2,C3)	0.000000	2.000000
X(C1,D)	1.000000	0.000000
X(C2,D)	0.000000	0.000000
X(C3,D)	0.000000	0.000000

据此知，最优解为 $x_{AB_1} = x_{B_1C_1} = x_{C_1D} = 1$，其余 $x_{ij} = 0$，最优值为 6. 因此，从点 A 到点 D 的最短路为 $A \to B_1 \to C_1 \to D$，其长度为 6.

例 6.2.4 如图 6.2.4 所示，求任意两点之间的最短路及其长度.

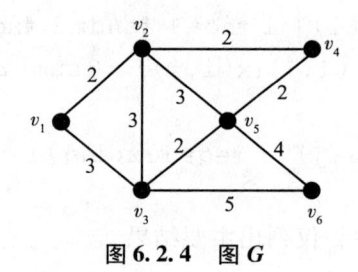

图 6.2.4 图 G

程序：
```
model:
sets:
nodes/1..6/;
link(nodes,nodes):w,R;     ! w 为距离矩阵,R 为路由矩阵;
```

```
endsets
data:
R = 0;
w = 0;
enddata
calc:
w(1,2) = 2;w(1,3) = 3;w(2,3) = 3;w(2,4) = 2;w(2,5) = 3;
w(3,5) = 2;w(3,6) = 5;w(4,5) = 2;w(5,6) = 4;       ！距离
矩阵的上三角元素;
@for(link(i,j):w(i,j) = w(i,j) + w(j,i));
@for(link(i,j)|i#ne#j:w(i,j) = @if(w(i,j)#eq#0,
10000,w(i,j)));
@for(nodes(k):@for(nodes(i):@for(nodes(j):
tm = @smin(w(i,j),w(i,k) + w(k,j));
R(i,j) = @if(w(i,j)#gt# tm,k,R(i,j));w(i,j) =
tm)));
endcalc
end
```

结果:

Feasible solution found.
Total solver iterations: 0

Variable	Value
TM	0.000000
W(1,1)	0.000000
W(1,2)	2.000000
W(1,3)	3.000000
W(1,4)	4.000000
W(1,5)	5.000000
W(1,6)	8.000000
W(2,1)	2.000000
W(2,2)	0.000000
W(2,3)	3.000000
W(2,4)	2.000000
W(2,5)	3.000000
W(2,6)	7.000000
W(3,1)	3.000000
W(3,2)	3.000000
W(3,3)	0.000000

W(3,4)	4.000000
W(3,5)	2.000000
W(3,6)	5.000000
W(4,1)	4.000000
W(4,2)	2.000000
W(4,3)	4.000000
W(4,4)	0.000000
W(4,5)	2.000000
W(4,6)	6.000000
W(5,1)	5.000000
W(5,2)	3.000000
W(5,3)	2.000000
W(5,4)	2.000000
W(5,5)	0.000000
W(5,6)	4.000000
W(6,1)	8.000000
W(6,2)	7.000000
W(6,3)	5.000000
W(6,4)	6.000000
W(6,5)	4.000000
W(6,6)	0.000000
R(1,1)	0.000000
R(1,2)	0.000000
R(1,3)	0.000000
R(1,4)	2.000000
R(1,5)	2.000000
R(1,6)	3.000000
R(2,1)	0.000000
R(2,2)	0.000000
R(2,3)	0.000000
R(2,4)	0.000000
R(2,5)	0.000000
R(2,6)	5.000000
R(3,1)	0.000000
R(3,2)	0.000000
R(3,3)	0.000000
R(3,4)	5.000000
R(3,5)	0.000000

R(3,6)	0.000000
R(4,1)	2.000000
R(4,2)	0.000000
R(4,3)	5.000000
R(4,4)	0.000000
R(4,5)	0.000000
R(4,6)	5.000000
R(5,1)	2.000000
R(5,2)	0.000000
R(5,3)	0.000000
R(5,4)	0.000000
R(5,5)	0.000000
R(5,6)	0.000000
R(6,1)	3.000000
R(6,2)	5.000000
R(6,3)	0.000000
R(6,4)	5.000000
R(6,5)	0.000000
R(6,6)	0.000000

据此知，距离矩阵和路由矩阵分别为

$$w = \begin{bmatrix} 0 & 2 & 3 & 4 & 5 & 8 \\ 2 & 0 & 3 & 2 & 3 & 7 \\ 3 & 3 & 0 & 4 & 2 & 5 \\ 4 & 2 & 4 & 0 & 2 & 6 \\ 5 & 3 & 2 & 2 & 0 & 4 \\ 8 & 7 & 5 & 6 & 4 & 0 \end{bmatrix}, \quad R = \begin{bmatrix} 0 & 0 & 0 & 2 & 2 & 3 \\ 0 & 0 & 0 & 0 & 0 & 5 \\ 0 & 0 & 0 & 5 & 0 & 0 \\ 2 & 0 & 5 & 0 & 0 & 5 \\ 2 & 0 & 0 & 0 & 0 & 0 \\ 3 & 5 & 0 & 5 & 0 & 0 \end{bmatrix}$$

由 $r_{14}=2$ 知，点 v_1、v_4 间有点 v_2；由 $r_{12}=r_{24}=0$ 知，点 v_1 和 v_2 间、点 v_2 和 v_4 间均无其他点，故点 v_1、v_4 之间的最短路为 $v_1 \to v_2 \to v_4$，其长度为 $w_{14}=4$. 同理，可得任意两个点之间的最短路及其长度（见表 6.2.1）.

表 6.2.1   最短路及其长度

	最短路	长度
点 v_1、v_2 之间	$v_1 \to v_2$	2
点 v_1、v_3 之间	$v_1 \to v_3$	3
点 v_1、v_4 之间	$v_1 \to v_2 \to v_4$	4
点 v_1、v_5 之间	$v_1 \to v_2 \to v_5$	5

续表

	最短路	长度
点 v_1、v_6 之间	$v_1 \to v_3 \to v_6$	8
点 v_2、v_3 之间	$v_2 \to v_3$	3
点 v_2、v_4 之间	$v_2 \to v_4$	2
点 v_2、v_5 之间	$v_2 \to v_5$	3
点 v_2、v_6 之间	$v_2 \to v_5 \to v_6$	7
点 v_3、v_4 之间	$v_3 \to v_5 \to v_4$	4
点 v_3、v_5 之间	$v_3 \to v_5$	2
点 v_3、v_6 之间	$v_3 \to v_6$	5
点 v_4、v_5 之间	$v_4 \to v_5$	2
点 v_4、v_6 之间	$v_4 \to v_5 \to v_6$	6
点 v_5、v_6 之间	$v_5 \to v_6$	4

例 6.2.5 购车方案的设计.

问题陈述：

在经过多年生意场上的打拼后，王先生打算购买一辆小轿车，轿车的售价是 12 万元人民币. 购车后，每年花在车上的维护费（单位：万元）与使用年份有关，见表 6.2.2.

表 6.2.2 维护费

使用年份	第 1 年	第 2 年	第 3 年	第 4 年	第 5 年
维护费（万元）	2	4	5	9	12

王先生计划在未来 5 年内，将旧车售出，再购买新车. 5 年内二手车的售价（单位：万元）见表 6.2.3.

表 6.2.3 二手车售价

车龄（年）	1	2	3	4	5
售价（万元）	7	6	2	1	0

请帮助王先生设计一个购买轿车的方案，使 5 年内的总花费最省.

模型建立：

用点 v_i 表示第 i 年年初，即第 $i-1$ 年年终，$i=1,\cdots,5,6$；若在第 i 年年初购车，并一直使用到第 j 年年初（即第 $j-1$ 年年终时售出旧车），则在点 v_i 和点 v_j 之间联结一条弧（显然，只可能存在点 v_i

到点 v_{i+1}, v_{i+2}, $\cdots$, v_6 的弧). 如此, 得到一个有向图 G, 见图 6.2.5:

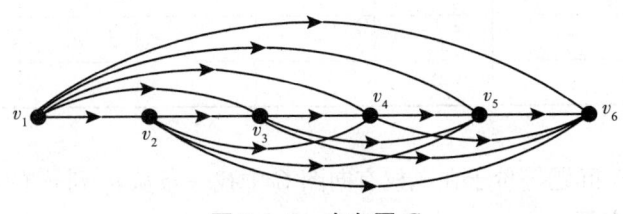

图 6.2.5 有向图 G

赋权: 令弧 (v_i, v_j) 的权为 c_{ij} = 从第 i 年年初到第 j 年年初 (即第 $j-1$ 年年终) 的总费用, 则显然有

c_{ij} = 在第 i 年年初购买新车的费用 12 万 + 从第 i 年年初到第 $j-1$ 年年终的维护费 − 在第 $j-1$ 年年终售出旧车的收入.

于是

$c_{12} = \underline{12} + \underline{2} - \underline{7} = 7$ (使用 1 年),
$c_{13} = \underline{12} + \underline{2+4} - \underline{6} = 12$ (使用 2 年),
$c_{14} = \underline{12} + \underline{2+4+5} - \underline{2} = 21$ (使用 3 年),
$c_{15} = \underline{12} + \underline{2+4+5+9} - \underline{1} = 31$ (使用 4 年),
$c_{16} = \underline{12} + \underline{2+4+5+9+12} - \underline{0} = 44$ (使用 5 年);
$c_{23} = \underline{12} + \underline{2} - \underline{7} = 7$,
$c_{24} = \underline{12} + \underline{2+4} - \underline{6} = 12$,
$c_{25} = \underline{12} + \underline{2+4+5} - \underline{2} = 21$,
$c_{26} = \underline{12} + \underline{2+4+5+9} - \underline{1} = 31$;
$c_{34} = \underline{12} + \underline{2} - \underline{7} = 7$,
$c_{35} = \underline{12} + \underline{2+4} - \underline{6} = 12$,
$c_{36} = \underline{12} + \underline{2+4+5} - \underline{2} = 21$;
$c_{45} = \underline{12} + \underline{2} - \underline{7} = 7$,
$c_{46} = \underline{12} + \underline{2+4} - \underline{6} = 12$;
$c_{56} = \underline{12} + \underline{2} - \underline{7} = 7$.

汇总如下: 见表 6.2.4.

表 6.2.4   总费用

c_{ij}	1	2	3	4	5	6
1	—	7	12	21	31	44
2	—	—	7	12	21	31
3	—	—	—	7	12	21

续表

c_{ij}	1	2	3	4	5	6
4	—	—	—	—	7	12
5	—	—	—	—	—	7
6	—	—	—	—	—	—

易见，问题等价于在赋权有向图 G 中找一条从 v_1 到 v_6 的最短路.

模型求解：

程序：

```
model:
sets:
  nodes/1..6/;
  arcs(nodes,nodes)|&1 #lt# &2:c,x;
endsets
data:
  c = 7 12 21 31 44
        7 12 21 31
          7 12 21
            7 12
              7;
enddata
n = @size(nodes);
min = @sum(arcs:c*x);
@for(nodes(i)| i #ne# 1 #and# i #ne# n:
    @sum(arcs(i,j):x(i,j)) = @sum(arcs(j,i):x(j,i)));
@sum(arcs(i,j)| i #eq# 1:x(i,j)) = 1;
end
```

结果：限于篇幅，仅列出主要结果.

```
Global optimal solution found.
Objective value:                    31.00000
Total solver iterations:                   0
              Variable      Value      Reduced Cost
                     N   6.000000          0.000000
                C(1,2)   7.000000          0.000000
                C(1,3)  12.00000           0.000000
                C(1,4)  21.00000           0.000000
```

C(1,5)	31.00000	0.000000
C(1,6)	44.00000	0.000000
C(2,3)	7.000000	0.000000
C(2,4)	12.00000	0.000000
C(2,5)	21.00000	0.000000
C(2,6)	31.00000	0.000000
C(3,4)	7.000000	0.000000
C(3,5)	12.00000	0.000000
C(3,6)	21.00000	0.000000
C(4,5)	7.000000	0.000000
C(4,6)	12.00000	0.000000
C(5,6)	7.000000	0.000000
X(1,2)	1.000000	0.000000
X(1,3)	0.000000	0.000000
X(1,4)	0.000000	2.000000
X(1,5)	0.000000	7.000000
X(1,6)	0.000000	13.00000
X(2,3)	0.000000	2.000000
X(2,4)	1.000000	0.000000
X(2,5)	0.000000	4.000000
X(2,6)	0.000000	7.000000
X(3,4)	0.000000	0.000000
X(3,5)	0.000000	0.000000
X(3,6)	0.000000	2.000000
X(4,5)	0.000000	2.000000
X(4,6)	1.000000	0.000000
X(5,6)	0.000000	0.000000

据此知，最优解为 $x_{12}=x_{24}=x_{46}=1$，其余 $x_{ij}=0$，最优值为 31.

因此，最优购车方案为：在第 1 年初购车，并在第 1 年终售出；再在第 2 年初购车，并在第 3 年终售出，一直使用到第 5 年终. 此时，最小费用为 31 万元.

6.3 最小支撑树问题

问题陈述：

（城市交通网建设问题）有 n 个城市 $1, 2, \cdots, n$，拟建设一个连接它们的交通网，使任意两个城市都可互达. 设城市 i 和城市 j 之间交通线路的建设费用为 w_{ij} （i,j 之间不需建设直达线路时，其建设费用规定为 $+\infty$）. 问：应如何设计，才能使总建设费用最低.

问题分析：

连通的、不含有圈的图称为树（tree）.

图 G 的本身是树的支撑子图称为 G 的支撑树（spanning tree）.

支撑树是图的极小连通子图（即任意去掉一边后，支撑树不再连通），也是极大无圈子图（即任意添加一边后，支撑树不再无圈）.

赋权图 G 的所有边权和最小的支撑树称为 G 的最小支撑树（minimum spanning tree）.

模型建立及求解：

用点 $v_1, v_2, \cdots, v_n$ 表示 n 个城市，点 v_i 与点 v_j 之间的边 v_iv_j 表示城市 i 和城市 j 之间的交通线路，边 v_iv_j 的权为建设费用 w_{ij}，如此得赋权图 $G = (V, E)$.

易见，城市交通网建设问题相当于求图 G 的一个最小支撑树，这一问题称为最小支撑树问题（minimum spanning tree problem）.

最小支撑树问题的求解有专门的 Prim 算法、Kruscal 算法等可用，详见参考文献 [19, 20]. 此处利用数学规划法解之.

引入决策变量

$$x_{ij} = \begin{cases} 1, & \text{边 } ij \text{ 在最小支撑树上} \\ 0, & \text{否则} \end{cases}$$

$$i \neq j;\ i, j = 1, 2, \cdots, n$$

及辅助变量 $u_j \geq 0$，整数 $j = 1, 2, \cdots, n$

则可建立如下模型：

$$\begin{cases} \min\quad z = \sum_{i=1}^{n} \sum_{j=1}^{n} c_{ij} x_{ij} \\ s.t.\quad \sum_{j=2}^{n} x_{1j} \geq 1 \\ \qquad \sum_{\substack{i=1 \\ i \neq j}}^{n} x_{ij} = 1, j = 2, 3, \cdots, n \\ \qquad u_i - u_j + n x_{ij} \leq n+1, i \neq j;\ i, j = 1, 2, \cdots, n \\ \qquad x_{ij} = 0, 1,\ i \neq j;\ i, j = 1, 2, \cdots, n \\ \qquad u_j \geq 0, \text{整数}, j = 1, 2, \cdots, n \end{cases}$$

其中约束条件 "$\sum_{j=2}^{n} x_{1j} \geq 1$" 保证至少有一条边离开根（root）$v_1$，"$\sum_{\substack{i=1 \\ i \neq j}}^{n} x_{ij} = 1, j = 2, 3, \cdots, n$" 保证除根外的点恰有一条边进入，"$u_i - u_j + n x_{ij} \leq n+1, i \neq j;\ i, j = 1, 2, \cdots, n$" 保证支撑树的无圈性

（详见参考文献 [18]）.

显然，上述模型是纯整数规划问题（x_{ij} 为 0-1 变量，u_j 为一般整数变量），可利用 LINGO 软件求解.

注：在编写程序时，权"$+\infty$"可用一个充分大的正数代替.

例 6.3.1 如图 6.3.1 所示，求最小支撑树.

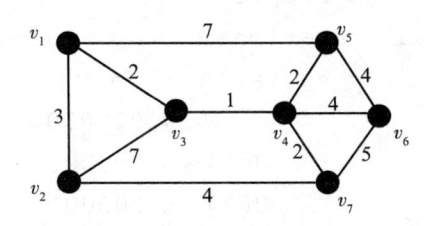

图 6.3.1 图 G

程序：
```
model:
sets:
    node/1..7/:u;
    link(node,node):w,x;
endsets
data:
    w = 0 3 2 100 7 100 100
        3 0 7 100 100 100 4
        2 7 0 1 100 100 100
        100 100 1 0 2 4 2
        7 100 100 2 0 4 100
        100 100 100 4 4 0 5
        100 4 100 2 100 5 0;   !用较大的数字100表示边不存在;
enddata
min = @sum(link:w*x);
@sum(node(j)|j #gt# 1:x(1,j)) >=1;
@for(node(j)|j #gt# 1:@sum(node(i)|i #ne# j:x(i,j)) =1;);
n = @size(node);
@for(link(i,j)|i #ne# j:u(i) - u(j) + n*x(i,j) <= n-1);
@for(link:@bin(x));
end
```

结果：限于篇幅，仅列出主要结果．

```
Global optimal solution found.
Objective value:                              14.00000
Objective bound:                              14.00000
Infeasibilities:                              0.000000
Extended solver steps:                               0
Total solver iterations:                            52

              Variable        Value        Reduced Cost
                     N     7.000000            0.000000
                  U(1)     0.000000            0.000000
                  U(2)     6.000000            0.000000
                  U(3)     1.000000            0.000000
                  U(4)     5.000000            0.000000
                  U(5)     6.000000            0.000000
                  U(6)     6.000000            0.000000
                  U(7)     6.000000            0.000000
                W(1,1)     0.000000            0.000000
                W(1,2)     3.000000            0.000000
                W(1,3)     2.000000            0.000000
                W(1,4)     100.0000            0.000000
                W(1,5)     7.000000            0.000000
                W(1,6)     100.0000            0.000000
                W(1,7)     100.0000            0.000000
                W(2,1)     3.000000            0.000000
                W(2,2)     0.000000            0.000000
                W(2,3)     7.000000            0.000000
                W(2,4)     100.0000            0.000000
                W(2,5)     100.0000            0.000000
                W(2,6)     100.0000            0.000000
                W(2,7)     4.000000            0.000000
                W(3,1)     2.000000            0.000000
                W(3,2)     7.000000            0.000000
                W(3,3)     0.000000            0.000000
                W(3,4)     1.000000            0.000000
                W(3,5)     100.0000            0.000000
                W(3,6)     100.0000            0.000000
                W(3,7)     100.0000            0.000000
                W(4,1)     100.0000            0.000000
```

W(4,2)	100.0000	0.000000
W(4,3)	1.000000	0.000000
W(4,4)	0.000000	0.000000
W(4,5)	2.000000	0.000000
W(4,6)	4.000000	0.000000
W(4,7)	2.000000	0.000000
W(5,1)	7.000000	0.000000
W(5,2)	100.0000	0.000000
W(5,3)	100.0000	0.000000
W(5,4)	2.000000	0.000000
W(5,5)	0.000000	0.000000
W(5,6)	4.000000	0.000000
W(5,7)	100.0000	0.000000
W(6,1)	100.0000	0.000000
W(6,2)	100.0000	0.000000
W(6,3)	100.0000	0.000000
W(6,4)	4.000000	0.000000
W(6,5)	4.000000	0.000000
W(6,6)	0.000000	0.000000
W(6,7)	5.000000	0.000000
W(7,1)	100.0000	0.000000
W(7,2)	4.000000	0.000000
W(7,3)	100.0000	0.000000
W(7,4)	2.000000	0.000000
W(7,5)	100.0000	0.000000
W(7,6)	5.000000	0.000000
W(7,7)	0.000000	0.000000
X(1,1)	0.000000	0.000000
X(1,2)	1.000000	3.000000
X(1,3)	1.000000	2.000000
X(1,4)	0.000000	100.0000
X(1,5)	0.000000	7.000000
X(1,6)	0.000000	100.0000
X(1,7)	0.000000	100.0000
X(2,1)	0.000000	3.000000
X(2,2)	0.000000	0.000000
X(2,3)	0.000000	7.000000
X(2,4)	0.000000	100.0000

X(2,5)	0.000000	100.0000
X(2,6)	0.000000	100.0000
X(2,7)	0.000000	4.000000
X(3,1)	0.000000	2.000000
X(3,2)	0.000000	7.000000
X(3,3)	0.000000	0.000000
X(3,4)	1.000000	1.000000
X(3,5)	0.000000	100.0000
X(3,6)	0.000000	100.0000
X(3,7)	0.000000	100.0000
X(4,1)	0.000000	100.0000
X(4,2)	0.000000	100.0000
X(4,3)	0.000000	1.000000
X(4,4)	0.000000	0.000000
X(4,5)	1.000000	2.000000
X(4,6)	1.000000	4.000000
X(4,7)	1.000000	2.000000
X(5,1)	0.000000	7.000000
X(5,2)	0.000000	100.0000
X(5,3)	0.000000	100.0000
X(5,4)	0.000000	2.000000
X(5,5)	0.000000	0.000000
X(5,6)	0.000000	4.000000
X(5,7)	0.000000	100.0000
X(6,1)	0.000000	100.0000
X(6,2)	0.000000	100.0000
X(6,3)	0.000000	100.0000
X(6,4)	0.000000	4.000000
X(6,5)	0.000000	4.000000
X(6,6)	0.000000	0.000000
X(6,7)	0.000000	5.000000
X(7,1)	0.000000	100.0000
X(7,2)	0.000000	4.000000
X(7,3)	0.000000	100.0000
X(7,4)	0.000000	2.000000
X(7,5)	0.000000	100.0000
X(7,6)	0.000000	5.000000
X(7,7)	0.000000	0.000000

据此知，最优解为 $x_{12} = x_{13} = x_{34} = x_{45} = x_{46} = x_{47} = 1$，其余 $x_{ij} = 0$，最优值为 14.

因此，最小支撑树如图 6.3.2 所示.

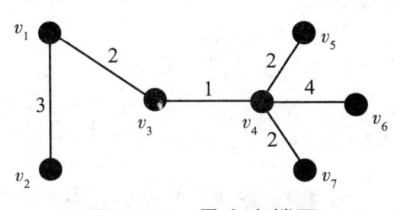

图 6.3.2　最小支撑图

其总长度为 14.

6.4　中国邮递员问题

问题陈述：

一个邮递员从邮局出发，走遍他所管辖的每一条街道，投递出邮件，再回到邮局. 问：他应该如何选择路线，才能使总路程最短？

上述问题最先于 1962 年由中国数学家管梅谷提出并给出了一个解法，故称为中国邮递员问题（Chinese postman problem），简记为 CPP.

问题分析：

从图 G 的某一点出发，经过所有边恰好一次，再回到原出发点的链称为 G 的欧拉回路（Euler tour）. 含有欧拉回路的图称为欧拉图（Euler graph）.

一个非空的连通图 G 是欧拉图 $\Leftrightarrow G$ 不含奇点（即所有点都是偶点）.

模型建立及求解：

用点 v_1, v_2, $\cdots$, v_n 表示街道交汇处，点 v_i 与点 v_j 之间的边 e_{ij} 表示对应的街道，边 e_{ij} 的权 w_{ij} 表示对应街道的长度，如此得赋权图 $G = (V, E)$，其中 $V = \{v_1, v_2, \cdots, v_n\}$，$E = \{e_{ij} | e_{ij} = v_i v_j\}$.

易见，若 G 为欧拉图，则 G 含有的欧拉回路即为最优路线；否则，应重复一些边，使所重复的边的权之和最小，且所有奇点都变为偶点，则新图为欧拉图，其含有的欧拉回路即为最优路线. 这就是管梅谷的"奇偶点图上作业法"的基本思想，详见参考文献 [19, 20]，此处采用数学规划法求解.

引入决策变量

$$x_{ij} = \begin{cases} 1, & \text{边 } e_{ij} \text{ 在最优路线上} \\ 0, & \text{边 } e_{ij} \text{ 不在最优路线上或边 } e_{ij} \text{ 不存在} \end{cases}$$
$$i, j = 1, 2, \cdots, n$$

则可建立如下模型：

$$\begin{cases} \min \quad z = \sum_{i=1}^{n} \sum_{j=1}^{n} w_{ij} x_{ij} \\ s.t. \quad \sum_{j \neq i} x_{ij} = \sum_{k \neq i} x_{ki}, \ i = 1, 2, \cdots, n \\ \quad x_{ij} + x_{ji} \geq 1, \ \forall v_i v_j \in E \\ \quad x_{ij} = 0, 1, \ i, j = 1, 2, \cdots, n \end{cases}$$

其中约束条件" $\sum_{j \neq i} x_{ij} = \sum_{k \neq i} x_{ki}, i = 1, 2, \cdots, n$ "保证离开和进入任一点的边数相同," $x_{ij} + x_{ji} \geq 1, \forall v_i v_j \in E$ "保证每条边至少经过一次，每条边至多重复一次．

显然，上述模型是一个 0－1 规划问题，可利用 LINGO 软件求解．

例 6.4.1 如图 6.4.1 所示，求解中国邮递员问题，其中 v_1 为邮局．

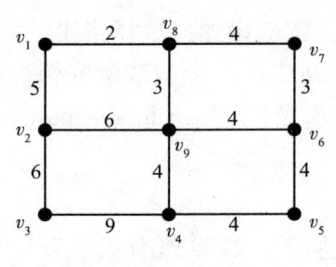

图 6.4.1 图 G

程序：
```
model:
sets:
vertex/1..9/;
edge(vertex,vertex):w,x;
endsets
data:
w=0;    ！邻接矩阵初始化；
enddata
calc:
w(1,2)=5;w(1,8)=2;w(2,3)=6;w(2,9)=6;w(3,4)=9;
w(4,5)=4;
```

```
    w(4,9)=4;w(5,6)=4;w(6,7)=3;w(6,9)=4;w(7,8)=4;
w(8,9)=3;
    n=@size(vertex);
    @for(edge(i,j):w(i,j)=w(i,j)+w(j,i));
    endcalc
    min=@sum(edge:w*x);
    @for(vertex(i):@sum(vertex(j):x(j,i))=@sum
(vertex(k):x(i,k)));
    @for(edge(i,j):w(i,j)*(x(i,j)+x(j,i))>w(i,
j));
    @for(edge:x<w;@bin(x));
    end
```

结果：限于篇幅，仅列出主要结果．

```
Global optimal solution found.
Objective value:                    69.00000
Objective bound:                    69.00000
Infeasibilities:                     0.000000
Extended solver steps:                      0
Total solver iterations:                    0
```

Variable	Value	Reduced Cost
N	9.000000	0.000000
X(1,1)	0.000000	0.000000
X(1,2)	1.000000	5.000000
X(1,3)	0.000000	0.000000
X(1,4)	0.000000	0.000000
X(1,5)	0.000000	0.000000
X(1,6)	0.000000	0.000000
X(1,7)	0.000000	0.000000
X(1,8)	1.000000	2.000000
X(1,9)	0.000000	0.000000
X(2,1)	1.000000	5.000000
X(2,2)	0.000000	0.000000
X(2,3)	1.000000	6.000000
X(2,4)	0.000000	0.000000
X(2,5)	0.000000	0.000000
X(2,6)	0.000000	0.000000
X(2,7)	0.000000	0.000000
X(2,8)	0.000000	0.000000

X(2,9)	0.000000	6.000000
X(3,1)	0.000000	0.000000
X(3,2)	0.000000	6.000000
X(3,3)	0.000000	0.000000
X(3,4)	1.000000	9.000000
X(3,5)	0.000000	0.000000
X(3,6)	0.000000	0.000000
X(3,7)	0.000000	0.000000
X(3,8)	0.000000	0.000000
X(3,9)	0.000000	0.000000
X(4,1)	0.000000	0.000000
X(4,2)	0.000000	0.000000
X(4,3)	0.000000	9.000000
X(4,4)	0.000000	0.000000
X(4,5)	1.000000	4.000000
X(4,6)	0.000000	0.000000
X(4,7)	0.000000	0.000000
X(4,8)	0.000000	0.000000
X(4,9)	1.000000	4.000000
X(5,1)	0.000000	0.000000
X(5,2)	0.000000	0.000000
X(5,3)	0.000000	0.000000
X(5,4)	0.000000	4.000000
X(5,5)	0.000000	0.000000
X(5,6)	1.000000	4.000000
X(5,7)	0.000000	0.000000
X(5,8)	0.000000	0.000000
X(5,9)	0.000000	0.000000
X(6,1)	0.000000	0.000000
X(6,2)	0.000000	0.000000
X(6,3)	0.000000	0.000000
X(6,4)	0.000000	0.000000
X(6,5)	0.000000	4.000000
X(6,6)	0.000000	0.000000
X(6,7)	1.000000	3.000000
X(6,8)	0.000000	0.000000
X(6,9)	1.000000	4.000000
X(7,1)	0.000000	0.000000

X(7,2)	0.000000	0.000000
X(7,3)	0.000000	0.000000
X(7,4)	0.000000	0.000000
X(7,5)	0.000000	0.000000
X(7,6)	0.000000	3.000000
X(7,7)	0.000000	0.000000
X(7,8)	1.000000	4.000000
X(7,9)	0.000000	0.000000
X(8,1)	1.000000	2.000000
X(8,2)	0.000000	0.000000
X(8,3)	0.000000	0.000000
X(8,4)	0.000000	0.000000
X(8,5)	0.000000	0.000000
X(8,6)	0.000000	0.000000
X(8,7)	0.000000	4.000000
X(8,8)	0.000000	0.000000
X(8,9)	1.000000	3.000000
X(9,1)	0.000000	0.000000
X(9,2)	1.000000	6.000000
X(9,3)	0.000000	0.000000
X(9,4)	1.000000	4.000000
X(9,5)	0.000000	0.000000
X(9,6)	1.000000	4.000000
X(9,7)	0.000000	0.000000
X(9,8)	0.000000	3.000000
X(9,9)	0.000000	0.000000

据此知，最优解为 $x_{12} = x_{18} = x_{21} = x_{23} = x_{34} = x_{45} = x_{49} = x_{56} = x_{67} = x_{78} = x_{81} = x_{89} = x_{92} = x_{94} = x_{96} = 1$，其余 $x_{ij} = 0$，最优值为 69.

因此，添加重复边后得到的欧拉图如图 6.4.2 所示.

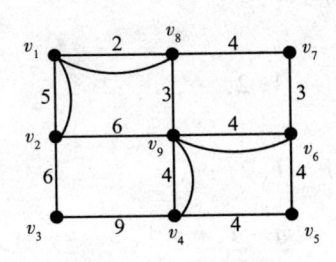

图 6.4.2 最优路线

据此知，最优路线为 $v_1 \to v_2 \to v_9 \to v_4 \to v_3 \to v_2 \to v_1 \to v_8 \to v_7 \to v_6 \to v_5 \to v_4 \to v_9 \to v_6 \to v_9 \to v_8 \to v_1$，其总长度为 69。

6.5 旅行商问题

问题陈述：

有一商人从城市 1 出发，遍访城市 2，$\cdots$，n 各一次后，再回到城市 1。城市 i 和 j 之间的距离为 w_{ij}（i, j 之间不可直达时，其距离规定为 $+\infty$）。问：该商人应如何安排旅行路线，才能使总旅程最短？

上述问题称为旅行商问题（tourist salesman problem），简记为 TSP。

问题分析：

包含图的所有点的圈称为哈密尔顿圈（Hamilton cycle）。

含有哈密尔顿圈的图称为哈密尔顿图（Hamilton graph）。

赋权图 G 的所有边权和最小的哈密尔顿圈称为 G 的最优哈密尔顿圈（optimal Hamilton cycle）。

模型建立及求解：

用点 v_1，v_2，$\cdots$，v_n 表示 n 个城市，点 v_i 与点 v_j 之间的边 $v_i v_j$ 表示城市 i 和城市 j 之间的道路，边 $v_i v_j$ 的权为距离 w_{ij}，如此得赋权图 $G = (V, E)$。

易见，旅行商问题相当于求图 G 的一个最优哈密尔顿圈。

旅行商问题的求解目前尚无较好方法，详见参考文献 [19, 20]，此处利用数学规划法求解。

引入决策变量

$$x_{ij} = \begin{cases} 1, & \text{商人从城市 } v_i \text{ 进入城市 } v_j \\ 0, & \text{否则} \end{cases}$$

$$i, j = 1, 2, \cdots, n$$

及辅助变量 $u_i \geq 0$，整数 $i = 1, 2, \cdots, n$，则可建立如下模型：

$$\begin{cases} \min \quad z = \sum_{i=1}^{n} \sum_{j=1}^{n} d_{ij} x_{ij} \\ s.t. \quad \sum_{j=1}^{n} x_{ij} = 1, i = 1, 2, \cdots, n \\ \quad \sum_{i=1}^{n} x_{ij} = 1, j = 1, 2, \cdots, n \\ \quad u_i - u_j + n x_{ij} \leq n - 1, i = 1, 2, \cdots, n; j = 2, \cdots, n; i \neq j \\ \quad x_{ij} = 0, 1, i, j = 1, 2, \cdots, n \\ \quad u_i \geq 0, \text{整数}, i = 1, 2, \cdots, n \end{cases}$$

其中约束条件"$\sum_{j=1}^{n} x_{ij} = 1, i = 1, \cdots, n$"保证商人离开各城市恰好一次,"$\sum_{i=1}^{n} x_{ij} = 1, j = 1, \cdots, n$"保证商人进入各城市恰好一次,"$u_i - u_j + nx_{ij} \leq n - 1, i = 1, 2, \cdots, n; j = 2, \cdots, n; i \neq j$"保证不会出现类似图 6.5.1 所示的多个圈的"分割"现象.

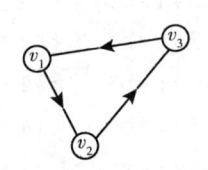

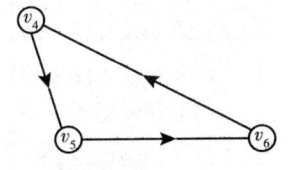

图 6.5.1 "分割"现象

显然,上述模型是一个纯整数规划问题(x_{ij} 为 0-1 变量,u_j 为一般整数变量),可利用 LINGO 软件求解.

注:在编写程序时,权"$+\infty$"可用一个充分大的正数代替.

例 6.5.1 求解旅行商问题:4 个城市,其相互之间的距离为

$$\begin{bmatrix} +\infty & 8 & 5 & 6 \\ 6 & +\infty & 8 & 5 \\ 7 & 9 & +\infty & 5 \\ 9 & 7 & 8 & +\infty \end{bmatrix}.$$

程序:
```
min =1000 * x11 +8 * x12 +5 * x13 +6 * x14 +
     6 * x21 +1000 * x22 +8 * x23 +5 * x24 +
     7 * x31 +9 * x32 +1000 * x33 +5 * x34 +
     9 * x41 +7 * x42 +8 * x43 +1000 * x44;         ! 用
1000 代替 infty;
    x11 +x12 +x13 +x14 =1;        ! 离开一次;
    x21 +x22 +x23 +x24 =1;
    x31 +x32 +x33 +x34 =1;
    x41 +x42 +x43 +x44 =1;
    x11 +x21 +x31 +x41 =1;        ! 进入一次;
    x12 +x22 +x32 +x42 =1;
    x13 +x23 +x33 +x43 =1;
    x14 +x24 +x34 +x44 =1;
    u1 -u2 +5 * x12 < =4;          ! 避免出现分割的圈;
    u1 -u3 +5 * x13 < =4;
    u1 -u4 +5 * x14 < =4;
```

```
u2 - u3 + 5 * x23 < = 4;
u2 - u4 + 5 * x24 < = 4;
u3 - u2 + 5 * x32 < = 4;
u3 - u4 + 5 * x34 < = 4;
u4 - u2 + 5 * x42 < = 4;
u4 - u3 + 5 * x43 < = 4;
@bin(x11);@bin(x12);@bin(x13);@bin(x14);
@bin(x21);@bin(x22);@bin(x23);@bin(x24);
@bin(x31);@bin(x32);@bin(x33);@bin(x34);
@bin(x41);@bin(x42);@bin(x43);@bin(x44);
@free(u1);@free(u2);@free(u3);@free(u4);  ! 自由变量;
```

或

```
model:
sets:
city/1..4/:u;
link(city,city):dist,x;
endsets
data:
dist =1000 8 5 6
      6 1000 8 5
      7 9 1000 5
      9 7 8 1000;
enddata
n = @size(city);
min = @sum(link:dist * x);
@for(city(k):@sum(city(i)|i #ne# k:x(i,k)) =1;
            @sum(city(j)|j #ne# k:x(k,j)) =1;);
@for(city(i):@for(city(j)|j #gt# 1 #and# i #ne# j:
u(i) - u(j) + n * x(i,j) < =n -1);););
@for(link:@bin(x));
end
```

结果：限于篇幅，仅列出主要结果.

```
Global optimal solution found.
Objective value:                       23.00000
Extended solver steps:                        0
Total solver iterations:                     11
        Variable      Value     Reduced Cost
```

N	4.000000	0.000000
U(1)	0.000000	0.000000
U(2)	3.000000	0.000000
U(3)	1.000000	0.000000
U(4)	2.000000	0.000000
DIST(1,1)	1000.000	0.000000
DIST(1,2)	8.000000	0.000000
DIST(1,3)	5.000000	0.000000
DIST(1,4)	6.000000	0.000000
DIST(2,1)	6.000000	0.000000
DIST(2,2)	1000.000	0.000000
DIST(2,3)	8.000000	0.000000
DIST(2,4)	5.000000	0.000000
DIST(3,1)	7.000000	0.000000
DIST(3,2)	9.000000	0.000000
DIST(3,3)	1000.000	0.000000
DIST(3,4)	5.000000	0.000000
DIST(4,1)	9.000000	0.000000
DIST(4,2)	7.000000	0.000000
DIST(4,3)	8.000000	0.000000
DIST(4,4)	1000.000	0.000000
X(1,1)	0.000000	1000.000
X(1,2)	0.000000	8.000000
X(1,3)	1.000000	5.000000
X(1,4)	0.000000	6.000000
X(2,1)	1.000000	6.000000
X(2,2)	0.000000	1000.000
X(2,3)	0.000000	8.000000
X(2,4)	0.000000	5.000000
X(3,1)	0.000000	7.000000
X(3,2)	0.000000	9.000000
X(3,3)	0.000000	1000.000
X(3,4)	1.000000	5.000000
X(4,1)	0.000000	9.000000
X(4,2)	1.000000	7.000000
X(4,3)	0.000000	8.000000
X(4,4)	0.000000	1000.000

据此知，最优解为 $x_{13}=x_{21}=x_{34}=x_{42}=1$，其余 $x_{ij}=0$，最优值

为 23.

从而，最优路线为 1→3→4→2→1，其总长度为 23.

例 6.5.2 某地区有 10 个城镇，其位置如图 6.5.2 所示.

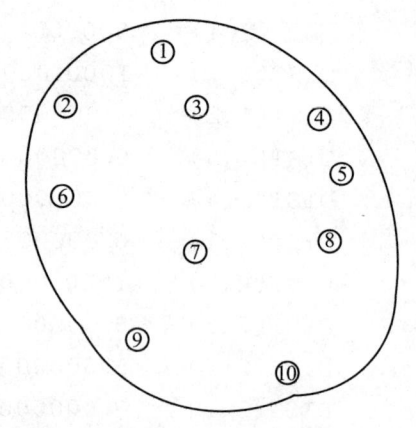

图 6.5.2 城镇的位置

相互之间的距离如表 6.5.1 所示：

表 6.5.1 　　　　　　　城镇之间的距离

	城镇 1	城镇 2	城镇 3	城镇 4	城镇 5	城镇 6	城镇 7	城镇 8	城镇 9	城镇 10
城镇 1	—	8	5	9	12	14	12	16	17	22
城镇 2		—	9	15	17	8	11	18	14	22
城镇 3			—	7	9	11	7	12	12	17
城镇 4				—	3	17	10	7	15	18
城镇 5					—	8	10	6	15	15
城镇 6						—	9	14	8	16
城镇 7							—	8	6	11
城镇 8								—	11	11
城镇 9									—	10
城镇 10										—

注：数据对称，仅给出一半.

试找出一个从城镇 1 出发，经过其余城镇各一次，再回到城镇 1 的最短路线.

程序：

```
model:
```

```
sets:
    node/1..10/:u;
    link(node,node):w,x;
endsets
data:
    w =1000   8   5   9  12  14  12  16  17  22
         8  1000  9  15  16   8  11  18  14  22
         5   9  1000  7   9  11   7  12  12  17
         9  15   7  1000  3  17  10   7  15  15
        12  16   9   3  1000  8  10   6  15  15
        14   8  11  17   8  1000  9  14   8  16
        12  11   7  10  10   9  1000  8   6  11
        16  18  12   7   6  14   8  1000 11  11
        17  14  12  15  15   8   6  11  1000 10
        22  22  17  15  15  16  11  11  10  1000;
enddata
min = @sum(link:w * x);
@sum(node(j)|j  #gt# 1:x(1,j)) > =1;
@for(node(j)|j #gt#1:@sum(node(i)|i #ne# j:x(i,j)) =1;);
n = @size(node);
@for(link(i,j)|i #ne# j:u(i) - u(j) + n * x(i,j) < = n -1);
@for(link:@bin(x));
end
```

结果：限于篇幅，仅列出主要结果．

Global optimal solution found.
Objective value: 60.00000
Objective bound: 60.00000
Infeasibilities: 0.000000
Extended solver steps: 4
Total solver iterations: 163

Variable	Value	Reduced Cost
N	10.00000	0.000000
U(1)	5.000000	0.000000
U(2)	14.00000	0.000000
U(3)	6.000000	0.000000
U(4)	7.000000	0.000000

U(5)	8.000000	0.000000
U(6)	14.00000	0.000000
U(7)	7.000000	0.000000
U(8)	9.000000	0.000000
U(9)	8.000000	0.000000
U(10)	9.000000	0.000000
X(1,1)	0.000000	1000.000
X(1,2)	1.000000	8.000000
X(1,3)	1.000000	5.000000
X(1,4)	0.000000	9.000000
X(1,5)	0.000000	12.00000
X(1,6)	0.000000	14.00000
X(1,7)	0.000000	12.00000
X(1,8)	0.000000	16.00000
X(1,9)	0.000000	17.00000
X(1,10)	0.000000	22.00000
X(2,1)	0.000000	8.000000
X(2,2)	0.000000	1000.000
X(2,3)	0.000000	9.000000
X(2,4)	0.000000	15.00000
X(2,5)	0.000000	16.00000
X(2,6)	0.000000	8.000000
X(2,7)	0.000000	11.00000
X(2,8)	0.000000	18.00000
X(2,9)	0.000000	14.00000
X(2,10)	0.000000	22.00000
X(3,1)	0.000000	5.000000
X(3,2)	0.000000	9.000000
X(3,3)	0.000000	1000.000
X(3,4)	1.000000	7.000000
X(3,5)	0.000000	9.000000
X(3,6)	0.000000	11.00000
X(3,7)	1.000000	7.000000
X(3,8)	0.000000	12.00000
X(3,9)	0.000000	12.00000
X(3,10)	0.000000	17.00000
X(4,1)	0.000000	9.000000
X(4,2)	0.000000	15.00000

X(4,3)	0.000000	7.000000
X(4,4)	0.000000	1000.000
X(4,5)	1.000000	3.000000
X(4,6)	0.000000	17.00000
X(4,7)	0.000000	10.00000
X(4,8)	0.000000	7.000000
X(4,9)	0.000000	15.00000
X(4,10)	0.000000	15.00000
X(5,1)	0.000000	12.00000
X(5,2)	0.000000	16.00000
X(5,3)	0.000000	9.000000
X(5,4)	0.000000	3.000000
X(5,5)	0.000000	1000.000
X(5,6)	1.000000	8.000000
X(5,7)	0.000000	10.00000
X(5,8)	1.000000	6.000000
X(5,9)	0.000000	15.00000
X(5,10)	0.000000	15.00000
X(6,1)	0.000000	14.00000
X(6,2)	0.000000	8.000000
X(6,3)	0.000000	11.00000
X(6,4)	0.000000	17.00000
X(6,5)	0.000000	8.000000
X(6,6)	0.000000	1000.000
X(6,7)	0.000000	9.000000
X(6,8)	0.000000	14.00000
X(6,9)	0.000000	8.000000
X(6,10)	0.000000	16.00000
X(7,1)	0.000000	12.00000
X(7,2)	0.000000	11.00000
X(7,3)	0.000000	7.000000
X(7,4)	0.000000	10.00000
X(7,5)	0.000000	10.00000
X(7,6)	0.000000	9.000000
X(7,7)	0.000000	1000.000
X(7,8)	0.000000	8.000000
X(7,9)	1.000000	6.000000
X(7,10)	0.000000	11.00000

X(8,1)	0.000000	16.00000
X(8,2)	0.000000	18.00000
X(8,3)	0.000000	12.00000
X(8,4)	0.000000	7.000000
X(8,5)	0.000000	6.000000
X(8,6)	0.000000	14.00000
X(8,7)	0.000000	8.000000
X(8,8)	0.000000	1000.000
X(8,9)	0.000000	11.00000
X(8,10)	0.000000	11.00000
X(9,1)	0.000000	17.00000
X(9,2)	0.000000	14.00000
X(9,3)	0.000000	12.00000
X(9,4)	0.000000	15.00000
X(9,5)	0.000000	15.00000
X(9,6)	0.000000	8.000000
X(9,7)	0.000000	6.000000
X(9,8)	0.000000	11.00000
X(9,9)	0.000000	1000.000
X(9,10)	1.000000	10.00000
X(10,1)	0.000000	22.00000
X(10,2)	0.000000	22.00000
X(10,3)	0.000000	17.00000
X(10,4)	0.000000	15.00000
X(10,5)	0.000000	15.00000
X(10,6)	0.000000	16.00000
X(10,7)	0.000000	11.00000
X(10,8)	0.000000	11.00000
X(10,9)	0.000000	10.00000
X(10,10)	0.000000	1000.000

据此知，最优解为 $x_{12}=x_{13}=x_{34}=x_{37}=x_{45}=x_{56}=x_{58}=x_{79}=x_{9,10}=1$，其余 $x_{ij}=0$，最优值为 60.

从而，最短路线如图 6.5.3 所示.

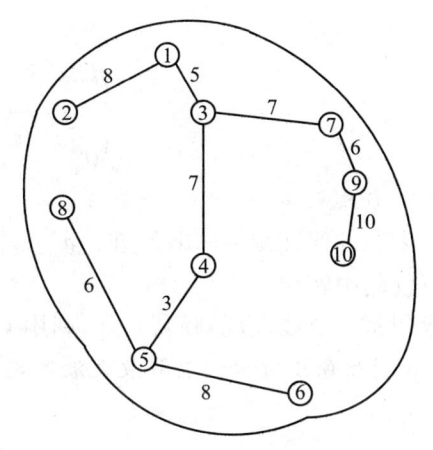

图 6.5.3 最短路线

其总长度为 60.

6.6 最大流问题

问题陈述:

如图 6.6.1 所示,在有向图 $G = (V, A)$ 中,V 为点集,A 为弧集,点 s 为源(source),点 t 为汇(sink),其他点为中间点(仅起中转作用),弧 $(i, j) \in A$ 的容量为 c_{ij}.

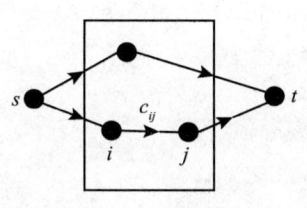

图 6.6.1 有向图 G

若赋予每条弧 (i, j) 一个实数 f_{ij}(称为流量),且 $0 \leq f_{ij} \leq c_{ij}$,则称 $\{f_{ij}\}$ 是一个流(flow).

最大流问题(maximum flow problem)就是要找一个总流值最大的流,其中总流值为源 s 的出弧上的流量之和.

问题分析:

最大流问题有专门的 Ford-Fulkerson 算法可用,详见参考文献 [19,20],此处利用数学规划法求解.

模型建立及求解:

设弧 (i, j) 上的流量为 f_{ij},则可建立如下模型:

$$\begin{cases} \max \quad z = f \\ s.t. \quad \sum_{\substack{j \in V \\ (i,j) \in A}} f_{ij} - \sum_{\substack{j \in V \\ (j,i) \in A}} f_{ji} = \begin{cases} f, & i = s \\ -f, & i = t \\ 0, & i \neq s, t \end{cases} \\ \quad 0 \leq f_{ij} \leq c_{ij}, (i,j) \in A \end{cases}$$

其中第一个约束条件保证源 s 只出不进，汇 t 只进不出，且进出流量相等，中间点仅起中转作用．

显然，上述模型是一个线性规划问题，可利用 LINGO 软件求解．

例 6.6.1 如图 6.6.2 所示，求解最大流问题，其中 s 为源，t 为汇．

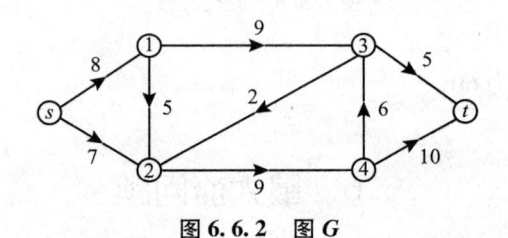

图 6.6.2 图 G

程序：
```
model:
sets:
  nodes/s,1,2,3,4,t/;
  arcs(nodes,nodes)/s,1  s,2  1,2  1,3  2,4  3,2  3,t  4,3  4,t/:c,f;
endsets
data:
  c=8 7 5 9 9 2 5 6 10;
enddata
n=@size(nodes);
max=flow;
@for(nodes(i)|i #ne# 1 #and# i #ne# n:
    @sum(arcs(i,j):f(i,j)) - @sum(arcs(j,i):f(j,i))=0);
@sum(arcs(i,j)|i #eq# 1:f(i,j))=flow;
@for(arcs:@bnd(0,f,c));
end
```
或：邻接矩阵方式
```
model:
```

```
sets:
nodes/s,1,2,3,4,t/;
arcs(nodes,nodes):p,c,f;
endsets
data:
p = 0 1 1 0 0 0
    0 0 1 1 0 0
    0 0 0 0 1 0
    0 0 1 0 0 1
    0 0 0 1 0 1
    0 0 0 0 0 0;
c = 0 8 7 0 0 0
    0 0 5 9 0 0
    0 0 0 0 9 0
    0 0 2 0 0 5
    0 0 0 6 0 10
    0 0 0 0 0 0;
enddata
max = flow;
@for(nodes(i)|i #ne# 1 #and# i #ne# @size(nodes):
@sum(nodes(j):p(i,j)*f(i,j)) = @sum(nodes(j):p(j,i)*f(j,i)));
@sum(nodes(i):p(1,i)*f(1,i)) = flow;
@for(arcs:@bnd(0,f,c));
end
```

或：稀疏矩阵方式

```
model:
sets:
nodes/s,1,2,3,4,t/;
arcs(nodes,nodes):c,f;
endsets
data:
c = 0;
enddata
calc:
c(1,2) = 8;c(1,4) = 7;
c(2,3) = 9;c(2,4) = 5;
c(3,4) = 2;c(3,6) = 5;
```

```
c(4,5)=9;c(5,3)=6;c(5,6)=10;
endcalc
n=@size(nodes);
max=flow;
@for(nodes(i)|i #ne#1 #and# i #ne# n:
    @sum(nodes(j):f(i,j))=@sum(nodes(j):f(j,i)));
@sum(nodes(i):f(1,i))=flow;
@sum(nodes(i):f(i,n))=flow;
@for(arcs:@bnd(0,f,c));
end
```

结果:

```
Global optimal solution found.
Objective value:                    14.00000
Infeasibilities:                    0.000000
Total solver iterations:                   4
```

Variable	Value	Reduced Cost
N	6.000000	0.000000
FLOW	14.00000	0.000000
C(S,1)	8.000000	0.000000
C(S,2)	7.000000	0.000000
C(1,2)	5.000000	0.000000
C(1,3)	9.000000	0.000000
C(2,4)	9.000000	0.000000
C(3,2)	2.000000	0.000000
C(3,T)	5.000000	0.000000
C(4,3)	6.000000	0.000000
C(4,T)	10.00000	0.000000
F(S,1)	8.000000	0.000000
F(S,2)	6.000000	0.000000
F(1,2)	3.000000	0.000000
F(1,3)	5.000000	0.000000
F(2,4)	9.000000	-1.000000
F(3,2)	0.000000	0.000000
F(3,T)	5.000000	-1.000000
F(4,3)	0.000000	1.000000
F(4,T)	9.000000	0.000000

Row   Slack or Surplus   Dual Price

1	0.000000	0.000000
2	14.00000	1.000000
3	0.000000	-1.000000
4	0.000000	-1.000000
5	0.000000	-1.000000
6	0.000000	-1.000000
7	0.000000	0.000000

据此知，最优解为 $f_{s1}=8$，$f_{s2}=6$，$f_{12}=3$，$f_{13}=5$，$f_{24}=9$，$f_{3t}=5$，$f_{4t}=9$，其余 $f_{ij}=0$，最优值为 14．

从而，最大流如图 6.6.3 所示．

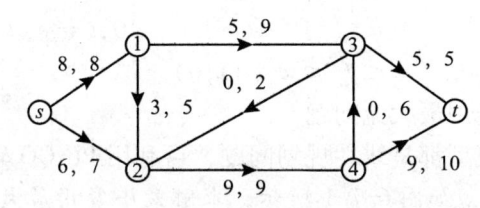

图 6.6.3 最大流

注：弧上的两个数字分别为流量和容量．

最大总流量为 14．

6.7 最小费用最大流问题

问题陈述：

在有向图 $G=(V,A)$ 中，V 为点集，A 为弧集，点 s 为源，点 t 为汇，其他点为中间点，弧 $(i,j)\in A$ 的容量为 c_{ij}，单位运费为 u_{ij}．最小费用最大流问题（minimum-cost maximum flow problem）就是要找一个总流量最大、总费用最小的流．

问题分析：

最小费用最大流问题有原始算法、对偶算法可用，详见参考文献[19]，此处利用数学规划法求解．

模型建立及求解：

设弧 (i,j) 上的流量为 f_{ij}，下面分两步走：

第一步，建立如下模型：

$$\begin{cases} \max \quad z_1 = f \\ s.t. \quad \sum_{\substack{j \in V \\ (i,j) \in A}} f_{ij} - \sum_{\substack{j \in V \\ (j,i) \in A}} f_{ji} = \begin{cases} f, & i = s \\ -f, & i = t \\ 0, & i \neq s,t \end{cases} \\ \qquad 0 \leq f_{ij} \leq c_{ij}, \ (i,j) \in A \end{cases}$$

求解最大流问题,设最大总流量为 f^*.

第二步,建立如下模型:

$$\begin{cases} \min \quad z_2 = \sum_{(i,j) \in A} u_{ij} f_{ij} \\ s.t. \quad \sum_{\substack{j \in V \\ (i,j) \in A}} f_{ij} - \sum_{\substack{j \in V \\ (j,i) \in A}} f_{ji} = \begin{cases} f^*, & i = s \\ -f^*, & i = t \\ 0, & i \neq s,t \end{cases} \\ \qquad 0 \leq f_{ij} \leq c_{ij}, \ (i,j) \in A \end{cases}$$

求解最小费用最大流问题.

上述两个模型都是线性规划问题,可利用 LINGO 软件求解.

例 6.7.1 如图 6.7.1 所示,求解最小费用最大流问题,其中 s 为源,t 为汇.

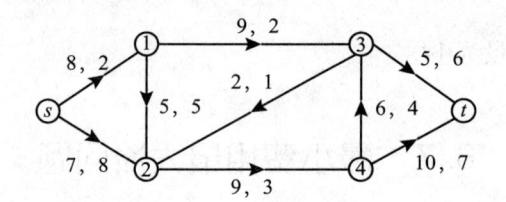

图 6.7.1 图 G

注:弧上的两个数字分别为容量和单位运费.

程序:(例 6.6.1 已求得最大总流量为 14)

```
model:
sets:
  nodes/s,1,2,3,4,t/:d;
  arcs(nodes,nodes)/
    s,1 s,2 1,2 1,3 2,4 3,2 3,t 4,3 4,t/:
c,u,f;
  endsets
data:
  d=14 0 0 0 0 -14;
  u=2 8 5 2 3 1 6 4 7;
  c=8 7 5 9 9 2 5 6 10;
```

```
enddata
min=@sum(arcs:u*f);
@for(nodes(i)|i #ne# 1 #and# i #ne# @size(nodes):
  @sum(arcs(i,j):f(i,j))-@sum(arcs(j,i):f(j,i))=d(i));
@sum(arcs(i,j)|i #eq# 1:f(i,j))=d(1);
@for(arcs:@bnd(0,f,c));
end
```

或：稀疏矩阵方式

```
model:
sets:
nodes/s,1,2,3,4,t/:d;
arcs(nodes,nodes):b,c,f;
endsets
data:
d=14 0 0 0 0 -14;
b=0;c=0;
enddata
calc:
b(1,2)=2;b(1,4)=8;
b(2,3)=2;b(2,4)=5;
b(3,4)=1;b(3,6)=6;
b(4,5)=3;b(5,3)=4;b(5,6)=7;
c(1,2)=8;c(1,4)=7;
c(2,3)=9;c(2,4)=5;
c(3,4)=2;c(3,6)=5;
c(4,5)=9;c(5,3)=6;c(5,6)=10;
endcalc
min=@sum(arcs:b*f);
@for(nodes(i):@sum(nodes(j):f(i,j))-@sum(nodes(j):f(j,i))=d(i));
@for(arcs:@bnd(0,f,c));
End
```

或：综合方式

```
model:
sets:
node/1..6/;
arc(node,node):c,b,f,f1;
```

```
endsets
data:
M=10000;
c=0;b=10000;! 初始化;
enddata
calc:
c(1,2)=8;c(1,3)=7;c(2,3)=5;c(2,4)=9;c(3,5)=9;
c(4,3)=2;c(4,6)=5;c(5,4)=6;c(5,6)=10;c(6,1)=M;
b(1,2)=2;b(1,3)=8;b(2,3)=5;b(2,4)=2;b(3,5)=3;
b(4,3)=1;b(4,6)=6;b(5,4)=4;b(5,6)=7;b(6,1)=0;
n=@size(node);
endcalc
submodel myfirst:   ! 定义最大流子模型;
[obj1]max=f(n,1);
@for(node(i):@sum(node(j):f(i,j))=@sum(node(k):f(k,i)));
@for(arc(i,j):@bnd(0,f(i,j),c(i,j)));
Endsubmodel
submodel mysecond:   ! 定义最小费用子模型;
[obj2]min=@sum(arc(i,j):b(i,j)*f(i,j));
@for(node(i):@sum(node(j):f(i,j))=@sum(node(k):f(k,i)));
@for(arc(i,j):@bnd(0,f(i,j),c(i,j)));
f(n,1)=obj;
endsubmodel
calc:
@solve(myfirst);! 求最大流;
obj=obj1;
@for(arc(i,j):f1(i,j)=f(i,j));! 输出第一次运行结果;
@solve(mysecond);! 求最小费用;
Endcalc
end
```

结果:

Global optimal solution found.
Objective value: 205.0000
Infeasibilities: 0.000000
Total solver iterations: 0

        Variable   Value   Reduced Cost

D(S)	14.00000	0.000000
D(1)	0.000000	0.000000
D(2)	0.000000	0.000000
D(3)	0.000000	0.000000
D(4)	0.000000	0.000000
D(T)	-14.00000	0.000000
C(S,1)	8.000000	0.000000
C(S,2)	7.000000	0.000000
C(1,2)	5.000000	0.000000
C(1,3)	9.000000	0.000000
C(2,4)	9.000000	0.000000
C(3,2)	2.000000	0.000000
C(3,T)	5.000000	0.000000
C(4,3)	6.000000	0.000000
C(4,T)	10.00000	0.000000
U(S,1)	2.000000	0.000000
U(S,2)	8.000000	0.000000
U(1,2)	5.000000	0.000000
U(1,3)	2.000000	0.000000
U(2,4)	3.000000	0.000000
U(3,2)	1.000000	0.000000
U(3,T)	6.000000	0.000000
U(4,3)	4.000000	0.000000
U(4,T)	7.000000	0.000000
F(S,1)	8.000000	-1.000000
F(S,2)	6.000000	0.000000
F(1,2)	1.000000	0.000000
F(1,3)	7.000000	0.000000
F(2,4)	9.000000	0.000000
F(3,2)	2.000000	-2.000000
F(3,T)	5.000000	-7.000000
F(4,3)	0.000000	10.00000
F(4,T)	9.000000	0.000000

Row	Slack or Surplus	Dual Price
1	205.0000	-1.000000
2	0.000000	-15.00000
3	0.000000	-10.00000
4	0.000000	-13.00000

5	0.000000	-7.000000
6	0.000000	-18.00000

据此可知，最优解为 $f_{s1}=8$，$f_{s2}=6$，$f_{12}=1$，$f_{13}=7$，$f_{24}=9$，$f_{32}=2$，$f_{3t}=5$，$f_{43}=0$，$f_{4t}=9$，最优值为 205．

因此，最小费用最大流如图 6.7.2 所示．

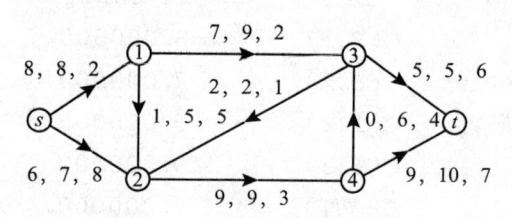

图 6.7.2　最小费用最大流

注：弧上的三个数字分别为流量、容量和单位运费．

最小总费用为 205，最大总流量为 14．

本 章 习 题

1. 如下图所示，求从点 v_1 到点 v_9 的最短路及其长度．

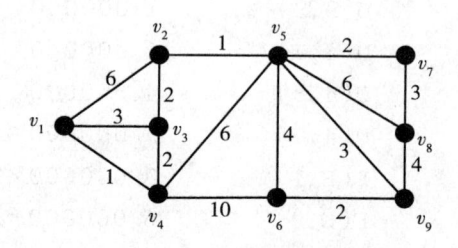

2. 如下图所示，求任意两点之间的最短路及其长度．

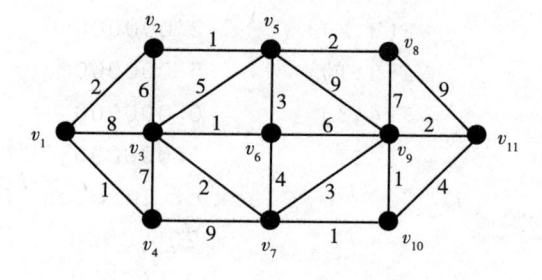

3. （过河问题）在一河岸有狼、羊和菜，摆渡人要将它们渡过

河去，但由于船太小，每次只能渡一样东西，显然，狼和羊，羊和菜都不能在无人监视的情况下放在一起．问：摆渡人如何才能尽快把它们渡过河去？

4. 某公司在生产过程中需要使用一台某种设备．在每年年初，公司都要决定是购置新设备还是继续使用旧设备．如要购买新设备，就要支付一定的购置费．该设备每年年初的价格如下表所示．

年份	1	2	3	4	5
年初价格	11	11	12	12	13

如要继续使用旧设备，则可以省去购置费，却要支付较高的维修费．该设备在不同使用时间（年数）内的维修费如下表所示．

使用年数	0~1	1~2	2~3	3~4	4~5
维修费	5	6	8	11	18

试为该公司制定一个5年之内的设备更新计划，使支付的总费用最低．

5. 求解最小支撑树问题：5个城市，其相互之间的距离见下表．

	城市1	城市2	城市3	城市4	城市5
城市1	0	2	5	8	6
城市2	7	0	3	1	2
城市3	4	4	0	1	8
城市4	2	3	7	0	6
城市5	9	3	2	1	0

6. 如下图所示，求解中国邮递员问题，其中 v_1 为邮局．

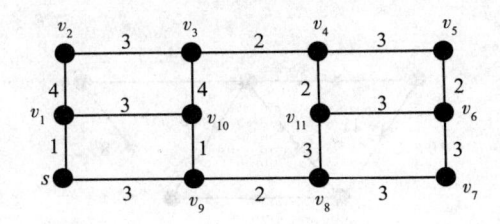

7. 求解旅行商问题：6个城市，其相互之间的距离为

$$\begin{bmatrix} +\infty & 702 & 454 & 842 & 2396 & 1196 \\ & +\infty & 324 & 1093 & 2136 & 764 \\ & & +\infty & 1137 & 2180 & 798 \\ & & & +\infty & 1616 & 1857 \\ & & & & +\infty & 2900 \\ & & & & & +\infty \end{bmatrix}$$

注：对称矩阵．

8. 从北京乘飞机到纽约、东京、伦敦、墨西哥城、巴黎五城市旅游，每一城市恰好经过一次再回到北京．各城市之间的航线距离（单位：百英里）见下表．

	伦敦	墨西哥城	纽约	巴黎	北京	东京
伦敦	—	56	35	21	51	60
墨西哥城	56	—	21	57	78	70
纽约	35	21	—	36	68	68
巴黎	21	57	36	—	51	61
北京	51	78	68	51	—	13
东京	60	70	68	61	13	—

问：应如何安排旅游路线，才能使旅程最短？

9. 如下图所示，求解最大流问题，其中 s 为源，t 为汇．

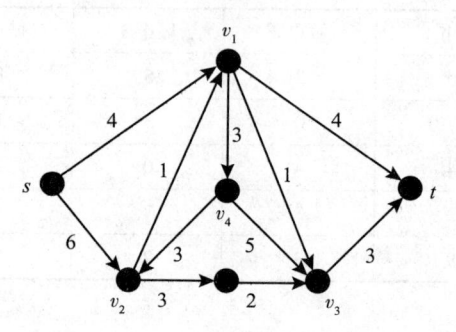

10. 如下图所示，求解最小费用最大流问题，其中 s 为源，t 为汇．

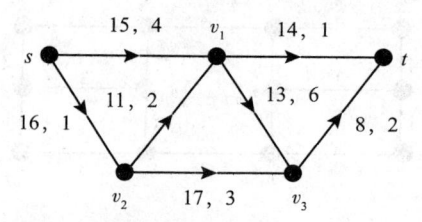

注：弧上的两个数字分别为容量和单位运费．

第 7 章 微分方程模型

在数学上，含有未知函数的导数、偏导数或微分的方程称为微分方程．其中未知函数为一元函数（即含有导数）的微分方程称为常微分方程，未知函数为多元函数（即含有偏导数）的微分方程称为偏微分方程．

微分方程的解往往不唯一，需要额外提供某些初始条件才能确定满足特定要求的解．微分方程种类繁多，只有极少数可以利用传统的解析方法给出解析解，绝大多数只能借助数值方法和计算机编程给出数值解．

作为一种重要的建模方法，微分方程在帮助人们研究变量随时间的变化规律问题时优势明显，被广泛应用于物理学、化学、工程学、经济学、人口学等领域．

7.1 酒驾重检

问题陈述：

酒后驾驶极易导致交通事故发生，危及驾驶人自身与他人的生命财产安全．因此，我国全国人大于 2010 年 8 月 23 日将醉酒驾车定为犯罪．交通事故发生时驾驶员血液中的酒精含量在测试仪上的读数（单位：毫克/百毫升）不低于 20 而小于 80 的将被认定为饮酒驾车，不低于 80 的将被认定为醉酒驾车．驾驶人如对认定结果有异议，可以通过血液中酒精含量的化验结果进行重检．

若某驾驶人在事故发生后 3 小时、5 小时的测试仪读数分别为 56、40，试检验该驾驶人是否醉驾．

模型假设：

（1）事故发生后该驾驶人未再饮酒．

（2）血液中酒精含量的下降速度与酒精含量成正比，比例系数为常数 k．

模型建立：

设时刻 t 时驾驶人血液中的酒精含量为 $x(t)$，选取时间段 $[t, t+$

Δt],则由模型假设(7.1.2),有

$$\frac{x(t+\Delta t)-x(t)}{\Delta t}=-kx(t)$$

等式两边令 $\Delta t \to 0$,取极限,得

$$\lim_{\Delta t \to 0}\frac{x(t+\Delta t)-x(t)}{\Delta t}=-kx(t)$$

即

$$\frac{\mathrm{d}x}{\mathrm{d}t}=-kx$$

显然,这是一个微分方程.

再由题意,得初始条件 $x(3)=56$, $x(5)=40$.

于是,建立如下模型:

$$\begin{cases}\dfrac{\mathrm{d}x}{\mathrm{d}t}=-kx & (7.1.1)\\ x(3)=56 & (7.1.2)\\ x(5)=40 & (7.1.3)\end{cases}$$

模型求解:

利用分离变量法可以求得该微分方程(7.1.1)的通解为 $x(t)=ce^{-kt}$,其中 c 为常数.

再由初始条件(7.1.2)、(7.1.3),得 $k=\dfrac{1}{2}\ln\dfrac{7}{5}$, $c=40\times\left(\dfrac{7}{5}\right)^{\frac{5}{2}}$.

于是,$x(t)=40\times\left(\dfrac{7}{5}\right)^{\frac{5}{2}}e^{-\frac{t}{2}\ln\frac{7}{5}}$.

据此知,事故发生时血液中的酒精含量为 $x(0)=40\times\left(\dfrac{7}{5}\right)^{\frac{5}{2}}$.

因 $40\times\left(\dfrac{7}{5}\right)^{\frac{5}{2}}\approx 92.76>80$,故可以认定该驾驶人醉驾.

模型说明:

微分方程(7.1.1)的通解亦可利用 MATLAB 软件来求得.

程序及结果:

```
>>dsolve('Dx=-k*x','t')
ans =
C1*exp(-k*t)
```

7.2 单摆的周期

问题陈述:

试推导单摆的周期公式 $T=2\pi\sqrt{\dfrac{l}{g}}$,其中 l 为摆长,g 为重力加

速度.

符号约定：

m——摆球的质量

v——线速度

ω——角速度

a——线加速度

模型建立：

如图 7.2.1 所示，时刻 t 时单摆的位置用摆线与竖直方向的夹角 $\theta(t)$ 表示.

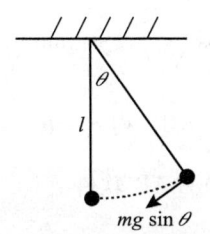

图 7.2.1 单摆

由物理学知识知，$\omega = -\dfrac{d\theta}{dt}$（因 θ 是 t 的减函数，故 $\dfrac{d\theta}{dt} < 0$），$v = l\omega = -l\dfrac{d\theta}{dt}$，$a = \dfrac{dv}{dt} = -l\dfrac{d^2\theta}{dt^2}$.

将单摆从初始角度 θ_0 处无初速度释放．在单摆运动轨迹的切向上，由牛顿第二运动定律，有

$$F_{合} = ma$$

即

$$mg\sin\theta = -m \cdot l\dfrac{d^2\theta}{dt^2}$$

$$g\sin\theta = -l\dfrac{d^2\theta}{dt^2}$$

当 $\theta < 5°$ 时，$\sin\theta \approx \theta$，故上式为

$$g\theta = -l\dfrac{d^2\theta}{dt^2}$$

即

$$\dfrac{d^2\theta}{dt^2} + \dfrac{g}{l}\theta = 0$$

再由初始条件 $\theta(0) = \theta_0$，$\left.\dfrac{d\theta}{dt}\right|_{t=0} = 0$，可以建立如下模型：

$$\begin{cases} \dfrac{d^2\theta}{dt^2} + \dfrac{g}{l}\theta = 0 \\ \dfrac{d\theta}{dt}\bigg|_{t=0} = 0 \\ \theta(0) = \theta_0 \end{cases} \quad (7.2.1)$$

这是一个微分方程模型.

模型求解：

方程（7.2.1）是一个二阶常系数线性齐次微分方程，其特征方程为 $\lambda^2 + \dfrac{g}{l} = 0$，两个特征根为 $\lambda = \pm\sqrt{\dfrac{g}{l}}i$.

因此，通解为 $\theta = c_1\cos\sqrt{\dfrac{g}{l}}\,t + c_2\sin\sqrt{\dfrac{g}{l}}\,t$.

再由 $\theta(0) = \theta_0$，$\dfrac{d\theta}{dt}\bigg|_{t=0} = 0$，得 $c_1 = \theta_0$，$c_2 = 0$，故 $\theta = \theta_0\cos\sqrt{\dfrac{g}{l}}\,t$.

模型求解亦可利用 MATLAB 软件.

程序及结果：

```
>> theta = dsolve('D2theta + g/l * theta = 0','Dtheta(0) = 0','theta(0) = theta0','t')
theta =
theta0 * cos(1/l^(1/2) * g^(1/2) * t)
```

由简谐振动的运动规律 $x = A\cos(\omega t + \phi)$ 可知，$\omega = \sqrt{\dfrac{g}{l}}$，故 $T = \dfrac{2\pi}{\omega} = 2\pi\sqrt{\dfrac{l}{g}}$.

7.3 薄膜的扩散率

模型陈述：

某种医用薄膜具有允许氯化钠分子从高浓度溶液穿透它向低浓度溶液扩散的功能，因此在试制氯化钠溶液时必须测定薄膜被氯化钠分子穿透的能力. 测定方法为：用薄膜将容器分割为 A 和 B 两部分，在其中分别注入两种不同浓度的氯化钠溶液，氯化钠分子就会从高浓度溶液穿透薄膜向低浓度溶液扩散. 资料表明，单位面积薄膜上氯化钠分子扩散的速度与薄膜两侧溶液的浓度之差成正比，比例系数为 k，k 称为扩散率，用以表征薄膜被氯化钠分子穿透的能力.

表 7.3.1 是实验测得的时刻 t（单位：秒）时薄膜 B 侧溶液的浓度 c（单位：10^{-3} 毫克/立方厘米）的一组数据：

表 7.3.1　　　　　　　　溶液浓度

t（秒）	100	200	300	400	500	600	700	800	900	1000
c（10^{-3}毫克/立方厘米）	4.54	4.99	5.35	5.65	5.90	6.10	6.26	6.39	6.50	6.59

问题：(1) 求薄膜 B 侧溶液浓度与时间的关系．(2) 若薄膜的面积为 10 平方厘米，两侧溶液的体积均为 100 立方厘米，试确定 k 的值．

模型假设：

(1) 薄膜是双向同性的（氯化钠分子从任一侧向另一侧扩散的能力是相同的），其两侧的溶液均始终是均匀的（任一时刻同侧溶液每一处的浓度是相同的）.

(2) 薄膜的面积为 S 平方厘米，其 A，B 两侧溶液的体积分别为 V_A 和 V_B.

(3) 初始时刻薄膜 A，B 两侧溶液的浓度分别为 α_A 和 α_B，时刻 t 时 A，B 两侧溶液的浓度分别为 $c_A(t)$ 和 $c_B(t)$.

模型建立：

由表 7.3.1 可知，薄膜 B 侧溶液的浓度随时间的增加不断增大，因此 $\alpha_A > \alpha_B$，溶液从 A 侧扩散到 B 侧．

在时段 $[t, t+\Delta t]$ 内 B 侧溶液中氯化钠的质量增加为 $V_B c_B(t+\Delta t) - V_B c_B(t)$，而由 k 的意义知，A 侧溶液中氯化钠的质量减少为 $k[c_A(t) - c_B(t)] \cdot S \cdot \Delta t = kS[c_A(t) - c_B(t)]\Delta t$.

由质量守恒定律，有
$$V_B c_B(t+\Delta t) - V_B c_B(t) = kS[c_A(t) - c_B(t)]\Delta t$$

即
$$\frac{c_B(t+\Delta t) - c_B(t)}{\Delta t} = \frac{kS[c_A(t) - c_B(t)]}{V_B}$$

等式两边令 $\Delta t \to 0$，取极限，有
$$\frac{dc_B}{dt} = \frac{kS(c_A - c_B)}{V_B}$$

类似的，对 A 侧溶液，有
$$\frac{dc_A}{dt} = \frac{kS(c_B - c_A)}{V_A}$$

联立以上两个方程及初始条件，可以建立如下模型：

$$\begin{cases} \dfrac{dc_A}{dt} = \dfrac{kS(c_B - c_A)}{V_A} \\ \dfrac{dc_B}{dt} = \dfrac{kS(c_A - c_B)}{V_B} \\ c_A(0) = \alpha_A \\ c_B(0) = \alpha_B \end{cases} \quad (7.3.1)$$

$$(7.3.2)$$

这个模型是一个微分方程组.

模型求解：

由模型假设知，整个容器的溶液中含氯化钠的质量始终保持不变，即 $V_A c_A(t) + V_B c_B(t) = V_A \alpha_A + V_B \alpha_B$（常数），故 $c_A = \alpha_A + \dfrac{V_B}{V_A}\alpha_B - \dfrac{V_B}{V_A}c_B$.

代入方程 (7.3.1)，得

$$\frac{dc_B}{dt} = \frac{kS}{V_B}c_A - \frac{kS}{V_B}c_B = \frac{kS}{V_B}\left(\alpha_A + \frac{V_B}{V_A}\alpha_B - \frac{V_B}{V_A}c_B\right) - \frac{kSc_B}{V_B}$$

即

$$\frac{dc_B}{dt} + kS\left(\frac{1}{V_A}+\frac{1}{V_B}\right)c_B = kS\left(\frac{\alpha_A}{V_B}+\frac{\alpha_B}{V_A}\right)$$

这是一个一阶线性非齐次微分方程，其通解为

$$c_B(t) = e^{-\int kS\left(\frac{1}{V_A}+\frac{1}{V_B}\right)dt}\left[c + \int kS\left(\frac{\alpha_A}{V_B}+\frac{\alpha_B}{V_A}\right)e^{\int kS\left(\frac{1}{V_A}+\frac{1}{V_B}\right)dt}dt\right]$$

$$= e^{-kS\left(\frac{1}{V_A}+\frac{1}{V_B}\right)t}\left[c + kS\left(\frac{\alpha_A}{V_B}+\frac{\alpha_B}{V_A}\right)\int e^{kS\left(\frac{1}{V_A}+\frac{1}{V_B}\right)t}dt\right]$$

$$= e^{-kS\left(\frac{1}{V_A}+\frac{1}{V_B}\right)t}\left[c + kS\left(\frac{\alpha_A}{V_B}+\frac{\alpha_B}{V_A}\right)\cdot\frac{1}{kS\left(\frac{1}{V_A}+\frac{1}{V_B}\right)}e^{kS\left(\frac{1}{V_A}+\frac{1}{V_B}\right)t}\right]$$

$$= \frac{\alpha_A V_A + \alpha_B V_B}{V_A + V_B} + ce^{-kS\left(\frac{1}{V_A}+\frac{1}{V_B}\right)t}$$

由初始条件 (7.3.2)，有 $\dfrac{\alpha_A V_A + \alpha_B V_B}{V_A + V_B} + c = \alpha_B$，即 $c = \dfrac{(\alpha_B - \alpha_A)V_A}{V_A + V_B}$.

于是，

$$c_B(t) = \frac{\alpha_A V_A + \alpha_B V_B}{V_A + V_B} + \frac{(\alpha_B - \alpha_A)V_A}{V_A + V_B}e^{-kS\left(\frac{1}{V_A}+\frac{1}{V_B}\right)t} \quad (7.3.3)$$

这就是薄膜 B 侧溶液的浓度与时间的关系.

模型求解亦可利用 MATLAB 软件.

程序及结果：

```
>> CB = dsolve('DCB + k * S * (1/VA +1/VB) * CB = k * S *
(alphaA/VB + alphaB/VA)','CB(0) = alphaB','t')
CB =
-exp( - k * S * (VB + VA)/VA/VB * t) * VA * (alphaA -
alphaB)/(VB + VA) + (alphaA * VA + alphaB * VB)/(VB +
VA)
```

下面求 k 的值.

令 $a = \dfrac{\alpha_A V_A + \alpha_B V_B}{V_A + V_B}$, $b = \dfrac{(\alpha_B - \alpha_A) V_A}{V_A + V_B}$, 并代入 $S = 10$ 平方厘米, $V_A = V_B = 100$ 立方厘米, 则式 (7.3.3) 即为

$$c_B(t) = a + be^{-0.2kt}$$

利用 MATLAB 软件对参数 a, b, k 进行拟合.

程序及结果:

```
>>t=[100 200 300 400 500 600 700 800 900 1000];
>>c=[0.00454 0.00499 0.00535 0.00565 0.00590 0.00610 0.00626 0.00639 0.00650 0.00659];
>>func=inline('A(1)+A(2)*exp(-0.2*A(3)*t)','A','t');
>>nlinfit(t,c,func,[0.005 0.005 0.01])    % 拟合
ans =
    0.0070   -0.0030    0.0101
```

据此知, $a = 0.007$, $b = -0.003$, $k = 0.0101$.

因此, $c(t) = 0.007 - 0.003 e^{-0.0101t}$.

7.4 传 染 病

问题陈述:

由细菌、病毒、支原体、衣原体、寄生虫等各种病原体引起的能够通过直接或者间接接触在生物间相互传播的疾病称为传染病. 传染病严重威胁着人们的健康乃至生命. 试通过数学建模来研究传染病患者人数随时间的变化规律.

1. 马尔萨斯模型

模型假设:

(1) 时刻 t 时的患者人数为 $I(t)$, 初始时刻的患者人数为 $I(0) = I_0$.

(2) 每位患者每天有效接触并致病的人数为 λ.

模型准备:

1798 年, 英国人口学家马尔萨斯 (Malthus, 1766~1834 年) 调查了英国 100 多年的人口资料, 得出了 "人口年增长率不变" 的结论, 并据此建立了指数型人口模型 $I(t) = I_0 e^{rt}$ (其中为 r 为人口年增长率), 人们称之为马尔萨斯模型.

模型建立:

根据模型假设和马尔萨斯模型, 可以建立如下模型:

$$\begin{cases} \dfrac{\mathrm{d}I}{\mathrm{d}t} = \lambda I \\ I(0) = I_0 \end{cases}$$

显然，这是一个微分方程模型.

模型求解：

（1）手工求解.

利用分离变量法可以求得微分方程的解为 $I(t) = I_0 e^{\lambda t}$，它描述了患者人数随时间的变化规律.

（2）利用 MATLAB 软件求解析解.

程序及结果：

```
>>dsolve('DI = lamda * I','I(0) = I0','t')
ans =
I0 * exp(lamda * t)
```

（3）利用 MATLAB 软件求数值解.

算例：$I_0 = 2$，$\lambda = 2$，求 4 天内患者数的变化情况.

此时，模型即为

$$\begin{cases} \dfrac{dI}{dt} = 2I \\ I(0) = 2 \end{cases}$$

程序及结果：

```
>>func = @ (t,I)2 * I;        % 定义匿名函数
>>[t,I] = ode45(func,[0,4],2)
t =
         0
    0.0251
    0.0502
    0.0754
    0.1005
    0.2005
    0.3005
    0.4005
    0.5005
    0.6005
    0.7005
    0.8005
    0.9005
    1.0005
    1.1005
    1.2005
    1.3005
    1.4005
```

1.5005
1.6005
1.7005
1.8005
1.9005
2.0005
2.1005
2.2005
2.3005
2.4005
2.5005
2.6005
2.7005
2.8005
2.9005
3.0005
3.1005
3.2005
3.3005
3.4005
3.5005
3.6005
3.7005
3.7754
3.8502
3.9251
4.0000
I =
1.0e+003 *
0.0020
0.0021
0.0022
0.0023
0.0024
0.0030
0.0036
0.0045
0.0054

0.0066
0.0081
0.0099
0.0121
0.0148
0.0181
0.0221
0.0270
0.0329
0.0402
0.0491
0.0600
0.0733
0.0895
0.1093
0.1335
0.1631
0.1992
0.2433
0.2971
0.3629
0.4433
0.5414
0.6613
0.8077
0.9866
1.2049
1.4717
1.7977
2.1956
2.6817
3.2754
3.8047
4.4193
5.1333
5.9626

上述 45 个数据对 (t, I) 即为方程的数值解.

据此可知, 4 天内患者人数即由 2 人增长为 5962.6 人, 增速之快实在惊人!

为直观显示患者人数随时间的变化规律,可以绘制出(t,I)-图像(见图7.4.1).

程序及结果:

```
>>plot(t,I,'*')          % 绘制(t,I)-图像
>>hold on
>>t=0:0.01:4;
>>I=2*exp(2*t);          % 绘制解析解图像
>>plot(t,I,'r')
```

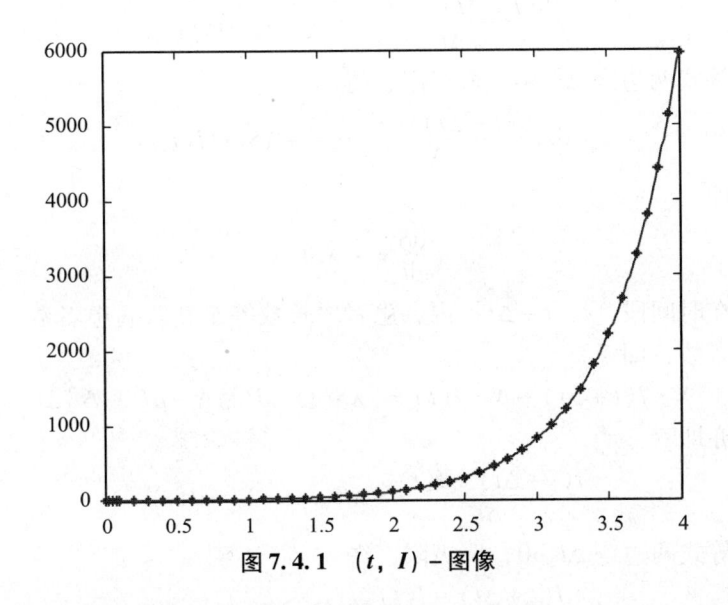

图 7.4.1 (t,I)-图像

图 7.4.1 中标有星号"*"的点 (t,I) 为方程的 45 个数值解,实曲线为方程的解析解图像.

模型分析:

从图 7.4.1 可以看出,数值解与解析解吻合得相当好;但是,在初始患者仅有 2 人、日传染率也仅为 2 的情况下,通过马尔萨斯模型预测的患者人数竟然在 4 天后近千人之多,可能吗?! 须知常见的传染病鲜有出现如此迅猛的疫情的.

事实上,由 $\lim_{t\to+\infty}I(t)=\lim_{t\to+\infty}I_0 e^{\lambda t}=+\infty$ 可知,马尔萨斯模型预测的患者人数将会无限增长,这与实际情况严重不符,因此需要改进模型以获得更加精确的预测结果.

2. SIR 模型

模型假设:

(1) 所研究区域内的总人口数 N 保持不变.

(2) 时刻 t 时患者、健康者、移出者(治愈后不再患病)占总

人口数的比例分别为 $I(t)$，$S(t)$，$R(t)$，且 $I(t) + S(t) + R(t) = 1$；初始时刻时，$I(0) = I_0$，$S(0) = S_0$.

（3）传染病的日传染率（每位患者每天有效接触并致病的健康者数占总健康者数的比例）为 λ，日治愈率（每天被治愈的患者数占总患者数的比例）为 μ.

模型建立：

在时间段 $[t, t+\Delta t]$ 内，健康者减少数等于致病健康者数，即
$$N \cdot S(t+\Delta t) - N \cdot S(t) = -\lambda S(t) \cdot I(t) N \cdot \Delta t$$

亦即
$$\frac{S(t+\Delta t) - S(t)}{\Delta t} = -\lambda S(t) I(t)$$

等式两边令 $\Delta t \to 0$，取极限，得
$$\lim_{\Delta t \to 0} \frac{S(t+\Delta t) - S(t)}{\Delta t} = -\lambda S(t) I(t)$$

即
$$\frac{\mathrm{d}S}{\mathrm{d}t} = -\lambda SI \tag{7.4.1}$$

在时间段 $[t, t+\Delta t]$ 内，患者增长数等于新致病患者数减去治愈患者数，即
$$N \cdot I(t+\Delta t) - N \cdot I(t) = [\lambda S(t) \cdot I(t) N - \mu I(t) N] \Delta t$$

亦即
$$\frac{I(t+\Delta t) - I(t)}{\Delta t} = \lambda S(t) I(t) - \mu I(t)$$

等式两边令 $\Delta t \to 0$，取极限，得
$$\lim_{\Delta t \to 0} \frac{I(t+\Delta t) - I(t)}{\Delta t} = \lambda S(t) I(t) - \mu I(t)$$

即
$$\frac{\mathrm{d}I}{\mathrm{d}t} = \lambda SI - \mu I \tag{7.4.2}$$

联立微分方程（7.4.1）、（7.4.2）及初始条件 $I(0) = I_0$，$S(0) = S_0$，得如下模型：

$$\begin{cases} \dfrac{\mathrm{d}S}{\mathrm{d}t} = -\lambda SI \\ \dfrac{\mathrm{d}I}{\mathrm{d}t} = \lambda SI - \mu I \\ I(0) = I_0 \\ S(0) = S_0 \end{cases}$$

上述模型是一个微分方程组，常称为 SIR 模型.

模型求解：

易见，模型的解析解无法求出，此处给出数值解.

算例：$S_0 = 0.98$，$I_0 = 0.02$，$\lambda = 0.85$，$\mu = 0.30$，求 30 天内健康者数、患者数的变化情况．

此时，模型即为

$$\begin{cases} \dfrac{dS}{dt} = -0.85SI \\ \dfrac{dI}{dt} = 0.85SI - 0.30I \\ S(0) = 0.98 \\ I(0) = 0.02 \end{cases}$$

程序及结果：

```
>>func=@(t,z)[-0.85*z(1)*z(2);0.85*z(1)*z(2)-0.30*z(2)];   % z(1)=S,z(2)=I
>>[t,z]=ode45(func,[0,30],[0.98;0.02])
t =
         0
    0.0943
    0.1885
    0.2828
    0.3770
    0.8068
    1.2366
    1.6664
    2.0962
    2.6530
    3.2098
    3.7665
    4.3233
    5.0383
    5.7532
    6.4681
    7.1831
    7.9331
    8.6831
    9.4331
   10.1831
   10.9331
   11.6831
   12.4331
```

```
13.1831
13.9331
14.6831
15.4331
16.1831
16.9331
17.6831
18.4331
19.1831
19.9331
20.6831
21.4331
22.1831
22.9331
23.6831
24.4331
25.1831
25.9331
26.6831
27.4331
28.1831
28.6373
29.0915
29.5458
30.0000
```

z =

0.9800	0.0200
0.9784	0.0210
0.9767	0.0221
0.9749	0.0232
0.9731	0.0244
0.9634	0.0306
0.9514	0.0381
0.9367	0.0473
0.9188	0.0584
0.8903	0.0758
0.8547	0.0970
0.8116	0.1219

0.7612	0.1497
0.6869	0.1878
0.6060	0.2244
0.5238	0.2551
0.4454	0.2763
0.3721	0.2860
0.3100	0.2837
0.2597	0.2715
0.2198	0.2524
0.1885	0.2294
0.1642	0.2050
0.1451	0.1806
0.1302	0.1575
0.1186	0.1361
0.1094	0.1169
0.1021	0.0998
0.0963	0.0849
0.0916	0.0720
0.0878	0.0609
0.0847	0.0513
0.0822	0.0432
0.0802	0.0364
0.0785	0.0305
0.0771	0.0256
0.0759	0.0215
0.0750	0.0180
0.0742	0.0151
0.0736	0.0126
0.0730	0.0106
0.0726	0.0088
0.0722	0.0074
0.0719	0.0062
0.0716	0.0052
0.0715	0.0046
0.0714	0.0042
0.0713	0.0037
0.0712	0.0033

上述 49 个数据对 $(t, z) = (t, z_1, z_2) = (t, S, I)$ 即为方程组

的数值解.

为直观显示健康者数、患者人数随时间的变化规律,可以绘制出 (t, S)、(t, I) - 图像(见图 7.4.2).

程序及结果:

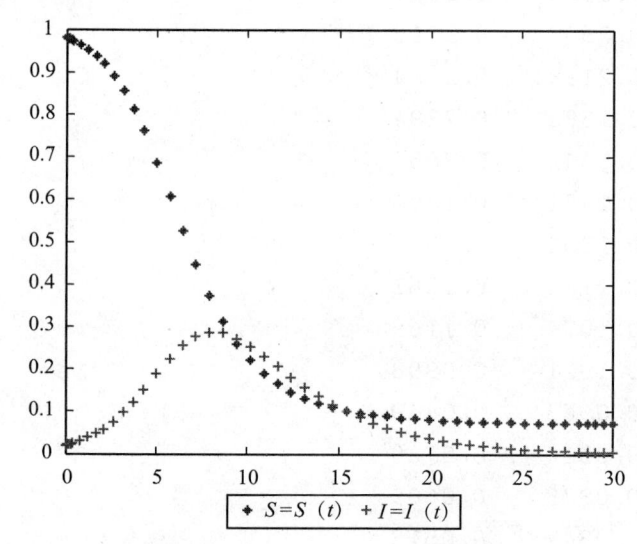

```
>>plot(t,z(:,1),'*',t,z(:,2),'+')
>>legend('S=S(t)','I=I(t)')
```

图 7.4.2 (t, S)、(t, I) - 图像

图 7.4.2 中标有星号"*"、加号"+"的点 (t, S)、(t, I) 即为方程组的 49 个数值解.

模型分析:

图 7.4.2 表明,随着时间的增加,健康者数单调减少,并渐趋稳定,而患者数则先单调增加至一最大值,然后再单调减少,并渐趋于 0. 这一直观结论与人们对传染病的通常认识是一致的,说明 SIR 模型比马尔萨斯模型更符合实际情况,预测效果更好.

7.5 狗追兔子

问题陈述:

狗与兔子不期而遇. 兔子从某一地点沿直线逃跑,同时狗从另一地点开始追赶兔子. 试分析狗追兔子的追逐轨迹,判断狗能否追上兔子,并求出狗追上兔子时的位置.

模型假设:

(1) 兔子的逃跑速率为恒定值 a.

(2) 狗的追逐速率为恒定值 b,且其追逐速度方向始终指向兔子.
模型建立：

如图 7.5.1 所示,建立平面直角坐标系,设兔子从原点 O 开始沿 y 轴正向逃跑,同时狗从点 $(c,0)$ 开始追逐兔子.

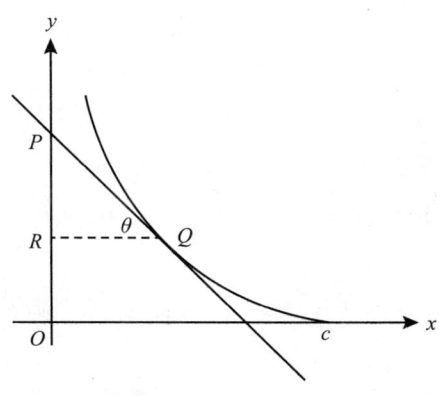

图 7.5.1　狗追兔子

设时刻 t 时兔子逃到点 $P(0,at)$,狗追到点 $Q(x,y)$,则直线 PQ 恰为狗的追逐曲线 $y = y(x)$ 在点 Q 处的切线,故 $y' = \tan(\pi - \theta) = -\tan\theta = -\dfrac{PR}{RQ} = -\dfrac{at-y}{x}$（其中 $\theta = \angle PQR$）,即 $xy' - y = -at$.

等式两边求导,得 $xy'' = -a\dfrac{\mathrm{d}t}{\mathrm{d}x}$.

由弧长公式可知,狗的追逐轨迹的长度为 $s = \int_x^c \sqrt{1+y'^2}\,\mathrm{d}u$,故 $\dfrac{\mathrm{d}s}{\mathrm{d}x} = -\sqrt{1+y'^2}$.

于是,

$$xy'' = -a\dfrac{\mathrm{d}t}{\mathrm{d}x} = -a\dfrac{\mathrm{d}t}{\mathrm{d}s}\cdot\dfrac{\mathrm{d}s}{\mathrm{d}x} = -a\cdot\dfrac{1}{\dfrac{\mathrm{d}s}{\mathrm{d}t}}\cdot(-\sqrt{1+y'^2})$$

$$= -a\cdot\dfrac{1}{b}\cdot(-\sqrt{1+y'^2}) = \dfrac{a}{b}\sqrt{1+y'^2}.$$

再由初始条件 $y(c) = y'(c) = 0$,可以建立如下模型：

$$\begin{cases} xy'' = \dfrac{a}{b}\sqrt{1+y'^2} \\ y'(c) = 0 \\ y(c) = 0 \end{cases} \quad (7.5.1)$$

这个模型是一个微分方程.
模型求解：

方程 (7.5.1) 是一个二阶微分方程,手工求解较为烦琐,请读者自行完成．此处利用 MATLAB 软件求解．

（1）解析解．

情况（一）：$a=b$

程序及结果：

```
>> y = dsolve('x*D2y = sqrt(1+Dy^2)','Dy(c) = 0','y(c) = 0','x')
y =
-1/4*x^2/c+1/2*c*log(x)-1/4*c*(-1+2*log(c))
1/4*x^2/c-1/2*c*log(x)+1/4*c*(-1+2*log(c))
```

据此可知，狗的追逐轨迹为 $y = \dfrac{x^2}{4c} - \dfrac{c}{2}\ln x + \dfrac{c(-1+2\ln c)}{4}$（取第二个解）．

因 $\lim\limits_{x \to 0^+} y = +\infty$，即追逐轨迹与 y 轴不相交，故狗不能追上兔子．

情况（二）：$a \neq b$

程序及结果（限于篇幅，仅列出主要结果）：

```
>> y = dsolve('x*D2y = a/b*sqrt(1+Dy^2)','Dy(c) = 0','y(c) = 0','x')
y =
1/2*x*b/(b+a)*x^(a/b)/exp(a/b*log(c))+1/2*x*b/(-b+a)/(x^(a/b))*exp(a/b*log(c))-c*b*a/(-b^2+a^2)
1/2*x*b/(b+a)*x^(a/b)/exp(1/b*(i*pi*b+a*log(c)))+1/2*x*b/(-b+a)/(x^(a/b))*exp(1/b*(i*pi*b+a*log(c)))+c*b*a/(-b^2+a^2)
```

据此可知，狗的追逐轨迹为 $y = \dfrac{b}{2(a+b)ce^{\frac{a}{b}}} x^{1+\frac{a}{b}} + \dfrac{bce^{\frac{a}{b}}}{2(a-b)} x^{1-\frac{a}{b}} - \dfrac{abc}{a^2-b^2}$（取第一个解）．

若 $a < b$，则 $\lim\limits_{x \to 0^+} y = -\dfrac{abc}{a^2-b^2} < +\infty$，即追逐轨迹与 y 轴相交，故狗能追上兔子．

若 $a > b$，则 $\lim\limits_{x \to 0^+} y = +\infty$，即追逐轨迹与 y 轴不相交，故狗不能追上兔子．

（2）数值解．

算例：$a = 0.4$，$b = 0.8$，$c = 3$．

此时，模型即为

$$\begin{cases} y'' = 0.5 \dfrac{\sqrt{1+y'^2}}{x} \\ y'(3) = 0 \\ y(3) = 0 \end{cases}$$

令 $\begin{cases} y = z_1 \\ y' = z_2 \end{cases}$，则 $\begin{cases} z_1' = z_2 \\ y'' = z_2' \end{cases}$，故模型即为

$$\begin{cases} z_1' = z_2 \\ z_2' = 0.5 \dfrac{\sqrt{1+z_2^2}}{x} \\ z_1(3) = 0 \\ z_2(3) = 0 \end{cases}$$

程序及结果（限于篇幅，仅列出主要结果）：

```
>>format long
>>func=@(x,z)[z(2);0.5*sqrt(1+z(2)^2)/x];
>>[x,z]=ode45(func,[3,eps],[0;0])
x =
  3.00000000000000
  2.99969857362822
  2.99939714725644
  ……（略）
  0.00000000000000
  0.00000000000000
  0.00000000000000
z =
  1.0e+007 *
  0.00000000000000  -0.00000000000502
  0.00000000000000  -0.00000000001005
  0.00000000000001  -0.00000000001507
  ……    ……（略）
  0.00000019999404  -4.08179729213773
  0.00000019999404  -4.70662770163133
  0.00000019999404  -5.82678929993383
```

上述 393 个数据对 $(x, z_1) = (x, y)$ 即为方程组的数值解.

为直观显示追逐轨迹，可以绘制出 (x, y) - 图像（见图 7.5.2）.

程序及结果：

```
>>plot(x,z(:,1),'o')
```

第8章 概率统计模型

现实问题的发生和解决受到很多因素的影响，这些因素大致可分为确定的和随机的，数学建模也是如此．前述各章介绍的数学模型中，主要影响因素是确定的，或随机因素的影响可简单地以平均值的形式出现，称为确定型模型．本章将要介绍的是概率统计模型，随机因素的影响在模型建立的过程中必须考虑，称为随机模型．

概率模型是一类比较简单的随机模型，主要利用随机变量和概率分布来描述随机因素，并利用概率的计算、概率分布、期望、方差等概率论基础知识来建立模型．统计模型则是基于对搜集到的大量数据的统计分析去建立模型．

此外，本章还通过实例介绍了回归分析、聚类分析、主成分分析、因子分析等常见统计建模方法．

8.1 "三人行，必有我师"

"三人行，必有我师．"众所周知，此语出自《论语》，意思是自己和另外两人一起走路，其余两人中一定至少有一个在某些方面做得比自己好，可以做自己的老师．毫无疑问，这是孔子自谦的话；然而，它是否有一定的科学道理呢？

首先要说明的是，并不是各方面都要比别人优秀才可以做老师，即如果一个人在某一方面比另一个人更优秀，那么在这方面他就可以做另一个人的老师．孔子说这句话的意思也正是如此．

假如把一个人的才能分成"德、智、体"三个方面，那么孔子在这三方面的排名有以下 $3^3=27$ 种可能情形（见表 8.1.1）．

表 8.1.1　　　　"德、智、体"的可能情形

德	1	1	1	1	1	1	1	1	1	2	2	2	2	2	2	2	2	2	3	3	3	3	3	3	3	3	3
智	1	1	1	2	2	2	3	3	3	1	1	1	2	2	2	3	3	3	1	1	1	2	2	2	3	3	3
体	1	2	3	1	2	3	1	2	3	1	2	3	1	2	3	1	2	3	1	2	3	1	2	3	1	2	3

显然，在上述 27 种可能情形中，孔子在"德、智、体"三方面都排在第一名的只有第一种情形．在此情形下，孔子在"德、智、体"三方面都是最好的，其余两人不可能做他的老师．

由概率论的古典概型知识知，其余两人不可能做孔子的老师的概率为 $\frac{1}{27} \approx 3.7\%$，即其余两人可以做孔子的老师的概率为 $1 - \frac{1}{27} = \frac{26}{27} \approx 96.3\%$．

其实，上述概率还可以如下计算：在"德、智、体"三方面，孔子排名第一的概率均为 $\frac{1}{3}$，故根据概率论的乘法原理知，孔子在"德、智、体"三方面都排名第一（即其余两人不可能做孔子的老师）的概率为 $\frac{1}{3} \times \frac{1}{3} \times \frac{1}{3} = \frac{1}{3^3} = \frac{1}{27}$．

当然，把一个人的才能分成"德、智、体"三方面未免太粗糙了．

俗话说，"三百六十行，行行出状元．"我们不妨把人的才能分成 360 个方面，那么根据上面的分析可知，其余两人可以做孔子的老师的概率为 $1 - \frac{1}{3^{360}}$．

更一般的，如果把人的才能分成 n 个方面，那么其余两人可以做孔子的老师的概率为 $1 - \frac{1}{3^n}$．很显然，在极限意义下，$\lim_{n \to \infty} \left(1 - \frac{1}{3^n}\right) = 1$，即"其余两人可以做孔子的老师"几乎就是一个必然事件了．

"三人行，必有我师"，虽是一句孔子自谦的话，但从数学角度看，这句话是很有道理的．同时，它也表明早在 2500 多年前人们对概率知识就已经有所认识了．

8.2 报童问题

问题陈述：

报童每天早晨以购进价 b 元从报社购进报纸，然后以零售价 a 出售，晚上将未卖出的报纸以退回价 c 元退回给报社，其中 $a > b > c$．问：报童应如何确定报纸每天的购进量，才能使利润最大？

问题分析：

如报纸每天的购进量太少，则因不够卖而会少赚钱；反之，如购进量太大，则因卖不完而会赔钱．因此，存在一个最佳购进量，使利润最大．

报纸每天的需求量是随机的（离散型随机变量），导致报童每天的获利也是随机的．因此，报童每天的获利应为期望利润．

模型假设：

（1）报纸的日需求量为 r 份的概率为 $p(r)$，$r=0$，1，2，…．

（2）报纸的日购进量为 n 份时的日平均利润为 $G(n)$．

模型建立：

由模型假设知，当 $r>n$ 时，n 份报纸将全部卖出，每份获利 $a-b$ 元；当 $r\leq n$ 时，仅能卖出 r 份，每份获利 $a-b$ 元，剩下的 $n-r$ 份被退回报社，每份损失 $b-c$ 元．因此，每天的期望利润为

$$G(n) = \sum_{r=0}^{n} [(a-b)r - (b-c)(n-r)]p(r) + \sum_{r=n+1}^{+\infty} (a-b)np(r)$$

于是，报童问题归结为：求某一个 n，使 $G(n)$ 最大．

模型求解：

（1）视 r 为离散型随机变量．

求差分，得

$$\Delta G(n) = G(n+1) - G(n)$$

$$= \left\{ \sum_{r=0}^{n+1} [(a-b)r - (b-c)(n+1-r)]p(r) + \sum_{r=n+2}^{+\infty} (a-b)(n+1)p(r) \right\}$$

$$- \left\{ \sum_{r=0}^{n} [(a-b)r - (b-c)(n-r)]p(r) + \sum_{r=n+1}^{+\infty} (a-b)np(r) \right\}$$

$$= \left\{ (a-b)\sum_{r=0}^{n+1} rp(r) - (b-c)\sum_{r=0}^{n+1}(n+1-r)p(r) + (a-b)(n+1)\sum_{r=n+2}^{+\infty} p(r) \right\}$$

$$- \left\{ (a-b)\sum_{r=0}^{n} rp(r) - (b-c)\sum_{r=0}^{n}(n-r)p(r) + (a-b)n\sum_{r=n+1}^{+\infty} p(r) \right\}$$

$$= (a-b)\left[\sum_{r=0}^{n+1} rp(r) - \sum_{r=0}^{n} rp(r) + (n+1)\sum_{r=n+2}^{+\infty} p(r) - n\sum_{r=n+1}^{+\infty} p(r) \right]$$

$$+ (b-c)\left[\sum_{r=0}^{n}(n-r)p(r) - \sum_{r=0}^{n+1}(n+1-r)p(r) \right]$$

$$= (a-b)\left[(n+1)p(n+1) + \sum_{r=n+2}^{+\infty} p(r) - np(n+1) \right]$$

$$+ (b-c)\left[\sum_{r=0}^{n}(n-r)p(r) - \sum_{r=0}^{n}(n+1-r)p(r) \right]$$

$$= (a-b)\left[\sum_{r=n+2}^{+\infty} p(r) + p(n+1) \right] + (b-c)\left[-\sum_{r=0}^{n} p(r) \right]$$

$$= (a-b)\left[1 - \sum_{r=0}^{n+1} p(r) + p(n+1) \right] - (b-c)\sum_{r=0}^{n} p(r)$$

$$= (a-b)\left[1 - \sum_{r=0}^{n} p(r) \right] - (b-c)\sum_{r=0}^{n} p(r)$$

$$= (a-b) - (a-c)\sum_{r=0}^{n} p(r)$$

令 $\Delta G(n) = 0$，得
$$\sum_{r=0}^{n} p(r) = \frac{a-b}{a-c}$$

这就是最优日购进量 n 应满足的关系式．当 $p(r)$ 已知时，即可据此确定最佳日购进量 n．

注：在处理离散数据时，常用差分代替导数．

（2）视 r 为连续型随机变量．

因购进量 n 和需求量 r 常常都比较大，故可将 r 视为连续型随机变量，相应地将 r 的分布列 $p(r)$（$r=0, 1, 2, \cdots$）替换为其概率密度函数 $f(r)$（$r \geq 0$）．于是，期望利润为

$$G(n) = \int_0^n [(a-b)r - (b-c)(n-r)] f(r) \mathrm{d}r + \int_n^{+\infty} (a-b) n f(r) \mathrm{d}r$$

求导，得

$$\begin{aligned}
G'(n) &= \Big[(a-b) \int_0^n r f(r) \mathrm{d}r - (b-c) n \int_0^n f(r) \mathrm{d}r \\
&\quad + (b-c) \int_0^n r f(r) \mathrm{d}r \Big]' + \Big[(a-b) n \int_n^{+\infty} f(r) \mathrm{d}r \Big]' \\
&= (a-b) n f(n) - (b-c) \Big[\int_0^n f(r) \mathrm{d}r + n f(n) \Big] \\
&\quad + (b-c) n f(n) + (a-b) \Big[\int_n^{+\infty} f(r) \mathrm{d}r - n f(n) \Big] \\
&= (a-b) \int_n^{+\infty} f(r) \mathrm{d}r - (b-c) \int_0^n f(r) \mathrm{d}r \\
&= (a-b) \Big[1 - \int_0^n f(r) \mathrm{d}r \Big] - (b-c) \int_0^n f(r) \mathrm{d}r \\
&= (a-b) - (a-c) \int_0^n f(r) \mathrm{d}r
\end{aligned}$$

令 $G'(n) = 0$，得

$$\int_0^n f(r) \mathrm{d}r = \frac{a-b}{a-c}$$

这就是最优日购进量 n 应满足的关系式．当 $f(r)$ 已知时，即可据此确定最佳日购进量 n．

算例：$a = 1$ 元，$b = 0.8$ 元，$c = 0.75$ 元．某段时间内的日需求量 r 见表 8.2.1．

表 8.2.1　　　　　　　　　　　　日需求量

r	110	130	150	170	190	210	230	250	270	290
天数	3	9	13	22	32	35	20	15	8	2

此时，视 r 为连续型随机变量，模型为

$$\int_0^n f(r)\,\mathrm{d}r = \frac{a-b}{a-c} = 0.8$$

根据大数定律，当售报天数足够多（样本充分大）时，需求量 r 近似地服从正态分布 $N(\mu, \sigma^2)$，其中 μ, σ 可分别用样本均值和样本标准差来近似.

程序：
```
day = [3 9 13 22 32 35 20 15 8 2];
s = sum(day);
r = 110:20:290;
mu = day * r'/s;           % 计算均值
sigma = sqrt(day * (r.^2)'/s - mu^2);    % 计算标准差
n = norminv(0.8,mu,sigma)  % 逆概率分布
```
结果：
n =
　　232.0127
据此知，最优日购进量为 232 份.

8.3　刀具的寿命

问题陈述：

用自动化车床连续加工某种零件，由于刀具损坏等原因，车床会出现故障. 故障是完全随机的，且生产任一零件时出现故障的机会均相同. 工作人员通过检查零件来确定工序是否出现故障. 现积累有 100 次故障纪录，出现这些故障时该刀具完成的零件数如下：

459	362	624	542	509	584	433	748	815	505
612	452	434	982	640	742	565	706	593	680
926	653	164	487	734	608	428	1153	593	844
527	552	513	781	474	388	824	538	862	659
775	859	755	49	697	515	628	954	771	609
402	960	885	610	292	837	473	677	358	638
699	634	555	570	84	416	606	1062	484	120
447	654	564	339	280	246	687	539	790	581

621	724	531	512	577	496	468	499	544	645
764	558	378	765	666	763	217	715	310	851

试研究该刀具的寿命情况．

问题分析：

将刀具的寿命看作随机变量，画出相应的频数直方图，对随机变量的概率分布类型做出基本判断；然后由概率分布类型和题目所给数据，计算出概率分布的相关参数．

模型假设：

刀具的寿命情况表示为随机变量 X，用刀具出现故障时所完成的零件数的分布情况来描述．

模型建立与求解：

（1）绘制刀具寿命 X 的频数直方图．

程序及结果（见图 8.3.1）：

```
x1=[459  362  624  542  509  584  433  748  815  505];
x2=[612  452  434  982  640  742  565  706  593  680];
x3=[926  653  164  487  734  608  428  1153 593  844];
x4=[527  552  513  781  474  388  824  538  862  659];
x5=[775  859  755  49   697  515  628  954  771  609];
x6=[402  960  885  610  292  837  473  677  358  638];
x7=[699  634  555  570  84   416  606  1062 484  120];
x8=[447  654  564  339  280  246  687  539  790  581];
x9=[621  724  531  512  577  496  468  499  544  645];
x10=[764 558  378  765  666  763  217  715  310  851];
x=[x1 x2 x3 x4 x5 x6 x7 x8 x9 x10];
>>hist(x,10)
```

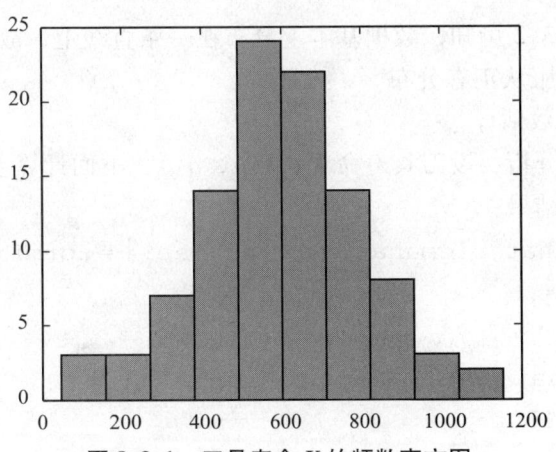

图 8.3.1 刀具寿命 X 的频数直方图

据图 8.3.1 可知, 刀具的寿命 X 大约服从正态分布.

(2) 正态性检验.

绘制正态概率图. 正态概率图是一种特殊的坐标图, 其横坐标是等间隔的, 纵坐标是按标准正态分布数值给出来的. 利用样本数据在概率图上描点, 用目测的方法看这些点是否在一条直线上, 若是, 则可以认为数据的总体服从正态分布; 若不是, 则可以认为数据的总体不服从正态分布.

程序及结果如下 (见图 8.3.2):

>>normplot(x)

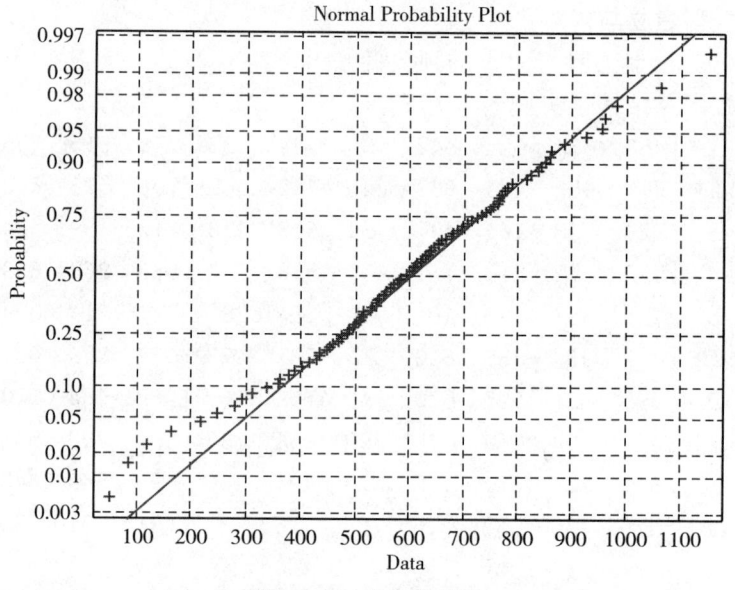

图 8.3.2　正态概率图

据图 8.3.2 可知, 数据基本上分布在一条直线上, 故可以确认刀具的寿命 X 服从正态分布.

(3) 参数估计.

由上述分析, 设刀具寿命 $X \sim N(\mu, \sigma^2)$, 下面计算参数 μ, σ.

程序及结果:

>>[muhat,sigmahat,muci,sigmaci]=normfit(x)

muhat =

　594

sigmahat =

　204.1301

muci =

　553.4962

         634.5038
sigmaci =
         179.2276
         237.1329

据此知，刀具寿命的均值为 594，标准差为 204.1301，均值的 95% 置信区间为 [553.4962，634.5038]，标准差的 95% 置信区间为 [179.2276，237.1329].

从而，刀具寿命 $X \sim N(594, 204.1301^2)$.

（4）假设检验.

在标准差未知的情况下，作 t 检验，以验证 X 的均值是否为 594.

程序及结果：

```
>>[h,sig,ci]=ttest(x,594)
h =
    0
sig =
    1
ci =
  553.4962   634.5038
```

据此知，布尔变量 $h=0$，故不能拒绝原假设，即可以认为刀具寿命的均值为 594.

8.4 回归分析

例 8.4.1 *学生购书支出.*

问题陈述：

一般经验认为，学生每年用于购买书籍的支出 y（单位：元）与其受教育年限 x_1（单位：年）和家庭月收入 x_2（单位：元）有关. 现在调查了 18 名学生的购书年支出、受教育年限和家庭月收入，见表 8.4.1. 试据此分析学生的购书年支出与受教育年限、家庭月收入之间的关系.

表 8.4.1　　　购书年支出、受教育年限和家庭收入

序号	购书年支出（元）	受教育年限（年）	家庭月收入（元）
1	450.5	4	171.2
2	507.7	4	174.2
3	613.9	5	204.3

续表

序号	购书年支出（元）	受教育年限（年）	家庭月收入（元）
4	563.4	4	218.7
5	501.5	4	219.4
6	781.5	7	240.4
7	541.8	4	273.5
8	611.1	5	294.8
9	1222.1	10	330.2
10	793.2	7	333.1
11	660.8	5	366
12	792.7	6	350.9
13	580.8	4	357.9
14	612.7	5	359
15	890.8	7	371.9
16	1121	9	435.3
17	1094.2	8	523.9
18	1253	10	604.1

问题分析：

回归（regression）分析是研究多个变量之间关系的一种常用方法．此处利用回归分析方法来研究 y 与 x_1，x_2 之间的关系．

模型建立：

（1）绘制 y 对 x_1，x_2 的散点图．

程序：

```
>> y =[450.5  507.7  613.9  563.4  501.5  781.5 541.8  611.1  1222.1  793.2  660.8  792.7  580.8  612.7 890.8  1121  1094.2  1253];
>> x1 =[4  4  5  4  4  7  4  5  10  7  5  6  4  5  7 9  8  10];
>> x2 =[171.2  174.2  204.3  218.7  219.4  240.4 273.5  294.8  330.2  333.1  366  350.9  357.9  359 371.9  435.3  523.9  604.1];
>> subplot(1,2,1);
>> plot(x1,y,'o')
>> subplot(1,2,2);
>> plot(x2,y,'*')
```

结果：见图 8.4.1.

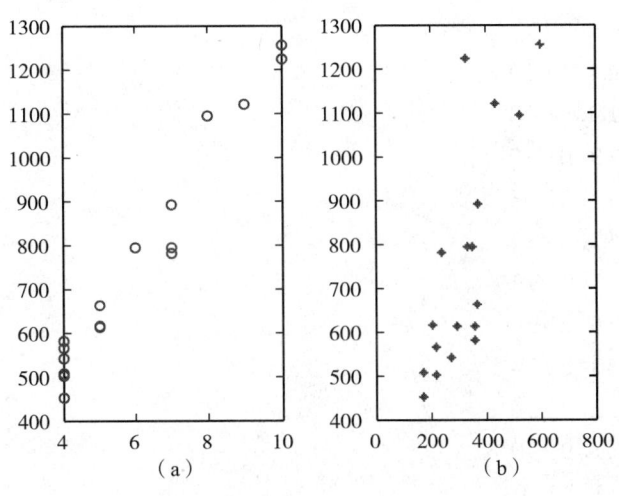

图 8.4.1 散点图

据图 8.4.1（a）可知，y 和 x_1 之间的线性关系是比较明显的；据图 8.4.1（b）可知，y 和 x_2 之间的线性关系也是比较明显的. 由此，可建立 y 与 x_1，x_2 之间的回归模型：

$$y = \beta_0 + \beta_1 x_1 + \beta_2 x_2 + \varepsilon$$

其中 β_0，β_1，β_2 为回归系数，ε 为随机误差.

模型求解：

利用所给数据求回归系数 β_0，β_1，β_2 的估计值（或称回归值、拟合值、预测值）.

程序及结果：

```
>> x = [ones(size(x1')),x1',x2'];
>> [b,bint,r,rint,stats] = regress(y',x)
b =
    -0.9756
   104.3146
     0.4022
bint =
   -65.6061    63.6550
    90.6538   117.9753
     0.1542     0.6502
r =
   -34.6377
    21.3557
```

```
        11.1352
        59.1583
        -3.0233
       -44.4130
        15.5183
       -28.0630
        47.1266
       -69.9960
        -6.9989
        26.6596
        20.5734
       -52.2836
        11.9990
         8.0710
        49.9516
       -32.1333
    rint =
      -111.5985    42.3231
       -57.3400   100.0515
       -69.5183    91.7887
       -14.9500   133.2666
       -84.4307    78.3842
      -117.4771    28.6510
       -65.3771    96.4136
      -109.9620    53.8361
       -10.1254   104.3785
      -142.9401     2.9480
       -87.7280    73.7302
       -55.7384   109.0575
       -54.9398    96.0867
      -127.9004    23.3333
       -71.1757    95.1737
       -70.4043    86.5463
       -19.9810   119.8841
       -96.5987    32.3322
    stats =
       1.0e+003 *
         0.0010    0.3624    0.0000    1.5376
```

据此知，β_0，β_1，β_2 的估计值分别为 $\hat{\beta}_0 = -0.9756$，$\hat{\beta}_1 = 104.3146$，$\hat{\beta}_2 = 0.4022$.

此外，决定系数 $R^2 = 0.9797$，是指被解释变量 y 中的 97.97% 可以在回归方程 $\hat{y} = \hat{\beta}_0 + \hat{\beta}_1 x_1 + \hat{\beta}_2 x_2$ 中得到反映. F 值远远大于 F 检验的边界，p 值小于默认的显著性水平 0.05，所以可以认为模型基本上是可行的. 再者，参数 x_0 的置信区间 [-65.6061, 63.6550] 包含零点，这说明回归变量 x_0 对 y 的影响不太显著，一般情况下可以考虑在模型中去掉这一项.

因此，y 与 x_1，x_2 之间的关系（回归方程）为
$$y = -0.9756 + 104.3146 x_1 + 0.4022 x_2$$

模型说明：

根据回归方程，只需知道某一学生的受教育年限和家庭月收入，即可预测出该学生的购书年支出. 如某学生的受教育年限 $x_1 = 10$ 年，家庭月收入 $x_2 = 488$ 元，则其购书年支出为
$$\hat{y} = -0.9756 + 104.3146 \times 10 + 0.4022 \times 488 = 1238.4 \text{（元）}$$

8.5 聚类分析

例 8.5.1 城镇居民消费水平.

问题陈述：

我国经济增长速度较快，随着居民收入的增加和生活水平的提高，"消费"被提到了前所未有的高度. 然而，由于种种原因，各地区经济发展有巨大差异，消费表现也不尽相同，经济发达地区人均消费支出高，经济落后地区人均消费支出低. 表 8.5.1 中的数据选自 2017 年《中国统计年鉴》，给出了 2017 年 31 个省、自治区、市的城镇居民在食品烟酒、衣着、居住、生活用品和服务、交通通信、教育文化娱乐、医疗保健、其他商品和服务共 8 个方面的人均消费支出情况. 请将各省、自治区、市进行分类，以便进一步分析各分类地区发展现状及存在的问题.

表 8.5.1　　　　　城镇居民人均消费支出　　　　　　　单位：元

地区	食品烟酒	衣着	居住	生活用品和服务	交通通信	教育文化娱乐	医疗保健	其他商品和服务
北京	8003.3	2428.7	13347.4	2633.0	5395.5	4325.2	3088.0	1125.1
天津	9456.2	2118.9	6469.9	1773.8	3924.2	2979.0	2599.5	962.2
河北	5067.1	1688.8	5047.6	1485.1	2923.3	2172.7	1737.3	478.4

续表

地区	食品烟酒	衣着	居住	生活用品和服务	交通通信	教育文化娱乐	医疗保健	其他商品和服务
山西	4244.2	1774.4	3866.6	1093.8	2658.2	2559.4	1741.4	465.9
内蒙古	6468.8	2576.7	4108.0	1670.2	3511.3	2636.7	1907.3	758.8
辽宁	6988.3	2167.9	4510.6	1536.8	3770.7	3164.3	2380.1	860.6
吉林	5168.7	1954.1	3800.0	1114.9	2785.2	2445.4	2164.0	619.0
黑龙江	5247.0	1920.8	3644.1	1030.8	2563.9	2289.5	1966.7	606.9
上海	10456.5	1827.0	14749.0	1927.9	4253.5	5087.2	2734.7	1268.5
江苏	7616.2	1838.5	6773.5	1708.6	3971.6	3450.5	1573.7	793.6
浙江	8906.1	1925.7	8413.5	1617.4	4955.8	3521.1	1871.8	713.0
安徽	6665.3	1544.1	4234.6	1215.0	2914.3	2372.2	1274.5	520.1
福建	8551.6	1438.0	6829.1	1478.1	3353.0	2483.5	1235.1	612.1
江西	5994.0	1531.2	4588.8	1196.2	2156.9	2235.4	1044.3	497.7
山东	6179.6	2033.6	4894.8	1736.5	3284.4	2622.5	1780.6	540.2
河南	5187.8	1779.3	4226.6	1572.1	2269.6	2226.9	1611.5	548.5
湖北	6542.5	1544.8	4669.4	1287.2	2131.7	2420.9	2165.5	513.6
湖南	6585.0	1682.4	4353.2	1492.6	2904.6	3972.9	1693.0	478.9
广东	9711.7	1587.1	7127.8	1782.8	4285.5	3284.3	1503.6	915.1
广西	6098.5	908.1	3884.6	1093.2	2607.3	2151.5	1254.2	351.0
海南	7575.3	895.7	3855.9	1102.8	2811.5	2236.1	1505.1	389.5
重庆	7305.3	1950.9	3960.4	1592.1	2992.0	2528.5	1882.5	547.5
四川	7329.3	1723.3	3906.2	1403.8	3198.3	2221.9	1595.6	612.1
贵州	6242.6	1570.0	3819.8	1359.2	2889.0	2731.3	1244.0	491.9
云南	5665.1	1144.2	3904.8	1162.7	3113.6	2363.1	1786.6	419.5
西藏	9253.6	1973.3	4183.6	1161.8	2312.5	1044.0	639.7	519.0
陕西	5798.6	1627.0	3796.5	1486.6	2394.7	2617.9	2140.8	526.1
甘肃	6032.6	1905.8	3828.3	1358.0	2952.6	2341.9	1741.2	499.1
青海	6060.8	1901.1	3836.8	1398.8	3241.3	2528.3	1948.6	557.2
宁夏	4952.2	1768.1	3680.3	1257.1	3470.9	2629.7	1936.6	524.5
新疆	6359.6	2025.3	3954.7	1590.0	3545.2	2629.5	2065.6	627.1

问题分析：

本例的解决拟选用聚类分析法（cluster analysis）．

聚类分析是研究样本或者指标分类问题的一种多元统计方法．所谓"类"就是相似元素的集合．聚类分析有 Q 型聚类分析和 R 型聚类分析两种．在样本之间定义距离，用以刻画样品之间的相似度，对样本进行分类称为 Q 型聚类分析．在指标之间定义相关系数，用以刻画指标之间的相似度，对指标进行分类称为 R 型聚类分析．此处，采用 Q 型聚类分析．

在 Q 型聚类分析中，距离的定义有很多种，如绝对值距离、欧氏（Euclid）距离、契贝晓夫（Chebyshev）距离、马氏（Mahalanobis）距离等，其中应用最广泛的是欧式距离．在计算类别之间的距离时，也有不同的计算方法，如最短距离法、最长距离法、类平均法、重心法、离差平方和法等．

模型建立：

（1）对原始数据进行标准化处理，计算 n 个样本点之间的距离 $\{d_{ij}\}$．

用 x_1，x_2，$\cdots$，x_p 表示聚类分析的 p 个指标变量，评价对象有 n 个，x_{ij} 表示第 i 个评价对象对应于第 j 个指标的取值．这里，评价对象的多个指标量纲并不相同，为消除量纲的影响，将每个指标值 x_{ij} 转化为标准化指标 $\tilde{x}_{ij}$，即

$$\tilde{x}_{ij} = \frac{x_{ij} - \bar{x}_j}{s_j} \ (i=1, 2, \cdots, n; j=1, 2, \cdots, p)$$

其中 $\bar{x}_j = \frac{1}{n} \sum_{i=1}^{n} x_{ij}$，$s_j = \frac{1}{n-1} \sum_{i=1}^{n} (x_{ij} - \bar{x}_j)^2$．

相应的，标准化指标变量为

$$\tilde{x}_i = \frac{x_i - \bar{x}_i}{s_i} \ (i=1, 2, \cdots, p)$$

距离的定义采用欧式距离：$d(x, y) = [\sum_{k=1}^{p} |x_k - y_k|^2]^{\frac{1}{2}}$．

在 MATLAB 命令中，zscore 做数据的标准化处理，pdist 计算对象之间的距离，Y=pdist(X) 计算 $n \times p$ 矩阵 X（看作 m 个 n 维行向量）中两两对象间的欧氏距离，Y=pdist(X,'metric') 中用 metric 指定的方法计算矩阵 X 中对象间的距离．

（2）选择合适的方法生成聚类树．

首先构造 n 个类，每一个类中只包含一个样本点，合并距离最近的两类为新类，计算新类与当前各类的距离，再将距离最近的两类合并，这样每次减少一类，直到所有的样本合为一类为止．按照这个基本思想生成聚类树．

在 MATLAB 命令中，linkage 用来生成聚类树，Z=linkage(Y) 使用最短距离算法生成具层次结构的聚类树，输入矩阵 Y 为步骤 1 中计算出的距离矩阵，Z=linkage(Y,'method') 使用由

method（取值和含义见表 8.5.2）指定的算法计算生成聚类树，H = dendrogram(Z,P) 使用由 linkage 产生的数据矩阵 Z 画聚类树状图，P 是结点数，默认值是 30.

表 8.5.2 聚类命令表

字符串	含义
single	最短距离法（缺省）
complete	最大距离法
average	类平均距离法
centroid	重心距离法
ward	离差平方和法

（3）决定类的个数和类．

在聚类分析之前对样本有多少类并不清楚，可以根据实际问题和之前生成的聚类树的具体情况来决定．

在 MATLAB 命令中，cluster 用来创建聚类：T = cluster(Z, 'maxclust',n), T = cluster(Z,'cutoff',c)，其中 Z 表示上一步得到的聚类树，maxclust 按最大聚类数聚类，n 为指定的聚类数，cutoff 表示按某个值进行切割，值 c 取 0 和 1 之间的数．

模型求解：

此处用 31×8 的矩阵 x 表示表 8.4.1 中的原始数据，保存在纯文本文件 x.txt 中，存入当前文件夹．用欧式距离来表示样本点之间的距离，选择最大距离法来计算类与类之间的距离．

首先，生成聚类树．

程序：

```
load x.txt              % 把原始数据保存在纯文本文件 x.txt 中
gj = zscore(x);         % 数据标准化
y = pdist(gj);          % 求样本间的欧氏距离，每行是一个样本
z = linkage(y,'complete');   % 按最大距离法聚类
dendrogram(z);          % 画聚类图
for k = 3:5
fprintf('划分成% d 类的结果如下:\n',k)
T = cluster(z,'maxclust',k);    % 把样本点划分成 k 类
for i = 1:k
tm = find(T == i);      % 求第 i 类的对象
tm = reshape(tm,1,length(tm));   % 变成行向量
fprintf('第% d 类的有% s\n',i,int2str(tm));   % 显
```

示分类结果
```
    end
    if k ==5
    break
    end
    fprintf('*******************************\n');
end
```
结果：见图 8.5.1，其中序号 1～31 对应表 8.5.1 中第 2～32 行中的 31 个地区．

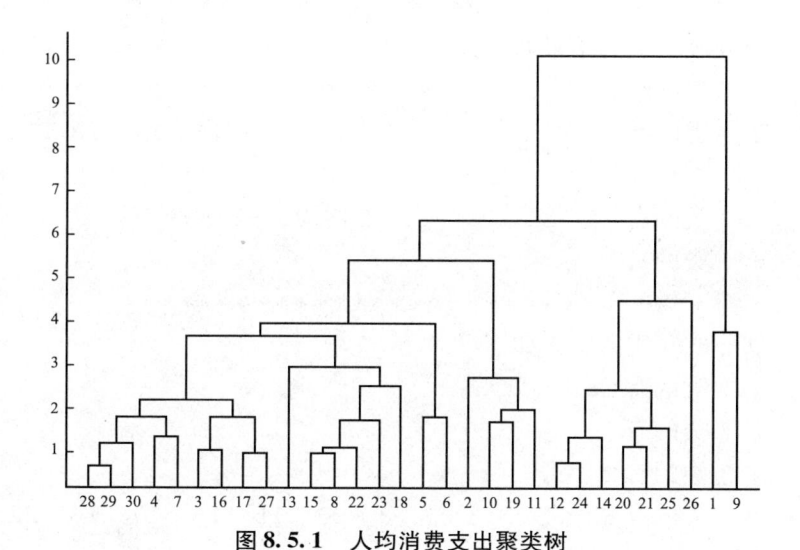

图 8.5.1 人均消费支出聚类树

据图 8.5.1 可知，可以聚类成 3 类、4 类、5 类三种情况，并输出相应的分类方式．

程序：
```
for k =3:5
fprintf('划分成% d 类的结果如下：\n',k)
T =cluster(z,'maxclust',k);        % 把样本点划分成 k 类
    for i =1:k
    tm =find(T ==i);            % 求第 i 类的对象
    tm =reshape(tm,1,length(tm));     % 变成行向量
    fprintf('第% d 类的有% s \n',i,int2str(tm));    % 显
示分类结果
    end
    if k ==5
    break
```

```
    end
    fprintf('*****************************\n');
end
```

结果：

划分成 3 类的结果如下：

第 1 类的有 12 14 20 21 24 25 26

第 2 类的有 2 3 4 5 6 7 8 10 11 13 15 16 17 18 19 22 23 27 28 29 30 31

第 3 类的有 1 9

****

划分成 4 类的结果如下：

第 1 类的有 2 10 11 19

第 2 类的有 3 4 5 6 7 8 13 15 16 17 18 22 23 27 28 29 30 31

第 3 类的有 12 14 20 21 24 25 26

第 4 类的有 1 9

****

划分成 5 类的结果如下：

第 1 类的有 26

第 2 类的有 12 14 20 21 24 25

第 3 类的有 2 10 11 19

第 4 类的有 3 4 5 6 7 8 13 15 16 17 18 22 23 27 28 29 30 31

第 5 类的有 1 9

比较发现分成 4 类最为合理，见表 8.5.3.

表 8.5.3　　　　　　　　　人均消费支出分类

第 1 类	天津、江苏、浙江、广东
第 2 类	河北、山西、内蒙古、辽宁、吉林、黑龙江、福建、山东、河南、湖北、湖南、重庆、四川、陕西、甘肃、青海、宁夏、新疆
第 3 类	安徽、江西、广西、海南、贵州、云南、西藏
第 4 类	北京、上海

上述分类代表了不同消费水平的地区：

高消费地区：北京、上海．北京是我国的首都，上海是我国的经济中心，这两个城市房价高，生活设施齐全，教育体制完善，人均消费支出远远高于全国人均消费支出．

次高消费地区：天津、江苏、浙江、广东．这四个省作为东部沿海地区，地理位置优越，经济发展比较好，人均消费支出稍高于全国人均消费支出．

中等消费地区：河北、山西、内蒙古、辽宁、吉林、黑龙江、福建、山东、河南、湖北、湖南、重庆、四川、陕西、甘肃、青海、宁夏、新疆．这些地区属于中等消费地区，基本持平或者略低于全国人均消费支出．

低消费地区：安徽、江西、广西、海南、贵州、云南、西藏．这些地区位置偏远，或是多山区，经济不发达，人均消费支出相对较低．

8.6 主成分分析

例 8.6.1 山东省地级市竞争力排名．

问题陈述：

表 8.6.1 给出了山东省各地级市某年度的 14 个经济指标．请据此对山东省各地级市的竞争力进行排名，以便山东省从整体上把握不同地级市的发展状况，作为制定宏观政策和决策的客观依据．

表 8.6.1　各地级市某年度经济指标

地级市	社会总产值（亿元）	人均社会总产值（元）	第三产业与第一产业比例	社会消费品零售总额（亿元）	在岗职工平均工资（元）	固定资产投资完成额（万元）	城镇人口在总人口的比重
济南	4803.67	69444	10.26	2420.25	46619	17433686	0.7159
青岛	7302.11	82680	11.14	2635.63	49076	38276532	0.6315
淄博	3557.21	77876	10.71	1363.64	42001	16948183	0.4661
枣庄	1702.92	45262	4.36	568.24	38990	8961856	0.347
东营	3000.66	145395	7.34	522.99	49988	11669089	0.4334
烟台	5281.38	75672	5.04	1901.35	41628	27256329	0.5011
潍坊	4012.43	43681	3.74	1613.56	40965	26510438	0.5237
济宁	3189.37	39165	3.09	1351.25	44351	15615922	0.3581
泰安	2547.01	46130	4.42	939.86	39978	15696474	0.3697
威海	2337.86	83516	5.05	953.87	38799	10943247	0.5137
日照	1352.57	47852	4.34	428.89	39924	8693881	0.3583
莱芜	631.41	48212	5.03	228.05	41100	4410577	0.5119
临沂	3012.81	29808	4.31	1579.87	42117	20166590	0.336

续表

地级市	社会总产值（亿元）	人均社会总产值（元）	第三产业与第一产业比例	社会消费品零售总额（亿元）	在岗职工平均工资（元）	固定资产投资完成额（万元）	城镇人口在总人口的比重
德州	2230.55	39710	3.2	886.79	33656	13132816	0.3067
聊城	2146.75	36573	2.73	751.38	33769	12607449	0.3027
滨州	1987.73	52591	3.99	602.27	40462	12627342	0.3767
菏泽	1787.36	21461	2.37	904.07	32211	6871091	0.2161

地级市	金融机构存款余额（亿元）	金融机构贷款余额（亿元）	实际利用外资（万美元）	进口（万美元）	出口（万美元）	公共财政预算支出（万元）	规模工业总产值（万元）
济南	9893.83	8632.76	122016	341237	571423	4656731	44784067
青岛	9818.33	8632.84	460027	3241127	4079090	7659801	140402764
淄博	3191.43	2162.57	50025	421339	531938	2908832	103368044
枣庄	1146.72	916.49	14241	19205	93923	1871868	30754042
东营	2394.02	1805.98	16232	731888	498199	2083973	102674802
烟台	5286.02	3560.15	141037	1944322	2835914	4768714	123315391
潍坊	4437.81	3531.88	76812	400365	1096820	4255938	104282522
济宁	3191.75	1986.71	77008	191947	319613	3624886	43802648
泰安	1947.98	1240.08	16982	93837	122221	2426677	54746903
威海	2060.63	1376.10	80013	646678	1065926	2443651	56268696
日照	1469.85	1303.68	42122	2141712	387622	1380239	22782958
莱芜	725.4	567.52	12006	139196	73382	667256	12541203
临沂	3043.48	2150.16	23531	398994	389726	3489792	72140477
德州	1646.85	1119.35	21093	85025	186760	2419126	63612201
聊城	1687.69	1289.20	54093	374313	184919	2169992	66505352
滨州	1697.66	1495.13	11521	344896	282876	2265906	57234277
菏泽	1607.77	1062.34	16505	165234	152819	2802786	43359957

问题分析：

本例的解决拟选用主成分分析法（principal component analysis）．

主成分分析法是利用降维思想，在损失较少信息的前提下，把多个指标转化为少数几个不相关的综合指标的一种多元统计方法．在实际问题中，为了尽可能完整地获取有关信息，往往需要考虑众多的变量，这虽然可以避免重要信息的遗漏，但增加了分析的复杂性．一般说来，同一问题所涉及的众多变量之间会存在一定的相关性，这种相关性会使各变量的信息有所"重叠"．我们希望对这些彼此相关的变量加以"改造",用为数较少的、信息互不重叠的新变量来反映原变量提供的大部分信息,从而通过对为数较少的新变量的分析达到解决问题的目的. 这里选取的新变量就是"主成分",主成分之间互不相关,并由原有变量的线性组合构成,包含原来的大多数信息.

模型建立及求解:

(1) 对原始数据进行标准化处理.

用 x_1,x_2,$\cdots$,x_m 表示主成分分析指标的 m 个变量,评价对象有 n 个,a_{ij} 表示第 i 个评价对象对应于第 j 个指标的取值. 将每个指标值 a_{ij} 转化为标准化指标 $\tilde{a}_{ij}$,即

$$\tilde{a}_{ij} = \frac{a_{ij} - \mu_j}{s_j} \ (i=1,2,\cdots,n;\ j=1,2,\cdots,m)$$

其中 $\mu_j = \frac{1}{n}\sum_{i=1}^{n} a_{ij}$,$s_j = \frac{1}{n-1}\sum_{i=1}^{n}(a_{ij} - \mu_j)^2$.

相应的,标准化指标变量为

$$\tilde{x}_j = \frac{x_j - \mu_j}{s_j} \ (j=1,2,\cdots,m)$$

此处用 17×14 的矩阵 x 表示表 8.6.1 中的原始数据,保存在纯文本文件 x.txt 中,存入当前文件夹.

先导入表 8.6.1 中的数据 x,再对数据 x 做标准化处理.

程序:

```
load x.txt        % 把原始数据保存在纯文本文件 x.txt 中
XZ = zscore(x);   % 数据标准化
```

结果:略.

(2) 计算相关系数矩阵 $R = (r_{ij})_{m \times m}$.

$$r_{ij} = \frac{1}{n-1}\sum_{k=1}^{n} \tilde{a}_{ki}\tilde{a}_{kj}\ (i,j=1,2,\cdots,m)$$

其中 $r_{ii}=1$,$r_{ij}=r_{ji}$,r_{ij} 是第 i 个指标和第 j 个指标之间的相关系数.

(3) 计算相关系数矩阵的特征值与特征向量.

解特征方程 $|\lambda I - R| = 0$,得特征值 $\lambda_i (i=1,2,\cdots,m)$,$\lambda_1 \geq \lambda_2 \geq \cdots \geq \lambda_m \geq 0$.

求出相对应的特征值 λ_i 的特征向量 $u_i(i=1,2,\cdots,m)$,其中 $U=(u_{ij})$,$u_j=(u_{1j},u_{2j},\cdots,u_{mj})^T$,由特征向量组成的 m 个新的指标变量为

$$\begin{cases} y_1 = u_{11}\tilde{x}_1 + u_{21}\tilde{x}_2 + \cdots + u_{m1}\tilde{x}_m \\ y_2 = u_{12}\tilde{x}_1 + u_{22}\tilde{x}_2 + \cdots + u_{m2}\tilde{x}_m \\ \vdots \\ y_m = u_{1m}\tilde{x}_1 + u_{2m}\tilde{x}_2 + \cdots + u_{mm}\tilde{x}_m \end{cases}$$

其中 y_1 为第 1 主成分,y_2 为第 2 主成分,$\cdots$,y_m 为第 m 主成分.

利用题目中所给的数据做主成分分析.

程序：

[COEFF,SCORE,latent]=princomp(XZ)

explained=100*latent/sum(latent)

注：程序中，princomp 函数输入 XZ 为标准化之后的原始数据，是一个 17×14 的矩阵，输出 COEFF 为主成分表达式的系数矩阵，SCORE 为主成分得分数据，latent 为样本相关系数矩阵的特征值向量．因为 princomp 函数不直接返回贡献率，需要用协方差矩阵的特征值向量 latent 来计算贡献率 b_j，此处用 explained 表示贡献率（b_1，b_2，$\cdots$，b_{14}）.

函数 pcacov 也经常用来做主成分分析，可以设置为

[COEFF,latent,explained]=pcacov(V)

其中输入 V 表示标准化数据的协方差矩阵，即原始数据的相关系数矩阵，输出的含义和前文相同．

结果：限于篇幅，仅列出部分结果．

latent =
    9.5046
    1.6905
    1.1664
    0.6919
    0.3157
    0.2487
    0.1660
    0.1173
    0.0594
    0.0177
    0.0111
    0.0065
    0.0040
    0.0001
explained =
    67.8901
    12.0753
    8.3313
    4.9423
    2.2552
    1.7766
    1.1859

0.8380
0.4245
0.1263
0.0794
0.0463
0.0284
0.0006

整理后见表 8.6.2.

表 8.6.2

成分	初始特征值 合计	贡献率（%）	累积（%）	选取的主成分 合计	贡献率（%）	累积（%）
1	9.505	67.890	67.890	9.505	67.890	67.890
2	1.691	12.075	79.965	1.691	12.075	79.965
3	1.166	8.331	88.297	1.166	8.331	88.297
4	0.692	4.942	93.239			
5	0.316	2.255	95.494			
6	0.249	1.777	97.271			
7	0.166	1.186	98.457			
8	0.117	0.838	99.295			
9	0.059	0.425	99.719			
10	0.018	0.126	99.845			
11	0.011	0.079	99.925			
12	0.006	0.046	99.971			
13	0.004	0.028	99.999			
14	8.183E−5	0.001	100.000			

（4）选择 $p(p \leqslant m)$ 个主成分，计算综合评价值.

① 计算特征值 $\lambda_j (j=1, 2, \cdots, m)$ 的信息贡献率和累积贡献率.

用 b_j 表示主成分 y_i 的信息贡献率，则有

$$b_j = \frac{\lambda_j}{\sum_{k=1}^{m} \lambda_k} \quad (j=1, 2, \cdots, m)$$

用 a_p 表示主成分 $y_1, y_2, \cdots, y_p$ 的累积贡献率，则有

$$a_p = \frac{\sum_{k=1}^{p} \lambda_k}{\sum_{k=1}^{m} \lambda_k}$$

一般按照特征值大于1，方差累积贡献率大于85%的原则提取主成分，若a_p大于85%时，则用前p个指标变量$y_1, y_2, \cdots, y_p$作为p个主成分，代替原来m个指标变量，再对p个主成分进行综合分析，见表8.6.2。

② 计算综合得分。

用b_j表示第j个主成分的信息贡献率，则有

$$Z = \sum_{j=1}^{p} b_j y_j$$

根据综合得分值进行评价。

从表8.6.2的运算结果可以看出，前三个主成分y_1, y_2, y_3累计解释了总方差的88.297%，说明已代表了原有14个变量88.297%的信息，符合主成分提取的要求，提取前三个主成分进行分析。

提取数据COEFF，得到如表8.6.3所示选取的三个主成分的系数矩阵。

表 8.6.3

	成分1	成分2	成分3
社会总产值（亿元）	0.3154	-0.0975	0.0014
人均社会总产值（元）	0.1452	0.5781	0.3689
第三产业与第一产业比例	0.2404	0.3875	-0.1246
社会消费品零售总额（亿元）	0.2884	-0.1918	-0.2857
在岗职工平均工资（元）	0.2198	0.4430	-0.0036
固定资产投资完成额（万元）	0.2898	-0.2452	0.1037
城镇人口在总人口的比重	0.2455	0.3109	-0.2822
金融机构存款余额（亿元）	0.3011	-0.0099	-0.3147
金融机构贷款余额（亿元）	0.2946	0.0117	-0.3348
实际利用外资（万美元）	0.2916	-0.1418	0.0908
进口（万美元）	0.2284	-0.0726	0.4228
出口（万美元）	0.2855	-0.1529	0.3105
公共财政预算支出（万元）	0.3004	-0.2481	-0.0731
规模工业总产值（万元）	0.2432	-0.0740	0.4198

其中$u_j = (u_{1j}, u_{2j}, \cdots, u_{mj})^T$ ($j = 1, 2, 3$)分别为第一、第

二、第三列数据,且有 y_1 为第 1 主成分,y_2 为第 2 主成分,y_3 为第 3 主成分,关系如下:

$$\begin{cases} y_1 = u_{11}\tilde{x}_1 + u_{21}\tilde{x}_2 + \cdots + u_{m1}\tilde{x}_m \\ y_2 = u_{12}\tilde{x}_1 + u_{22}\tilde{x}_2 + \cdots + u_{m2}\tilde{x}_m \\ y_3 = u_{13}\tilde{x}_1 + u_{23}\tilde{x}_2 + \cdots + u_{m3}\tilde{x}_m \end{cases}.$$

由 princomp 函数的输出中 SCORE,可以得到各地级市的主成分得分,又由 $Z = \sum_{j=1}^{p} b_j y_j$,将其按贡献率权重求和最终得到综合得分. 综合得分越高,排名越靠前,说明该市的城市竞争力就越强;综合得分低,排名靠后,则说明该市的城市竞争力相对较低. 山东省各地级市的发展并不平衡,各市的城市竞争力存在较大的差别.

程序:
num = input('请选择主成分的个数:');   % 交互式选择主成分个数
score = SCORE(:,1:num)   % 提取选择的主成分得分
weight = explained(1:num)/sum(explained(1:num))   % 计算得分的权重
Tscore = score * weight   % 对各主成分的得分进行加权求和,即求各城市综合得分
[STscore,ind] = sort(Tscore,'descend')   % 对城市进行排序

结果:
请选择主成分的个数:3
score =
     3.8314   1.4118   -3.3250
     8.9834   -0.8342   0.8080
     0.8979   1.2316   0.1289
    -2.5100   0.1580   -0.2433
     0.2885   3.3076   1.7560
     3.4800   -0.9944   1.3587
     1.4849   -1.0570   -0.3082
    -0.5073   -0.5528   -0.6410
    -1.4389   -0.1698   -0.1923
    -0.5683   0.7786   0.4395
    -1.9370   0.2267   0.7700
    -2.9452   1.4087   -0.5312
    -0.2781   -1.0001   -0.3981
    -2.1140   -1.1120   0.0882
    -2.1018   -1.2150   0.3093

```
    -1.6804    0.1602    0.1841
    -2.8851   -1.7481   -0.2037
weight =
    0.7689
    0.1368
    0.0944
Tscore =
    2.8253
    6.8694
    0.8709
   -1.9312
    0.8398
    2.6679
    0.9681
   -0.5262
   -1.1477
   -0.2890
   -1.3857
   -2.1220
   -0.3881
   -1.7691
   -1.7530
   -1.2528
   -2.4766
STscore =
    6.8694
    2.8253
    2.6679
    0.9681
    0.8709
    0.8398
   -0.2890
   -0.3881
   -0.5262
   -1.1477
   -1.2528
   -1.3857
   -1.7530
```

```
    -1.7691
    -1.9312
    -2.1220
    -2.4766
ind =
     2
     1
     6
     7
     3
     5
    10
    13
     8
     9
    16
    11
    15
    14
     4
    12
    17
```

结果整理后见表 8.6.4.

表 8.6.4　　　　主成分分析综合得分和次序

地区	公因子1	公因子2	公因子3	综合得分	位次
济南	3.8314	1.4119	-3.3250	2.4946	2
青岛	8.9834	-0.8342	0.8079	6.0654	1
淄博	0.8979	1.2316	0.1289	0.7690	5
枣庄	-2.5099	0.1580	-0.2433	-1.7052	15
东营	0.2885	3.3076	1.7560	0.7415	6
烟台	3.4800	-0.9944	1.3587	2.3557	3
潍坊	1.4849	-1.0569	-0.3082	0.8548	4
济宁	-0.5074	-0.5528	-0.6410	-0.4646	9
泰安	-1.4389	-0.1698	-0.1923	-1.0134	10
威海	-0.5683	0.7786	0.4395	-0.2552	7

续表

地区	公因子1	公因子2	公因子3	综合得分	位次
日照	-1.9370	0.2267	0.7700	-1.2235	12
莱芜	-2.9452	1.4087	-0.5312	-1.8737	16
临沂	-0.2781	-1.0001	-0.3981	-0.3427	8
德州	-2.1140	-1.1120	0.0882	-1.5621	14
聊城	-2.1018	-1.2150	0.3093	-1.5479	13
滨州	-1.6804	0.1602	0.1841	-1.1061	11
菏泽	-2.8851	-1.7481	-0.2037	-2.1868	17

据此知，济南、青岛、烟台、潍坊、淄博、东营、威海 6 市的得分为正，竞争力相对较强，而其余 11 市的竞争力相对较弱．

8.7 因子分析

例 8.7.1 上市公司盈利能力综合评价．

问题陈述：

公司盈利能力是指企业赚取利润的能力，是企业营销能力、获取现金能力、降低成本能力及回避风险等能力的综合体现．不论投资人、债权人还是企业的经理人员，都日益重视和关心企业的盈利能力．企业盈利能力财务分析主要是以资产负债、损益、利润分配等为基础来构建一套指标体系．表 8.7.1 选取 2001 年深、沪两市证券交易所 16 家上市公司年报数据资料为原始资料，对 16 家上市公司的盈利能力做出综合评价．

表 8.7.1　　　　　上市公司年报盈利能力数据　　　　　单位：%

公司	销售净利率	资产净利率	净资产收益率	销售毛利率
歌华有线	43.41	7.41	8.75	98.51
五粮液	17.09	12.13	17.29	92.72
用友软件	21.11	6.03	7.02	93.21
太太药业	29.55	8.62	10.13	72.36
浙江阳光	11.00	8.41	11.83	25.22
烟台万华	17.63	13.86	15.41	36.44
方正科技	2.72	4.20	17.09	9.96
红河光明	29.11	5.44	6.09	56.26
贵州茅台	20.29	9.48	12.97	82.23

续表

公司	销售净利率	资产净利率	净资产收益率	销售毛利率
中铁二局	4.06	4.73	9.62	13.04
红星发展	22.45	11.08	14.20	50.51
伊利股份	4.43	7.30	14.36	29.04
青岛海尔	1.03	1.70	2.39	16.89
湖北宜化	7.06	2.79	5.24	19.79
雅戈尔	19.82	10.53	18.55	42.04
福建南纸	7.76	3.17	7.34	22.72

问题分析：

本例的解决拟选用因子分析法（factor analysis）.

因子分析法是主成分分析法的推广，是多元统计分析中常用的一种降维方法，计算方法和步骤与主成分分析法相似. 不过，主成分分析与因子分析也有不同：主成分分析仅仅是变量变换，而因子分析需要构造因子模型；主成分分析中原始变量的线性组合表示新的综合变量，即主成分，而因子分析法则用潜在的假想变量和随机影响变量的线性组合表示原始变量.

因子分析法的基本原理：

设有 n 个样品，每个样品观测 p 个指标，p 个原始变量 X_1，X_2，$\cdots$，X_p，受到 m 个公共因子和一个特殊因子的影响，可以表示为如下因子分析模型的一般形式：

$$X_i = \mu_i + a_{i1}F_1 + a_{i2}F_2 + \cdots + a_{im}F_m + \varepsilon_i$$

或

$$X - \mu = AF + \varepsilon$$

其中

$$X = \begin{bmatrix} X_1 \\ X_2 \\ \vdots \\ X_p \end{bmatrix}, \mu = \begin{bmatrix} \mu_1 \\ \mu_2 \\ \vdots \\ \mu_p \end{bmatrix}, A = \begin{bmatrix} a_{11} & \cdots & a_{1m} \\ \vdots & \ddots & \vdots \\ a_{p1} & \cdots & a_{pm} \end{bmatrix}, \varepsilon = \begin{bmatrix} \varepsilon_1 \\ \varepsilon_2 \\ \vdots \\ \varepsilon_p \end{bmatrix}$$

假设 F_1，F_2，$\cdots$，F_m 为公共因子，相互独立且不可测，其含义必须结合实际问题来确定. 公共因子的系数 a_{ij} 称为因子载荷. 特殊因子 ε_i 是不能被前 m 个公共因子包含的 X_i 所特有的部分，相当于回归分析中的残差部分，且满足

$$E(F) = 0, \ E(\varepsilon) = 0, \ Cov(F) = I_m$$
$$D(\varepsilon) = Cov(\varepsilon) = diag(\sigma_1^2, \sigma_2^2, \cdots, \sigma_m^2), \ Cov(F, \varepsilon) = 0$$

模型建立及求解：

（1）对原始变量 X 进行标准化，求相关矩阵并分析变量之间的

相关性. 因子分析有一个前提条件, 原有变量之间有较强的相关性, 否则无法找出其中的公共因子.

用 $x_1, x_2, \cdots, x_p$ 表示因子分析的 p 个指标变量, 评价对象有 n 个, x_{ij} 表示第 i 个评价对象对应于第 j 个指标的取值. 将每个指标值 x_{ij} 转化为标准化指标 $\tilde{x}_{ij}$, 即

$$\tilde{x}_{ij} = \frac{x_{ij} - \bar{x}_j}{s_j} \quad (i = 1, 2, \cdots, n; j = 1, 2, \cdots, p)$$

其中 $\bar{x}_j = \dfrac{1}{n}\sum_{i=1}^{n} x_{ij}$, $s_j = \dfrac{1}{n-1}\sum_{i=1}^{n}(x_{ij} - \bar{x}_j)^2$.

相应的, 标准化指标变量为

$$\tilde{x}_i = \frac{x_i - \bar{x}_i}{s_i} \quad (i = 1, 2, \cdots, p)$$

计算相关系数矩阵 $R = (r_{ij})_{p \times p}$:

$$r_{ij} = \frac{1}{n-1}\sum_{k=1}^{n} x_{ki}\bar{x}_{kj} \quad (i, j = 1, 2, \cdots, p)$$

其中 $r_{ii} = 1$, $r_{ij} = r_{ji}$, r_{ij} 是第 i 个指标和第 j 指标之间的相关系数. 一般要求大部分相关系数的值大于 0.3.

程序:

```
clc,clear
load x.txt    % 把原始数据保存在纯文本文件 x.txt 中
n = size(x,1);
x = zscore(x);           % 数据标准化
r = cov(x);              % 求标准化数据的协方差阵, 即
```
求相关系数矩阵

结果: 略.

(2) 求解初始公共因子及因子载荷矩阵 A.

这一步要求确定因子求解的方法和因子与个数, 常用的方法有: 主成分法、主轴因子法、最小二乘法、极大似然法等. 这些方法出发点不同, 结果也并不完全相同, 其中主成分法的使用最为普遍. 本节模型选用的是主成分法.

用主成分法确定因子载荷是在因子分析之前先对数据做一次主成分分析, 把前边几个主成分作为公共因子. 要确定公共因子的个数, 可以借鉴确定主成分个数的准则, 也可以根据具体问题具体分析. 首先计算初始载荷矩阵:

计算相关系数矩阵的特征值, 通过求解特征方程 $|\lambda I - R| = 0$, 得到特征值 $\lambda_1 \geq \lambda_2 \geq \cdots \geq \lambda_m \geq 0$, 及对应的特征向量 $u_1, u_2, \cdots, u_p$, 其中 $u_j = (u_{1j}, u_{2j}, \cdots, u_{nj})^T$. 得到初始载荷矩阵 $A = [\sqrt{\lambda_1}u_1, \sqrt{\lambda_2}u_2, \cdots, \sqrt{\lambda_p}u_p]$.

根据初始载荷矩阵,计算各个公共因子的贡献率. 一般按照特征值大于 1, 或者方差累积贡献率大于 85% 的原则提取主成分, 这里也按照这一原则选择 m 个主因子.

程序:

```
[vec,val,con]=pcacov(r)        % 进行主成分分析的相关计算
num=input('请选择主因子的个数:');           % 交互式
选择主因子个数
```

结果:

```
vec =
    0.5241   -0.4483   -0.5921   -0.4169
    0.5606    0.3746   -0.2711    0.6870
    0.3510    0.6998    0.1964   -0.5904
    0.5366   -0.4111    0.7330    0.0756
val =
    2.3114
    1.3372
    0.2001
    0.1513
con =
   57.7842
   33.4301
    5.0029
    3.7829
```

请选择主因子的个数:

按照特征值大于 1, 方差累积贡献率大于 85% 的原则提取主因子两个, 因此此处输入: 2.

(3) 因子旋转: 相当于对初始公共因子进行线性组合, 从而得到一组新的公共因子, 同时载荷矩阵每列或行的元素平方值向 0 和 1 两极分化, 显然这使得因子载荷矩阵结构更加简单, 同时每个公共因子所代表的实际意义更明显.

对提取的因子载荷矩阵进行旋转, 得到矩阵 $B = A_m T$, 其中 A_m 为 A 的前 m 列, T 为正交矩阵.

构造因子模型

$$\begin{cases} \tilde{x}_1 = b_{11}F_1 + b_{12}F_2 + \cdots + b_{1m}F_m \\ \tilde{x}_2 = b_{21}F_1 + b_{22}F_2 + \cdots + b_{2m}F_m \\ \vdots \\ \tilde{x}_p = b_{p1}F_1 + b_{p2}F_2 + \cdots + b_{pm}F_m \end{cases}$$

程序：
```
f1 = repmat(sign(sum(vec)),size(vec,1),1);
vec = vec.*f1;           % 特征向量正负号转换
f2 = repmat(sqrt(val)',size(vec,1),1);
a = vec.*f2;             % 求初等载荷矩阵
```
% 如果指标变量多，选取的主因子个数少，可以直接使用 factoran 进行因子分析，

% 本题中 4 个指标变量，选取 2 个主因子，factoran 无法实现
```
am = a(:,1:num);         % 提出 num 个主因子的载荷矩阵
[b,t] = rotatefactors(am,'method','varimax');   % 旋转变换,b 为旋转后的载荷矩阵
bt = [b,a(:,num+1:end)];     % 旋转后全部因子的载荷矩阵
```

结果：略.

(4) 计算因子得分，并进行综合评价.

建立回归方程，将公共因子在每个样品点上的得分，表示为因子得分函数：

$$F_j = \beta_{j1}X_1 + \beta_{j2}X_2 + \cdots + \beta_{jp}X_p$$

求得分函数的系数，把原始变量的取值代入上式，得到各因子的得分值. 在最小二乘意义下，得到 F 的估计值 $\hat{F} = X_0 R^{-1} B$，其中 X_0 为原始数据，R 为原始数据的相关系数矩阵，B 为因子载荷矩阵.

程序：
```
contr = sum(bt.^2)                % 计算因子贡献
rate = contr(1:num)/sum(contr)    % 计算因子贡献率
coef = inv(r)*b                   % 计算得分函数的系数
score = x*coef                    % 计算各个因子的得分
```

结果：
```
contr =
    1.9438    1.7048    0.2001    0.1513
rate =
    0.4859    0.4262
coef =
    0.5101   -0.0941
    0.0920    0.4821
   -0.1896    0.6193
    0.4969   -0.0637
score =
    2.0961   -0.6168
```

0.6439	1.3469
1.0733	-0.8370
1.0526	-0.1100
-0.5793	0.3257
-0.1116	1.4508
-1.4996	0.5286
0.8533	-1.0256
0.7174	0.4266
-1.0840	-0.3780
0.2983	0.8498
-0.9328	0.5456
-0.9481	-1.7038
-0.7234	-1.2433
-0.1369	1.3735
-0.7191	-0.9330

结果整理见表 8.7.2、表 8.7.3.

表 8.7.2 主因子得分

指标	主因子 1	主因子 2
销售净利率	0.5101	-0.0941
资产净利率	0.0920	0.4821
净资产收益率	-0.1896	0.6193
销售毛利率	0.4969	-0.0637

表 8.7.3 因子贡献率

因子	贡献	贡献率	累计贡献率
F_1	1 438	0.4859	0.4859
F_2	1.7048	0.4262	0.9121

计算得到公共因子的得分函数
$$F_1 = 0.5101x_1 + 0.0920x_2 - 0.1896x_3 + 0.4969x_4$$
$$F_2 = -0.0941x_1 + 0.4821x_2 + 0.6193x_3 - 0.0637x_4$$

（5）根据因子得分值进行进一步的分析.

以各因子的方差贡献率占三个因子总方差贡献率的比重作为权重进行加权计算，得到各城市的综合得分 F，可以计算出 16 家上市公司盈利能力的综合得分.

程序：
```
weight = rate/sum(rate)      % 计算得分的权重
Tscore = score * weight'     % 对各因子的得分进行加权求和,即求各企业综合得分
[STscore,ind] = sort(Tscore,'descend')      % 对企业进行排序
```

结果：

weight =

  0.5327 0.4673

Tscore =

  0.8284
  0.9724
  0.1807
  0.5094
  -0.1564
  0.6184
  -0.5519
  -0.0246
  0.5815
  -0.7541
  0.5560
  -0.2420
  -1.3012
  -0.9663
  0.5688
  -0.8190

STscore =

  0.9724
  0.8284
  0.6184
  0.5815
  0.5688
  0.5560
  0.5094
  0.1807
  -0.0246
  -0.1564
  -0.2420

```
      -0.5519
      -0.7541
      -0.8190
      -0.9663
      -1.3012
ind =
       2
       1
       6
       9
      15
      11
       4
       3
       8
       5
      12
       7
      10
      16
      14
      13
```

据此得到各城市的综合得分 F，即

$$F = \frac{0.4859F_1 + 0.4262F_2}{0.9121} = 0.5327F_1 + 0.4673F_2$$

按照公式可以计算出 16 家上市公司盈利能力的综合得分并排序，见表 8.7.4.

表 8.7.4　　　　盈利能力的综合得分排序

序号	公司	F_1	F_2	F	排名
1	歌华有线	2.0961	-0.6168	0.8284	2
2	五粮液	0.6439	1.3469	0.9724	1
3	用友软件	1.0733	-0.837	0.1807	8
4	太太药业	1.0526	-0.11	0.5094	7
5	浙江阳光	-0.5793	0.3257	-0.1564	10
6	烟台万华	-0.1116	1.4508	0.6184	3

续表

序号	公司	F_1	F_2	F	排名
7	方正科技	-1.4996	0.5286	-0.5519	12
8	红河光明	0.8533	-1.0256	-0.0246	9
9	贵州茅台	0.7174	0.4266	0.5815	4
10	中铁二局	-1.084	-0.378	-0.7541	13
11	红星发展	0.2983	0.8498	0.556	6
12	伊利股份	-0.9328	0.5456	-0.242	11
13	青岛海尔	-0.9481	-1.7038	-1.3012	16
14	湖北宜化	-0.7234	-1.2433	-0.9663	15
15	雅戈尔	-0.1369	1.3735	0.5688	5
16	福建南纸	-0.7191	-0.933	-0.819	14

本 章 习 题

1. 抓阄是一种常用的决策方式．比如在抽奖时，人人都希望得奖，那么应该选择先抽还是后抽，才能让中奖机率最高呢？绝大多数人都知道先抽和后抽的中奖机率是一样的，但恐怕也有极少数人会在这个问题上犯糊涂．试用概率论知识解释抓阄方式的公平性．

2. 扑克（poker）是人们喜闻乐见的一种纸牌游戏．很多人以为扑克牌是舶来品，其实早在我国南宋时期，一种叫"叶子戏"的纸牌游戏就已经很流行了．一副扑克牌有54张，其中52张是正牌，另2张是副牌（大王和小王）．52张正牌又分为黑桃、红桃、梅花、方块4种花式，每种花式包括13张牌：A、2、3、4、5、6、7、8、9、10、J、Q、K．

扑克中有一些很有意思的牌型，如点数顺连、花式不同的五张牌称为顺子（straight），花式相同、点数不顺连的五张牌称为同花（flush），其中三张点数相同、另两张点数也相同、花式不限的五张牌称为满堂红（full house），其中四张牌的点数相同的五张牌称为四条（four of a kind），点数顺连、花式相同的五张牌称为同花顺（straight flush），最大牌为A的同花顺称为同花大顺（royal flush）．试比较上述六种牌型出现机率的高低．

3.（赌注的分配）1654年，法国赌徒梅勒遇到一个难解的问题：梅勒和他的一个朋友每人出30个金币，两人谁先赢满3局就得到全部赌注，每人每次赢的概率都是 0.5．在游戏进行一会后，梅勒赢了 2 局，他的朋友赢了 1 局．这时候梅勒由于一个紧急事件必须离开，游戏不得不停止．那么，他们应该如何分配赌桌上的 60 个金币的赌注呢？试建模并说明理由．

4. 求解报童问题：$a=5$ 元，$b=3$ 元，$c=1$ 元．日需求量 r 服从参数为 $\lambda=600$（份）的泊松分布．

5. 在轧钢流程中，首先将钢坯粗轧为钢锥，因钢锥的长度未必合乎规定长度（7 米），需再精轧为成品钢．钢锥的长度 X 呈正态分布 $N(m, 0.1^2)$，其均值 m 可由轧钢机来调整，均方差 0.1 由轧钢机的精度确定，不可随意改动．问：应如何调整轧钢机，才能使浪费最少？

6. 路政处负责一条街道上的路灯的维护．在进行维护时，首先要向有关部门提出电力使用和道路管制申请，再使用云梯车进行线路检查以便确定是否需要更换灯泡，最后向维护人员支付报酬等．据测算，灯泡的寿命服从正态分布 $N(4000, 100^2)$，单个灯泡的更换费用为 80 元．显然，这些维护费用往往比灯泡本身的成本要高出很多．因此，灯泡坏一个就马上换一个的做法是不可取的．有鉴于此，路政处一般采取整批更换的策略，即到一定时间（称为更换周期）时，所有灯泡无论好坏全部更换．

市政管理局通过检查灯泡是否正常工作对路政处进行日常监督和管理，一旦发现灯泡不亮，即对路政处按照单个灯泡 0.02 元/小时的标准进行罚款．

路政处面临的难题是：如果灯泡更换过早，则因许多灯泡尚未损坏即被换掉而造成浪费；如果更换过晚，则会受到罚款．试为路政处确定最佳的路灯更换周期．

7. 传送带在现实生活中有许多应用之处．例如，大型机床厂的产品运输带、港口的货物运输机等．下图是某工厂生产车间中传送带的工作示意图．

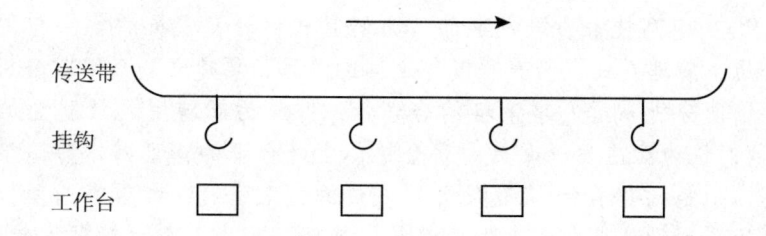

在排列均匀的工作台旁，n 个工人正紧张地生产同一种产品．在工作台上方，一条传送带在匀速运转．传送带上均匀地安装有 m 个

钩子,工人们将生产出来的产品挂在经过其上方的钩子上,由传送带运走.同一个钩子可同时挂上若干个产品.

当生产进入稳定状态后,所有工人生产单件产品所需的时间(生产周期)是相同的,但由于各种随机因素的干扰,在经过相当长时间后,工人们将产品挂在钩子上的时刻却是随机的.

衡量传送带的工作效率可以看它能否及时把工人挂上的产品运走.显然,在工人数目和传送带运转速度都不变的情况下,挂上钩子的产品越多,则传送带的工作效率越高.

试确立衡量传送带的工作效率的指标,并建立模型描述该指标与工人数目、传送带上安装的钩子数目之间的关系.

8. 下表列出了某城市18位35岁至44岁经理的年平均收入 x_1(千元)、风险偏好度 x_2 和人寿保险额 y(千元)的数据.其中风险偏好度越大,就越偏爱高风险.研究人员想研究此年龄段中的经理所投保的人寿保险额与年均收入及风险偏好之间的关系.请利用下表中数据来建立一个合适的回归模型,并给出进一步的分析.

序号	y	x_1	x_2	序号	y	x_1	x_2
1	196	66.290	7	10	49	37.408	5
2	63	40.964	5	11	105	54.376	2
3	252	72.996	10	12	98	46.186	7
4	84	45.010	6	13	77	46.130	4
5	126	57.204	4	14	14	30.366	3
6	14	26.852	5	15	56	39.060	5
7	49	38.122	4	16	245	79.380	1
8	49	35.840	6	17	133	52.766	8
9	266	75.796	9	18	133	55.916	6

9. 一家高技术公司人事部门为研究软件开发人员的薪金与他们的资历、管理责任、教育程度等之间的关系,要建立一个回归分析模型,以便分析公司人事策略的合理性,并作为新聘用人员薪金的参考.他们认为目前公司人员的薪金总体上是合理的,可以作为建模的依据,于是调查了46名软件开发人员的档案资料,如下表所示,其中资历一列指从事专业工作的年数,管理一列中1表示管理人员,0表示非管理人员,教育一列中1表示中学程度,2表示大学程度,3表示更高程度(研究生).

编号	薪金	资历	管理	教育	编号	薪金	资历	管理	教育
1	13876	1	1	1	24	22884	6	1	2
2	11608	1	0	3	25	16978	7	1	1
3	18701	1	1	3	26	14803	8	0	2
4	11283	1	0	2	27	17404	8	1	1
5	11767	1	0	3	28	22184	8	1	3
6	20872	2	1	2	29	13548	8	0	1
7	11772	2	0	2	30	14467	10	0	1
8	10535	2	0	1	31	15942	10	0	2
9	12195	2	0	3	32	23174	10	1	3
10	12313	3	0	2	33	23780	10	1	2
11	14975	3	1	1	34	25410	11	1	2
12	21371	3	1	3	35	14861	11	0	1
13	19800	3	1	3	36	16882	12	0	2
14	11417	4	0	1	37	24170	12	1	3
15	20263	4	1	3	38	15990	13	0	1
16	13231	4	0	3	39	26330	13	1	2
17	12884	4	0	2	40	17949	14	0	2
18	13245	5	0	2	41	25685	15	1	3
19	13677	5	0	3	42	27837	16	1	2
20	15965	5	1	1	43	18838	16	0	2
21	12366	6	0	1	44	17483	16	0	1
22	21351	6	1	3	45	19207	17	0	2
23	13839	6	0	2	46	19346	20	0	1

10. 根据信息基础设施的发展状况，对世界20个国家和地区进行分类．描述信息基础设施的变量主要有六个：(1) call——每千人拥有电话线数，(2) movecall——每千房居民蜂窝移动电话数，(3) fee——高峰时期每三分钟国际电话的成本，(4) computer——每千人拥有的计算机数，(5) mips——每千人中计算机功率（百万指令/秒），(6) net——每千人互联网络户主数．数据摘自《世界竞争力报告——1997》，见下表．

序号	国家（地区）	call	movecall	fee	computer	mips	net
1	美国	631.60	161.90	0.36	403.00	26073.00	35.34
2	日本	498.40	143.20	3.57	176.00	10223.00	6.26
3	德国	557.60	70.60	2.18	199.00	11571.00	9.48
4	瑞典	684.10	281.80	1.40	286.00	16660.00	29.39
5	瑞士	644.00	93.50	1.98	234.00	13621.00	22.68
6	丹麦	620.30	248.60	2.56	296.00	17210.00	21.84
7	新加坡	498.40	147.50	2.50	284.00	13578.00	13.49
8	中国台湾	469.40	56.10	3.68	119.00	6911.00	1.72
9	韩国	434.50	73.00	3.36	99.00	5795.00	1.68
10	巴西	81.90	16.30	3.02	19.00	876.00	0.52
11	智利	138.60	8.20	1.40	31.00	1411.00	1.28
12	墨西哥	92.20	9.80	2.61	31.00	1751.00	0.35
13	俄罗斯	174.90	5.00	5.12	24.00	1101.00	0.48
14	波兰	169.00	6.50	3.68	40.00	1796.00	1.45
15	匈牙利	262.20	49.40	2.66	68.00	3067.00	3.09
16	马来西亚	195.50	88.40	4.19	53.00	2734.00	1.25
17	泰国	78.60	27.80	4.95	22.00	1662.00	0.11
18	印度	13.60	0.30	6.28	2.00	101.00	0.01
19	法国	559.10	42.90	1.27	201.00	11702.00	4.76
20	英国	521.10	122.50	0.98	248.00	14461.00	11.91

11. 例8.5.1利用聚类分析法综合评价31个地区的城镇人均消费支出情况，现在请用主成分分析法给出31个地区的城镇人均消费支出情况的综合评价.

12. 例8.7.1利用因子分析法综合评价16家上市公司的盈利情况，现在请用主成分分析法给出这16家公司盈利情况的综合评价.

13. 城市生态环境化是城市发展的必然趋势，表现为社会、经济、环境与生态全方位的现代化水平，一个符合生态规律的生态城市应该是结构合理、功能高效和城市生态协调的城市生态系统. 因此，对城市的生态环境水平调查评价很有必要. 根据下表中的数据，(1)对样本数据做聚类分析；(2)应用主成分分析的方法，评价以下十个城市的生态环境状况并排序；(3)应用因子分析的方法，综合评价以下10个城市的生态环境状况并排序.

一级指标	结构			功能			协调度		
二级指标	人口结构	基础设施	地理结构	城市绿化	物质还原	资源配置	生产效率	城市文明	可持续性
无锡	0.7883	0.7663	0.4745	0.8246	0.8791	0.9538	0.8785	0.6305	0.8928
常州	0.7391	0.7287	0.5126	0.7603	0.8736	0.9257	0.8542	0.6187	0.7831
镇江	0.8111	0.7629	0.8810	0.6888	0.8183	0.9285	0.8537	0.6313	0.5608
张家港	0.6587	0.8552	0.8903	0.8977	0.9446	0.9434	0.9027	0.7415	0.8419
连云港	0.6543	0.7564	0.8288	0.7926	0.9202	0.9154	0.8729	0.6398	0.8464
扬州	0.8259	0.7455	0.7850	0.7856	0.9263	0.8871	0.8485	0.6142	0.7616
泰州	0.8486	0.7800	0.8032	0.6509	0.9185	0.9357	0.8473	0.5734	0.8234
徐州	0.6834	0.9490	0.8862	0.8902	0.9505	0.8760	0.9044	0.8980	0.6384
南京	0.8495	0.8918	0.3987	0.6799	0.8620	0.9575	0.8866	0.6186	0.9604
苏州	0.7846	0.8954	0.3970	0.9877	0.8873	0.9741	0.9035	0.7382	0.8514

14. 下表资料为 25 名健康人的 7 项生化检验结果 $X_1 \sim X_7$，请对该资料数据进行因子分析.

X_1	X_2	X_3	X_4	X_5	X_6	X_7
3.76	3.66	0.54	5.28	9.77	13.74	4.78
8.59	4.99	1.34	10.02	7.5	10.16	2.13
6.22	6.14	4.52	9.84	2.17	2.73	1.09
7.57	7.28	7.07	12.66	1.79	2.10	0.82
9.03	7.08	2.59	11.76	4.54	6.22	1.28
5.51	3.98	1.30	6.92	5.33	7.30	2.40
3.27	0.62	0.44	3.36	7.63	8.84	8.39
8.74	7.00	3.31	11.68	3.53	4.76	1.12
9.64	9.49	1.03	13.57	13.13	18.52	2.35
9.73	1.33	1.00	9.87	9.87	11.06	3.70
8.59	2.98	1.17	9.17	7.85	9.91	2.62
7.12	5.49	3.68	9.72	2.64	3.43	1.19
4.69	3.01	2.17	5.98	2.76	3.55	2.01
5.51	1.34	1.27	5.81	4.57	5.38	3.43
1.66	1.61	1.57	2.80	1.78	2.09	3.72
5.90	5.76	1.55	8.84	5.40	7.50	1.97

续表

X_1	X_2	X_3	X_4	X_5	X_6	X_7
9.84	9.27	1.51	13.60	9.02	12.67	1.75
8.39	4.92	2.54	10.05	3.96	5.24	1.43
4.94	4.38	1.03	6.68	6.49	9.06	2.81
7.23	2.30	1.77	7.79	4.39	5.37	2.27
9.46	7.31	1.04	12.00	11.58	16.18	2.42
9.55	5.35	4.25	11.74	2.77	3.51	1.05
4.94	4.52	4.50	8.07	1.79	2.10	1.29
8.21	3.08	2.42	9.10	3.75	4.66	1.72
9.41	6.44	5.11	12.50	2.45	3.10	0.91

第9章 其他模型

前述各章介绍了几种常见的数学模型,本章将介绍另外一些虽不常见但也非常重要的数学模型.

9.1 神经网络模型

人工神经网络是在现代神经科学的基础上提出和发展起来的,通过模拟人脑神经元网络进行信息处理,建立某种简单模型,按不同的连接方式组成不同的网络,简称为神经网络.

神经网络是一种运算模型,由大量的节点(或称神经元)相互连接构成.每个节点代表一种特定的输出函数,称为激活函数.每两个节点间的连接都代表一个通过该连接信号的加权值,称之为权重,这相当于神经网络的记忆.网络的输出依照网络的连接方式、权重值和激活函数的不同而不同.网络自身通常都是对自然界某种算法或者函数的逼近,也可能是对一种逻辑策略的表达.

神经网络的研究已经取得了重大进展,在模式识别、图像处理、自动控制、组合优化、预测估计、智能机器人以及专家系统等领域得到了广泛的应用,在数学建模中常用于解决函数逼近、优化、聚类、分类、预测等问题.

1. 人工神经元模型

神经网络是由大量处理单元经广泛互连而组成的人工网络,用来模拟脑神经系统的结构和功能.这些处理单元称作人工神经元.1943 年,麦卡洛克(McCulloch)和皮茨(Pitts)模拟生物神经元提出了第一个人工神经元的抽象数学模型,称为 M-P 模型,即:

$$y = \text{sgn}(\sum_{i=1}^{n} w_i x_i - \theta)$$

其原理可以用图 9.1.1 表示.

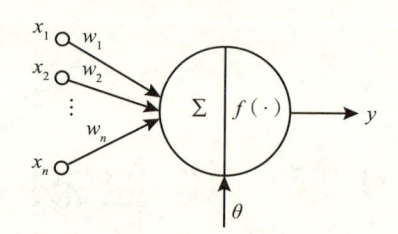

图 9.1.1 人工神经元模型

其中 $X = [x_1, x_2, \cdots, x_n]$ 表示一组输入信号，$W = [w_1, w_2, \cdots, w_n]$ 表示一组连接权值，θ 是阈值，$\text{sgn}(\cdot)$ 是符号函数（也称为激活函数或传递函数），$\text{sgn}(x) = \begin{cases} 1, & x > 0 \\ -1, & x \leq 0 \end{cases}$，$y$ 表示输出.

把阈值 θ 对应为带有权 $w_0 = -\theta$ 的常输入 $x_0 = 1$，这样 M - P 模型可改写为

$$y = \text{sgn}\left(\sum_{i=0}^{n} w_i x_i\right)$$

M - P 模型是一种简化的模拟神经元，选择不同的激活函数，就可以得到 M - P 神经元模型的推广形式.

2. 常用的激活函数

激活函数 $y = f(x)$ 的选择是构建神经网络过程的重要环节，常用的激活函数有以下几种.

（1）线性函数：

$$f(x) = k \times x + c$$

（2）斜面函数：

$$f(x) = \begin{cases} T, & x > c \\ k \times x, & |x| \leq c \\ -T, & x < -c \end{cases}$$

（3）阈值函数：

$$f(x) = \begin{cases} 1, & x \geq c \\ 0, & x < c \end{cases}$$

（4）S 形函数：

$$f(x) = \frac{1}{1 + e^{-\alpha x}} \quad (0 < f(x) < 1)$$

其导函数为

$$f'(x) = \frac{\alpha e^{-\alpha x}}{(1 + e^{-\alpha x})^2} = \alpha f(x)[1 - f(x)]$$

（5）双极 S 形函数：

$$f(x) = \frac{2}{1 + e^{-\alpha x}} - 1 \quad (-1 < f(x) < 1)$$

其导函数为
$$f'(x) = \frac{2\alpha e^{-\alpha x}}{(1+e^{-\alpha x})^2} = \frac{\alpha[1-f(x)^2]}{2}$$

其中前面三个激活函数都属于线性函数，后面两个激活函数属于非线性函数．双极 S 形函数与 S 形函数主要区别在于函数的值域，双极 S 形函数值域是 $(-1,1)$，而 S 形函数值域是 $(0,1)$．

3. 人工神经网络模型

神经网络可看成是以人工神经元为节点，用有向加权弧连接起来的有向图．在此有向图中，人工神经元就是对生物神经元的模拟，它从其他神经元接收输入，并经过激活函数计算出本单元的输出；有向弧是轴突—突触—树突对的模拟，代表从输出信号的神经元指向接收信号的神经元；有向弧的权值表示相互连接的两个人工神经元间相互作用的强弱．根据网络中神经元的互联方式不同，神经网络可分为前馈神经网络和反馈神经网络两大类．

（1）前馈神经网络．

各神经元接受前一层的输入，并输出给下一层，不存在输出与输入之间的反馈连接．感知机和 BP 神经网络都是前馈神经网络．图 9.1.2 是一个三层的前馈神经网络，输入层有两个输入单元，输出层有一个输出单元，中间是隐含层．

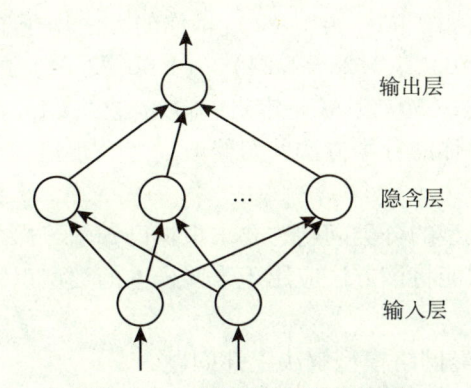

图 9.1.2　前馈神经网络示意图

（2）反馈神经网络．

反馈神经网络从输出到输入具有反馈连接，如图 9.1.3 所示．典型的反馈神经网络有 Elman 网络和 Hopfield 网络．

人工神经网络的工作过程主要分为两个阶段：第一个阶段是学习状态，利用学习算法调节神经元之间的连接权，使得网络输出更符合实际；第二阶段是工作状态，此时神经元间的连接权不变，神经网络作为分类器、预测器等使用．

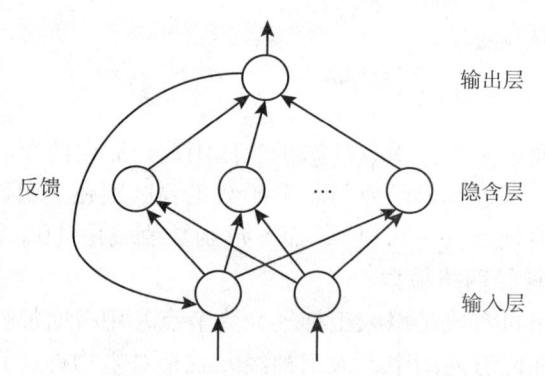

图 9.1.3 反馈神经网络示意图

4. 蠓的分类问题

问题陈述：

两种类型的蠓 Af 和 Apf 可以根据它们的触角长度和翼长加以区分．已知 9 只 Af 蠓和 6 只 Apf 蠓的数据：Af：(1.24，1.27)，(1.36，1.74)，(1.38，1.64)，(1.38，1.82)，(1.38，1.90)，(1.40，1.70)，(1.48，1.82)，(1.54，1.82)，(1.56，2.08)；Apf：(1.14，1.82)，(1.18，1.96)，(1.20，1.86)，(1.26，2.00)，(1.28，2.00)，(1.30，1.96)．

问题：（1）根据给定的数据，对于给定的一只 Af 或者 Apf 蠓，如何正确区分它属于哪一类？（2）将你的方法用于触角长和翼长分别为 (1.24，1.80)，(1.28，1.84)，(1.40，2.04) 的三个标本，识别出它们的种类．（3）设 Af 是宝贵的传粉益虫，Apf 是某种疾病的载体，是否该修改你的分类方法？若修改，怎么改？

问题分析：

这是一个典型的分类问题，要求根据已知学习样本找出一种合理的分类方法，并能将该方法应用于未知样本的类型识别．

模型建立：

采用 BP 神经网络模型解决上述问题．

BP 网络采用三层结构，如图 9.1.4 所示．输入层包含两个输入单元，分别对应于触角长和翼长．隐含层由三个神经元构成，彼此不连接．输出层包含两个神经元，用来输出输入数据对应的分类信息．

令 s 表示已知 15 只蠓的编号，$s=1,2,\cdots,15$；$x_i^s(i=1,2)$ 对应于编号为 s 的样本的输入数据，其中 x_1^s 为触角长，x_2^s 为翼长；$h0_j^s$ 和 $h_j^s(j=1,2,3)$ 表示隐含单元输入状态和输出状态；$\theta 1_j$ 表示隐含单元阈值；$y0_k^s$ 和 $y_k^s(j=1,2)$ 表示输出单元的接收数据和最终的输出数据；$\theta 2_k$ 表示输出单元阈值；$w1_{ij}$ 表示输入层到隐含层的权值；$w2_{jk}$ 表示隐含层到输出层的权值．

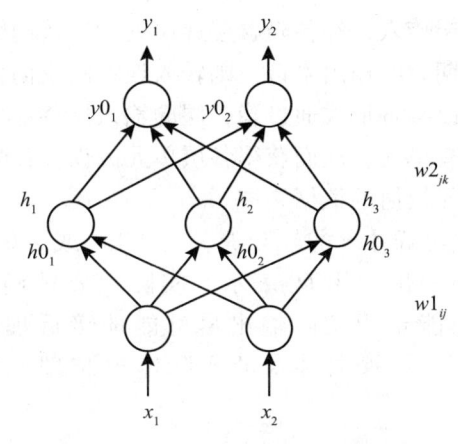

图 9.1.4 BP 神经网络拓扑结构

隐含单元的输入是

$$h0_j^s = \sum_{i=1}^{2} w1_{ij} x_i^s$$

隐含单元的输出状态是

$$h_j^s = f(h0_j^s - \theta1_j) = f(\sum_{i=1}^{2} w1_{ij} x_i^s - \theta1_j)$$

其中函数 $f(\cdot)$ 是激活函数,采用 S 形函数,即

$$f(x) = \frac{1}{1 + e^{-\alpha x}}$$

输出单元接收到的数据是

$$y0_k^s = \sum_{j=1}^{3} w2_{jk} h_j^s$$

输出单元的最终输出是

$$y_k^s = f(y0_k^s - \theta2_k) = f(\sum_{j=1}^{3} w2_{jk} h_j^s - \theta2_k)$$
$$= f(\sum_{j=1}^{3} w2_{jk} f(\sum_{i=1}^{2} w1_{ij} x_i^s - \theta1_j) - \theta2_k)$$

这就是最终建立的分类模型。如果我们能够选定一组适当的权值 $\{w1_{ij}, w2_{jk}\}$,使得对应于学习样本中任何一组输入 (x_1^s, x_2^s),能得到输出 (y_1^s, y_2^s)((1, 0) 表示 Af, (0, 1) 表示 Apf),那么蠓虫分类问题就解决了。而对于任何一个未知类别的数据,只要将其触角长及翼长输入网络,根据输出靠近 (1, 0) 或 (0, 1),就能判断其归属。

算法设计:

BP 网络的学习算法就是 BP 算法。BP 算法的基本思想是学习过程由信号的正向传播与误差的反向传播两个过程组成。正向传播时,输入样本从输入层传入,经各隐含层逐层处理后传向输出层.若输出层的实际输出与期望的输出不符,则转入误差的反向传播阶段.反向传播时,将输出以某种形式通过隐含层向输入层逐层反传,并将误差分摊给各层的所有单元,从而获得各层单元的误差信号,此误差信号即作为修正各单元权值的依据.

我们希望学习样本 s 的输出是 (1, 0) 或 (0, 1),这样的输出称之为理想输出,用 O_j^s 表示.实际上要精确地做到这一点是不可能的,只能希望实际输出尽可能地接近理想输出.在一组给定的权值下,一个样本 s 的实际输出与理想输出的差异表示为

$$E_s(W) = \frac{1}{2}\sum_{j=1}^{2}(O_j^s - y_j^s)^2$$

因此,需要寻找一组恰当的权值 W,使所有样本的 $E(W)$ 之和达到极小.

$$E(W) = \sum_{s=1}^{15}E_s(W) = \frac{1}{2}\sum_{s=1}^{15}\sum_{j=1}^{2}(O_j^s - y_j^s)^2$$

为了求得其极小点与极小值,最为方便的就是使用梯度下降法.梯度下降法是一种迭代算法,为求出 $E(W)$ 的(局部)极小,从一个任取的初始点 W_0 出发,计算在 W_0 点的负梯度方向 $-\nabla E(W_0)$,这是函数在该点下降最快的方向;只要 $\nabla E(W_0) \neq 0$,就可沿该方向移动一小段距离,达到一个新的点 $W_1 = W_0 - \eta \nabla E(W_0)$,$\eta$ 是一个参数,反映了学习效率,只要 η 足够小,定能保证 $E(W_1) < E(W_0)$.不断重复这一过程,最终达到 E 的一个(局部)极小点.

对权 w_{ij} 和 w_{jk},梯度下降法的修正量分别是

$$\Delta w_{ij} = -\eta \frac{\partial E}{\partial w_{ij}}$$

$$\Delta w_{jk} = -\eta \frac{\partial E}{\partial w_{jk}}$$

这就是神经网络的学习过程,根据学习样本提供的信息,通过迭代算法不断调整单元与单元之间权值,最终完成网络的训练.

模型求解:

以题目给出的 15 条数据作为训练数据,利用 MATLAB 软件进行求解.

程序:

```
% 输入训练数据
input1 =[1.24,1.27;1.36,1.74;1.38,1.64;1.38,1.82;
1.38,1.90;1.40,1.70;1.48,1.82;1.54,1.82;1.56,2.08];
input2 =[1.14,1.82;1.18,1.96;1.20,1.86;1.26,2.00;
```

```
1.28,2.00;1.30,1.96];
input =[input1;input2]';
% 构造输出矩阵
output =[ones(1,9),zeros(1,6);zeros(1,9),ones(1,6)];
plot(input1(:,1),input1(:,2),'s',input2(:,1),input2(:,2),'o')
% 创建神经网络
net = newff(minmax(input),[3,2],{'logsig','logsig'});
% 设置训练参数
net.trainParam.show =10;
net.trainParam.lr =0.01;
net.trainParam.goal =1e-5;
net.trainParam.epochs =100;
% 训练神经网络
net = train(net,input,output);
% 获取输入层到隐含层权重
w1 = net.iw{1,1};
% 获取隐含层阈值
theta1 = net.b{1};
% 获取隐含层到输出层权重
w2 = net.lw{2,1};
% 获取输出层阈值
theta2 = net.b{2};
% 输入测试数据
x =[1.24,1.80;1.28,1.84;1.40,2.04]';
% 仿真
y = sim(net,x);
```

结果：

首先，图9.1.5是题目给出的15只蠓的分类结果．

其次，获得输入层到隐含层的权重如表9.1.1所示；隐含层到输出层的权重如表9.1.2所示；隐含单元的阈值分别为 −12.36、−69.20、−25.32；输出单元的阈值分别为 −67.59、4.70．

图 9.1.5　15 只蠓的分类结果

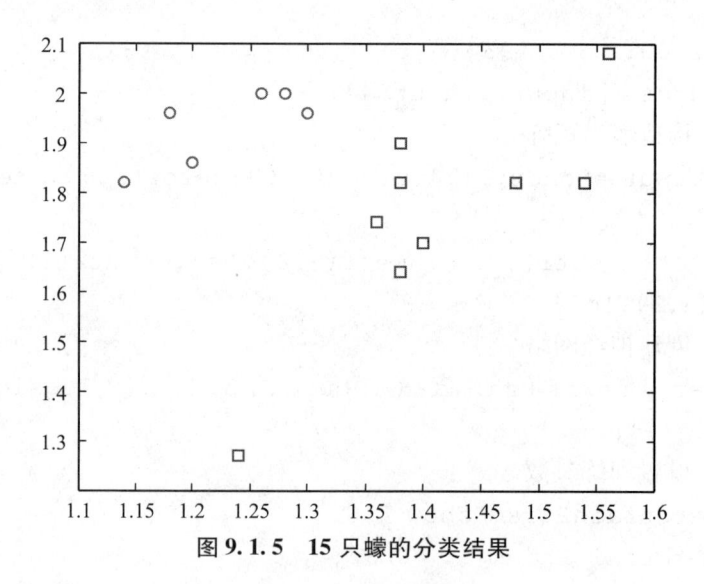

表 9.1.1　　　　　　　　输入层到隐含层的权重

$w1_{11}$	$w1_{12}$	$w1_{13}$	$w1_{21}$	$w1_{22}$	$w1_{23}$
24.53	116.98	19.04	1.16	-45.99	14.16

表 9.1.2　　　　　　　　隐含层到输出层的权重

$w2_{11}$	$w2_{12}$	$w2_{21}$	$w2_{22}$	$w2_{31}$	$w2_{32}$
-64.42	20.66	196.70	-39.18	-55.38	6.08

最后，给出了三个标本的种类识别结果为 (0，1)、(0，1)、(0，0.99)，该结果说明，这个标本都是 Apf 类型.

注：由于初始权重和阈值是随机获取的，所以每次运行结果会有所不同.

模型分析：

上述程序训练 27 次就达到收敛，训练曲线如图 9.1.6 所示，训练状况如图 9.1.7 所示.

实验时，调整隐含层神经元的个数，选择不同的激活函数，设置不同的学习率等，都会影响神经网络的性能.

BP 算法对人工神经网络的发展起到了推动作用，但是这一算法仍有很多问题. 算法收敛速度很慢. 如果涉及非线性函数的优化，那么算法所求得的解将依赖于初值的选取. 为克服这一缺陷，可以从多个随机选定的初值点出发，进行多次计算，或者采用模拟退火算法等进行改进，但是都不可避免地加大了工作量.

图 9.1.6　神经网络训练曲线

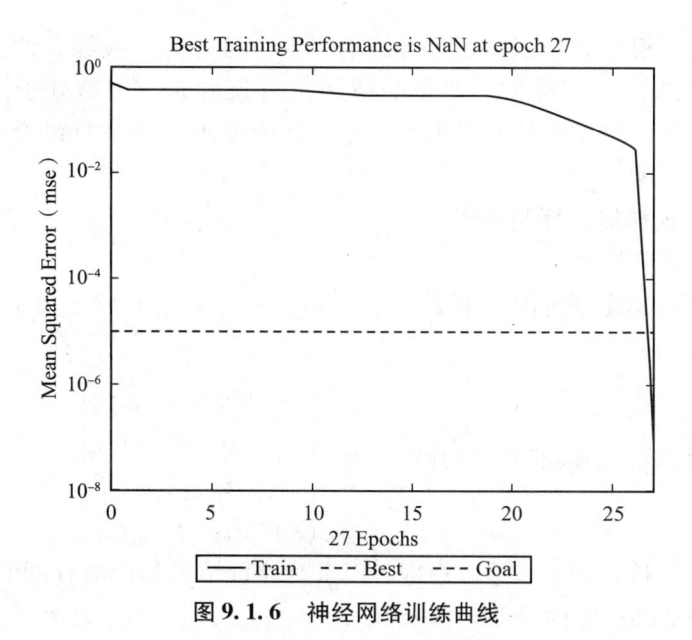

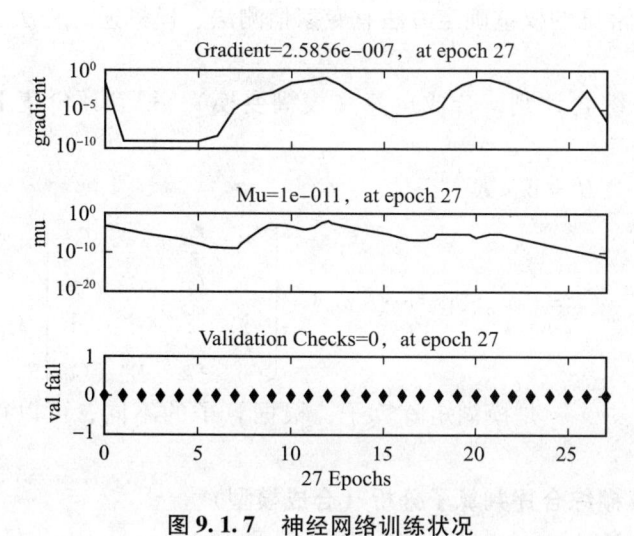

图 9.1.7　神经网络训练状况

9.2　模糊综合评判

1. 模糊综合评判的原理

模糊数学是运用数学方法研究和处理模糊性现象的一门数学分支,模糊综合评价是模糊数学的一个重要应用.要对复杂的事务或系统进行评价,通常要综合考虑多种因素的影响.评价的对象往往受各种不确定性因素影响而具有模糊性.模糊综合评判就是在模糊环境下,考虑了多种因素的影响,为了某种目的对一事物作出综合决策的方法. 根据影响因素划分等级的多少, 可分为一级综合评判模型和多级综合评判模型. 当影响待评价对象的 n 个因素处于同一层次, 称为一级综合评判模型. 受限于篇幅要求, 本书只讨论一级综合评判模型.

2. 模糊综合评判步骤

具体步骤为:

（1）确定评价因素集 $U = \{\mu_1, \mu_2, \cdots, \mu_n\}$ 和评语集 $V = \{\nu_1, \nu_2, \cdots, \nu_m\}$.

（2）得到模糊综合评判矩阵 $R = \begin{bmatrix} r_{11} & r_{12} & \cdots & r_{1m} \\ r_{21} & r_{22} & \cdots & r_{2m} \\ \vdots & \vdots & \vdots & \vdots \\ r_{n1} & r_{n2} & \cdots & r_{nm} \end{bmatrix}$.

（3）确定因素权重. 根据各因素对评价结果的影响程度的大小, 确定合适的权重向量 $W = \{\omega_1, \omega_2, \cdots, \omega_n\}$, 其中 ω_i 表示因素 μ_i 所占权重. 常见的权重确定方法有专家估测法、模糊逆方程法、层次分析法等.

（4）综合评判, 合成运算（模糊变换）, 得到评价集上的模糊子集

$$B = W \circ R$$

$$= (\omega_1, \omega_2, \cdots, \omega_n) \circ \begin{bmatrix} r_{11} & r_{12} & \cdots & r_{1m} \\ r_{21} & r_{22} & \cdots & r_{2m} \\ \vdots & \vdots & \vdots & \vdots \\ r_{n1} & r_{n2} & \cdots & r_{nm} \end{bmatrix}$$

其中"$\circ$"是模糊矩阵算子, 根据算子的不同, 可以得到不同的模型.

3. 模糊综合评判算子分析（合成模型）

（1）$M(\vee, \wedge)$ 型, 主因素决定型:

$$b_j = \bigvee_{i=1}^{n} (\omega_i \wedge r_{ij}), \ j = 1, 2, \cdots, m$$

（2）$M(\vee, \wedge)$ 型, 主因素突出型:

$$b_j = \bigvee_{i=1}^{n} (\omega_i r_{ij}), \ j = 1, 2, \cdots, m$$

（3）$M(\oplus, \wedge)$ 型, 主因素突出型:

$$b_j = \bigoplus_{i=1}^{n} (\omega_i \wedge r_{ij}) = \min\{1, \sum_{i=1}^{n} (\omega_i \wedge r_{ij})\}, j = 1, 2, \cdots, m$$

（4）$M(+, \wedge)$ 型, 加权平均模型:

$$b_j = \sum_{i=1}^{n} (\omega_i r_{ij}), \ j = 1, 2, \cdots, m$$

例 9.2.1 教师教学水平的综合评价.

问题提出：

教师教学水平的评价受多种因素影响，可以从授课内容、授课清晰、课堂气氛、板书整洁、作业和答疑五个方面来考察. 假设某位老师这五个方面所占的权重分别为 0.55、0.25、0.1、0.05、0.05. 试据此评价其教学水平.

问题分析：

教师教学水平的评价受多种因素的影响，由于受到主观性、群体性等因素的影响，使得具有模糊性，利用模糊评判方法比较合理.

模型建立及求解：

建立影响教学水平评价的因素集

$$U = \{\mu_1, \mu_2, \mu_3, \mu_4, \mu_5, \mu_6\}$$

其中 μ_1 为授课内容，μ_2 为授课清晰，μ_3 为课堂气氛，μ_4 为板书整洁，μ_5 为作业和答疑.

假设评价等级分为 4 级，建立评价集

$$V = \{v_1, v_2, v_3, v_4\} = \{很好，好，一般，差\}$$

建立权重向量

$$W = (\omega_1, \omega_2, \omega_3, \omega_4, \omega_5) = (0.55, 0.25, 0.1, 0.05, 0.05)$$

假设对该老师的综合评价矩阵为

$$R = \begin{bmatrix} 0.85 & 0.45 & 0.1 & 0.05 \\ 0.65 & 0.7 & 0.5 & 0.1 \\ 0.5 & 0.3 & 0.1 & 0 \\ 0.2 & 0.6 & 0.1 & 0 \\ 0.8 & 0.35 & 0 & 0 \end{bmatrix}$$

则评价结果为 $B = W \circ R$，如果采用 $M(\vee, \wedge)$ 算子，其结果为

$$B = W \circ R = (0.55, 0.45, 0.25, 0.1)$$

归一化处理，得

$$B' = (0.41, 0.33, 0.19, 0.07)$$

9.3 灰色系统预测

1. 灰色系统

为研究客观世界的各种系统，人们常用颜色的深浅来形容信息的明确程度，信息完全未知的系统称为黑色系统，信息完全明确的系统称为白色系统，部分信息明确、部分信息不明确的系统称为灰色系统 (grey system). 灰色系统理论是一种以"部分信息已知，部分信息未知"的"小数据""贫信息"为研究对象的新方法，它运用灰色系统

方法和模型技术，通过对"部分"已知信息的生成，开发和挖掘系统的规律，实现对系统的预测。现在已经广泛应用于社会、经济、生态等许多领域。

灰色系统与模糊数学都是常用的不确定性系统研究方法。模糊数学着重研究"认知不确定"现象，研究对象的特点是"内涵明确，外延不明确"，灰色系统的特点是"小数据建模"，研究对象的特点是"外延明确，内涵不确定"。

2. 灰色序列算子

在研究客观问题时，由于系统的复杂性和认知水平的水平等因素，往往得到的数据复杂凌乱、不准确或者部分信息丢失。对于这些数据可以运用序列算子进行处理。系统序列算子通过对原始数据的处理，挖掘其变化规律，可弱化数据的不确定性。通过构造新数据、填补序列缺失数据、生成新序列等方法对原始序列预处理，使之达到所应用模型的要求。下面是常用的序列算子。

（1）平均弱化缓冲算子（AWBO）。

设原始数列为 $X = [x(1), x(2), \cdots, x(n)]$，$D$ 为序列算子，令
$$XD = [x(1)d, x(2)d, \cdots, x(n)d]$$

其中
$$x(k)d = \frac{1}{n-k+1}[x(k) + x(k+1) + \cdots + x(n)], \quad k = 1, 2, \cdots, n$$

则称 D 为平均弱化缓冲算子。

如果对序列运用两次弱化算子，可以得到二阶弱化算子
$$XD^2 = XDD = [x(1)d^2, x(2)d^2, \cdots, x(n)d^2]$$

其中
$$x(k)d^2 = \frac{1}{n-k+1}[x(k)d + x(k+1)d + \cdots + x(n)d],$$
$$k = 1, 2, \cdots, n$$

（2）累加生成算子（AGO）。

设原始序列为 $X^{(0)} = [x^{(0)}(1), x^{(0)}(2), \cdots, x^{(0)}(n)]$，$D$ 为序列算子，令
$$X^{(0)}D = [x^{(0)}(1)d, x^{(0)}(2)d, \cdots, x^{(0)}(n)d]$$

其中
$$x^{(0)}(k)d = \sum_{i=1}^{k} x^{(0)}(i), \quad k = 1, 2, \cdots, n$$

则称 D 为 $X^{(0)}$ 的一次累加生成算子，记为 $1-AGO$。

（3）累减生成（IAGO）。

设原始序列为 $X^{(0)} = (x^{(0)}(1), x^{(0)}(2), \cdots, x^{(0)}(n))$，$D$ 为序列算子，令

$$X^{(0)}D = [x^{(0)}(1)d, x^{(0)}(2)d, \cdots, x^{(0)}(n)d]$$

其中

$$x^{(0)}(k)d = x^{(0)}(k) - x^{(0)}(k-1), \quad k = 1, 2, \cdots, n$$

则称 D 为 $X^{(0)}$ 的一次累减生成算子,记为 $1-IAGO$.

显然,累加生成算子和累减生成算子是互逆的过程.

(4) 紧邻均值生成算子.

设原始序列为 $X = (x(1), x(2), \cdots, x(n))$,序列算子 D 定义为

$$x(k)d = x^*(k) = 0.5x(k) + 0.5x(k-1)$$

则称 D 为紧邻均值生成算子.

将紧邻均值生成算子作用于原始序列可以生成紧邻均值生成序列

$$Z = [z(2), z(3), \cdots, z(n)]$$

3. GM 灰色模型

GM 模型是灰色预测理论的基本模型,尤其是 GM(1, 1) 模型应用比较广泛. 常用的 GM(1, 1) 模型包括均值 GM(1, 1) 模型、原始差分 GM(1, 1) 模型、均值差分 GM(1, 1) 模型、离散 GM(1, 1) 模型等,此处仅介绍 GM(1, 1) 模型.

设原始序列为

$$X^{(0)} = (x^{(0)}(1), x^{(0)}(2), \cdots, x^{(0)}(n)),$$
$$x^{(0)}(k) \geq 0, \quad k = 1, 2, \cdots, n$$

序列 $X^{(0)}$ 的 $1-AGO$ 序列为

$$X^{(1)} = (x^{(1)}(1), x^{(1)}(2), \cdots, x^{(1)}(n))$$

$X^{(1)}$ 的紧邻均值生成序列为

$$Z^{(1)} = (z^{(1)}(1), z^{(1)}(2), \cdots, z^{(1)}(n))$$

GM(1, 1) 模型的均值形式为

$$x^{(0)}(k) + az^{(1)}(k) = b$$

参数向量 $\hat{a} = [a, b]^T$ 可利用最小二乘法进行估计 $\hat{a} = [a, b]^T = (B^T B)^{-1} B^T Y$,其中

$$Y = \begin{bmatrix} x^{(0)}(2) \\ x^{(0)}(3) \\ \vdots \\ x^{(0)}(n) \end{bmatrix}, \quad B = \begin{bmatrix} -x^{(1)}(2) & 1 \\ -x^{(1)}(3) & 1 \\ \vdots & \vdots \\ -x^{(1)}(n) & 1 \end{bmatrix}$$

$$\frac{dx^{(1)}}{dt} + ax^{(1)} = b$$

为 $x^{(0)}(k) + az^{(1)}(k) = b$ 的白化微分方程.

按照最小二乘法估计参数向量 $\hat{a} = [a, b]^T$,借助白化微分方程的解构造 GM(1, 1) 时间响应式的差分、微分混合模型称为均值 GM(1, 1) 模型 (EGM).

均值 GM(1，1) 模型的时间响应式为
$$\hat{x}^{(1)}(k) = \left(x^{(0)}(1) - \frac{b}{a}\right)e^{-a(k-1)} + \frac{b}{a}, \quad k = 1, 2, \cdots, n$$

4. 灰色预测

灰色系统预测方法是通过原始数据的处理和灰色模型的建立，挖掘、发现、掌握系统演变的规律，对系统的未来转台作出科学的定量预测．灰色系统预测已经广泛应用于社会预测、人口预测、经济预测、气象预测等各个场景．从预测结果的形式可以分为数列预测、区间预测、灾变预测、波形预测等形式．灰色系统预测的基本步骤如下：

（1）数据的预处理，运用灰色序列算子，对原始数据进行预处理．

（2）模型的建立，根据要求选择合适模型．

（3）模型检验，灰色预测检验有残差检验、关联度检验、后验差检验等．

（4）模型预测，模型经过检验后可以对后续序列进行预测．

例 9.3.1 企业总产值预测．

问题陈述：

山东省某乡镇 2015～2018 年企业总产值分别为 10150、12590、23481、35391（单位：万元）．根据此数据对 2019～2023 年企业总产值进行预测．

模型建立及求解：

建立总产值原始序列为
$$X^{(0)} = (x^{(0)}(1), x^{(0)}(2), x^{(0)}(3), x^{(0)}(4))$$
$$= (10150, 12590, 23481, 35391)$$

对 $X^{(0)}$ 序列运用二阶弱化算子 D^2，得
$$X^{(0)}D^2 = (27263, 29549, 32414, 35391)$$
$$= X = (x(1), x(2), x(3), x(4))$$

序列 X 的 1 - AGO 生成序列为
$$X^{(1)} = (x^1(1), x^1(2), x^1(3), x^1(4))$$
$$= (27263, 56812, 89226, 124617)$$

1 - AGO 生成序列的紧邻均值生成序列为
$$Z = (z(2), z(3), z(4)) = (42037.5, 73019., 106921.5)$$

按最小二乘法求得参数的估计值：
$$a = -0.090003 \quad b = 25791.793098$$

模拟值与模拟误差：

序号	实际数据	模拟数据	残差	相对模拟误差
2	29549.000000	29555.631737	−6.631737	0.022443%
3	32414.000000	32339.099700	74.900300	0.231074%
4	35391.000000	35384.707005	6.292995	0.017781%

计算平均模拟相对误差为 0.090433%，精度为一级．

未来 5 年的预测值为

$$\hat{X}^{(0)} = (\hat{x}^{(0)}(5), \hat{x}^{(0)}(6), \hat{x}^{(0)}(7), \hat{x}^{(0)}(8), \hat{x}^{(0)}(9))$$
$$= (38717.141216 \quad 42363.414899 \quad 46353.084590$$
$$\quad 50718.490380 \quad 55495.018060)$$

本章习题

1. 样本数据如下表所示，请利用三层 BP 神经网络完成非线性函数的逼近，要求隐含层由 5 个神经元构成．

输入	0	1	2	3	4	5	6	7	8	9	10
输出	0	1	2	3	4	3	2	1	2	3	4

2. 请利用三层 BP 神经网络及 sigmoid 函数，研究函数 $f(x) = \dfrac{1}{x}$ ($1 \leq x \leq 100$) 的逼近问题，并试着改变隐含层神经元的个数，研究它对逼近效果的影响．

3. 某城市 65 年间的人口数目如下表所示，请利用三层 BP 神经网络预测未来 5 年的人口数目．

54167	55196	56300	57482	58796	60266	61465
62828	64653	65994	67207	66207	65859	67295
69172	70499	72538	74542	76368	78534	80671
82992	85229	87177	89211	90859	92420	93717
94974	96259	97542	98705	100072	101654	103008
104357	105851	107507	109300	111026	112704	114333
115823	117171	118517	119850	121121	122389	123626
124761	125786	126743	127627	128453	129227	129988
130756	131448	132129	132802	134480	135030	135770
136460	137510					

4. 对两家企业生产的某日用品的综合评定中，取 $U=\{$产品外形、产品质量、产品价格、售后服务$\}$，$V=\{$非常满意、满意、一般、不满意$\}$. 根据市场调查得到两家企业的产品因素评价矩阵分别为

$$R_1 = \begin{bmatrix} 0.42 & 0.58 & 0 & 0 \\ 0 & 0 & 0.26 & 0.74 \\ 0 & 0.11 & 0.26 & 0.63 \\ 1 & 0 & 0 & 0 \end{bmatrix}, \quad R_2 = \begin{bmatrix} 1 & 0 & 0 & 0 \\ 0.95 & 0.95 & 0 & 0 \\ 0 & 0 & 0 & 1 \\ 1 & 0 & 0 & 0 \end{bmatrix}$$

设权重向量 $W=(0.17,0.80,0.02,0.01)$，试对这两家企业的产品进行综合评价.

5. 某地区 2013~2018 年的粮食产量分别为 57.121，58.957，60.194，60.703，62.144，61.624. 试对该地区 2019~2022 年的粮食产量进行预测.

附录1　MATLAB 软件简介

MATLAB 是美国 MathWorks 公司推出的一套高效能的科学计算软件.

1980 年，美国新墨西哥州立大学计算机系主任克莱弗·莫勒（Clever Moler）为帮助学生解决线性代数课程中的矩阵计算问题，编写了 Matrix Laboratory（矩阵实验室），后简称为 MATLAB. 1984 年，MathWorks 公司成立，正式把 MATLAB 1.0 推向市场. 至 2016 年，MATLAB 的版本已升级到 9.1 版. 它将数值分析、矩阵计算、科学数据可视化以及非线性动态系统的建模和仿真等诸多强大功能集成在一个易于使用的视窗环境中，为科学研究、工程设计等众多科学领域提供了一种全面的解决方案，是当今世界上首屈一指的标准科学计算软件.

MATLAB 的基本数据单位是矩阵. MATLAB 可直接对矩阵进行操作，而且指令表达式与数学、工程中常用的形式十分相似，故用 MATLAB 来计算问题要比用 C、FORTRAN 等语言完成相同的事情简捷得多.

MATLAB 功能强大，并为用户提供了许多方便实用的工具箱，可以进行矩阵运算、绘制函数和数据、实现算法、创建用户界面、连接其他编程语言的程序等，主要应用于工程计算、控制设计、信号处理与通信、图像处理、信号检测、金融建模设计与分析等领域.

MATLAB 中的变量不需要事先定义. 变量名由字母、数字和下划线构成，并且必须以字母开头，最长为 31 个字符. MATLAB 区分大小写字母，变量 "A" 和 "a" 是两个完全不同的变量.

MATLAB 系统预定义的变量：

ans	缺省变量
pi	圆周率
Inf	无穷大
NaN	不定量，如 0/0
eps	计算机的最小正数 $2-52$
i,j	虚数单位
realmax	最大的正浮点数
realmin	最小的正浮点数

变量的操作：

```
clear       清除工作区中的所有变量
who         显示所有变量
whos        显示所有变量及其大小、占字节数和类型等信息
clc         清除命令窗口所有内容
save        保存整个工作空间或者其中的一部分变量
load        恢复 save 命令所保存的变量
```

操作符：

MATLAB 中包含算术运算、逻辑运算、关系运算、位运算及其他运算符.

MATLAB 定义了两种不同的算术运算：矩阵和阵列运算. 矩阵运算由线性代数规则来定义，阵列运算是元素对元素的运算，这两种运算用句点来区分. MATLAB 算术运算符包括：

+	加法	-	减法
*	乘法	.*	阵列乘法
/	除法	./	阵列除法
\	左除法	.\	阵列左除法
^	指数	.^	阵列指数
'	复共轭转置	.'	非共轭阵列转置
( )	指定运算顺序		

MATLAB 中的关系运算符包括：

<	小于	<=	小于等于
>	大于	>=	大于等于
==	等于	~=	不等于

关系运算符可完成两个阵列之间元素对元素的比较，其结果为相同维数的阵列. 关系成立时相应的元素为逻辑真（1），关系不成立相应的元素为逻辑假（0）.

MATLAB 还提供了三个逻辑操作符和一个逻辑操作函数：

&	逻辑与	~	逻辑非
|	逻辑或	xor	逻辑异或函数

逻辑操作的结果为逻辑量 0 和 1 构成的矩阵. 逻辑操作的优先级低于算数和关系操作符，逻辑操作中"~"优先级最高，"&"和"|"优先级相同.

函数：

从本质上，MATLAB 函数可分为以下三类：（1）MATLAB 的内部函数，这种函数是系统自带的函数.（2）MATLAB 系统附带的各种工具箱中的 M 文件所提供的大量实用函数. 使用这些函数时，需安装相应的工具箱函数.（3）用户自己定义的函数.

MATLAB 提供了许多数学函数，主要有：

abs(x)	绝对值	sqrt(x)	平方根
round(x)	四舍五入取整	rem(x,y)	余数
gcd(x,y)	最大公约数	lcm(x,y)	最小公倍数
max(x)	最大值	min(x)	最小值
sum(x)	求和	log10(x)	常用对数
log(x)	自然对数	exp(x)	自然指数
sign(x)	符号函数		

sin(x)、cos(x)、tan(x)、cot(x)、sec(x)、csc(x)　三角函数
asin(x)、acos(x)、atan(x)　反三角函数
sinh(x)、cosh(x)、tanh(x)、coth(x)　双曲函数

数据：

MATLAB 采用人们习惯使用的十进制数，并采用科学表示法表示特大数和特小数，用 format 函数可控制输出数据的显示格式．

矩阵的输入：

（1）输入元素列表．

矩阵行中的元素以空格或逗号间隔，行之间用分号或回车间隔，整个元素列表用方括号括起来．例如，

```
>>A=[1,2,3;2,3,1;3,1,2]    % 逗号可为空格
A =
     1     2     3
     2     3     1
     3     1     2
```

（2）利用 MATLAB 内部函数与工具箱函数产生矩阵．

eye(m,n)	产生 m×n 阶单位矩阵
zeros(m,n)	产生 m×n 阶全 0 矩阵
ones(m,n)	产生 m×n 阶全 1 矩阵
magic(n)	产生 n 阶魔方矩阵
rand(m,n)	产生[m,n]之间均匀分布的随机矩阵
randn(m,n)	产生均值为 0、方差为 1 的标准正态分布的随机矩阵
vander(v)	产生范德蒙德(Vandermonde)矩阵
diag(v)	产生对角矩阵

矩阵的操作：

（1）矩阵元素的读取．

矩阵中的元素可通过双下标或单下标来存取．如，

```
>>a=[1 2 3;10 20 30;4 5 6]
a =
     1     2     3
```

```
         10    20    30
          4     5     6
>>a(3,2)
ans =
     5
>>a(6)
ans =
     5
```

(2) 矩阵的转置.

利用转置运算符"'"和".'"可分别求矩阵的共轭转置和非共轭转置.

(3) 矩阵的扩大.

MATLAB 提供了三种方法来实现这一功能：连接操作符 [ ]、阵列连接函数 cat 和重复函数 repmat. 如,

```
>>a=[1 2;3 4]
a =
     1     2
     3     4
>>b=[a  a+3;a-3  zeros(size(a))]    %利用小矩阵 a 生成 4×4 的大矩阵
b =
     1     2     4     5
     3     4     6     7
    -2    -1     0     0
     0     1     0     0
>>b=[5 6;7 8];
>>c=cat(2,a,b)    %沿着第 2 维连接
c =
     1     2     5     6
     3     4     7     8
>>f=repmat(a,1,3)
f =
     1     2     1     2     1     2
     3     4     3     4     3     4
```

(4) 矩阵的缩小.

将大矩阵变成小矩阵的方法有两种：抽取法和删除法. 抽取法是指从大的矩阵中抽取其中的一部分，从而构成新的矩阵；删除法是在原来矩阵中，利用空矩阵 [ ] 删除指定的行或列. 如,

```
>>a=[1:4;5:8;9:12;13:16];
>>b=a(3:4,2:3)
b =
    10    11
    14    15
>>b(2,:)=[ ]
b =
    10    11
```

(5) 矩阵的变换.

rot90(a)　　　　　　　将矩阵 a 逆时针旋转 90 度
tril(a)　　　　　　　　提取矩阵下三角矩阵
triu(a)　　　　　　　　提取矩阵上三角矩阵
fliplr(a)　　　　　　　将矩阵 a 左右翻转
flipud(a)　　　　　　　将矩阵 a 上下翻转

(6) 矩阵的计算.

size(a)　　　　　　　　a 的大小
det(a)　　　　　　　　a 的行列式
rank(a)　　　　　　　　a 的秩
trace(a)　　　　　　　a 的迹
inv(a)　　　　　　　　a 的逆矩阵
pinv(a)　　　　　　　　a 的伪逆矩阵
rref(a)　　　　　　　　a 的行最简形矩阵
poly(a)　　　　　　　　a 的特征多项式
[vec,val]=eig(a)　　　a 的特征值和特征向量
otrh(a)　　　　　　　　a 的正交矩阵

绘图:

函数 plot 为最常用的二维图形绘图函数,使用格式为

plot(x,y,'s')　绘制以向量 x,y 的元素为横、纵坐标的曲线

plot(x,'s')　绘制以向量 x 的元素下标为横坐标、x 的元素为纵坐标的曲线

plot(x1,y1,'s1',x2,y2,'s2')　在一个坐标系中绘制多条曲线

以上命令中,s,s1,s2 为参数,可缺省,包括线型(如实线 -、虚线 --、点线 :、点划线 -·-)、颜色(如红色 r、绿色 g、黄色 y、蓝色 b)、标记符号(如点 .、星号 *、圆圈 o、加号 +)等.

MATLAB 还提供了二维图形绘制的相关函数,主要有:

subplot(m,n,p)　　　将图形窗口分割成 m×n 个窗格,设置第 p 个窗格为当前窗格

title('string')　　给当前坐标系图形加上标题
xlabel('string'),ylabel('string'),zlabel('string')　添加 x、y、z 轴的标记
legend('string1','string2')　在坐标区添加图例
text(x,y,'string')　在图形的 (x,y) 处添加说明
loglog(x,y)　　　在对数坐标系中绘制
semilogx(x,y),semilogy(x,y)　在半对数坐标系中绘制图形
polar(theta,r)　　绘制极坐标 r = r(theta) 的图像
ezplot　　无需数据准备，可用于绘制参数方程、隐函数图像
例如，在直角坐标系中绘制正弦和余弦函数的曲线.
程序：
```
>> x = 0:pi/20:2*pi;
>> y1 = sin(x);
>> y2 = cos(x);
>> plot(x,y1,x,y2)
>> title('y = sinx & y = cosx')
>> xlabel('x')
>> ylabel('y')
>> legend('y = sinx','y = cosx')
```
结果：

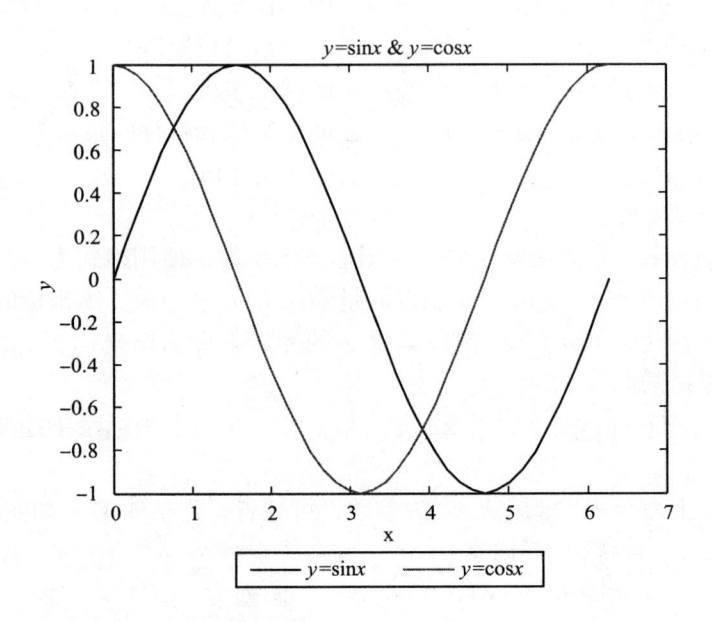

MATLAB 还提供了其他一些高级绘图函数，
plot3(x,y,z,'s')　　绘制以向量 x，y，z 的元素为横、

纵、竖坐标的三维曲线

　　[X,Y]=meshgrid(x,y)　　基于向量 x 和 y 中包含的坐标返回二维网格坐标（为绘制三维曲面所必需）

　　surf(X,Y,Z)　　绘制以矩阵 X，Y，Z 的元素为横、纵、竖坐标的三维曲面

　　mesh(X,Y,Z)　　绘制以矩阵 X，Y，Z 的元素为横、纵、竖坐标的三维网格曲面

bar	绘制条形图	pie	绘制饼图
stairs	绘制梯形图	hist	绘制柱状图
cylinder	绘制柱面图	sphere	绘制球形图
polyarea	绘制多边形	fill	填充二维多边形
area	二维图形填充区域	ellipsoid	绘制椭球体
contour	绘制矩阵的等高线	stem	绘制离散序列数据
plotmatrix	绘制矩阵的散布图	rose	绘制角度的柱状图
scatter	绘制散布图	ribbon	绘制带状图

例如，绘制马鞍面 $z = x^2 - y^2$ 的图像．

程序：

```
>>x = -4:0.1:4;
>>[X,Y]=meshgrid(x);
>>Z = X.^2 - Y.^2;
>>surf(X,Y,Z)
```

结果：

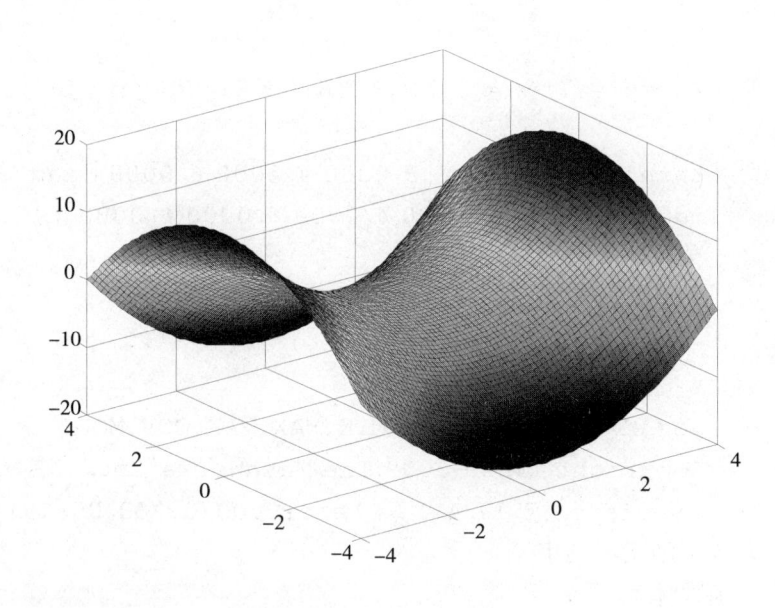

M 文件编程：

MATLAB 的 M 文件有两类：命令文件和函数文件．

打开 M 文件编辑器，将原本要在 MATLAB 环境下直接输入的语句，放在一个以".m"为后缀的文件中，这一文件就称为命令文件．在命令窗口中提示符">>"下键入命令文件的文件名，可运行命令文件；在 M 文件编辑窗口点击菜单或工具栏的运行按钮也可运行．

函数文件由五部分组成：函数定义行、H1 行、函数帮助文本、函数体、注释．

MATLAB 的内部函数是由函数文件定义的，如 mean 函数由函数文件 mean.m 如下定义：

```
function y = mean(x,dim)        % 函数定义行
% MEAN   Average or mean value.        % H1 行
% 函数帮助文本开始
%   For vectors,MEAN(X) is the mean value of the elements in X. For
%   matrices,MEAN(X) is a row vector containing the mean value of
%   each column. For N-D arrays,MEAN(X) is the mean value of the
%   elements along the first non-singleton dimension of X.
%
%   MEAN(X,DIM) takes the mean along the dimension DIM of X.
%
%   Example: If X = [1 2 3;3 3 6;4 6 8;4 7 7];
%
%   then mean(X,1) is [3.0000 4.5000 6.0000] and
%   mean(X,2) is [2.0000 4.0000 6.0000 6.0000].'
%
%   Class support for input X:
%      float:double,single
%
%   See also MEDIAN,STD,MIN,MAX,VAR,COV,MODE.
%   Copyright 1984-2009 The MathWorks,Inc.
%   $Revision:5.17.4.4 $ $Date:2009/09/03 05:19:02 $
% 函数帮助文本结束
% 函数体
if nargin == 1,
    % Determine which dimension SUM will use        % 注释
```

```
    dim = min(find(size(x) ~ =1));
    if isempty(dim),dim =1;end
    y = sum(x)/size(x,dim);
else
    y = sum(x,dim)/size(x,dim);
end
```

流程控制语句可改变程序执行的流程，MATLAB 的流程控制语句有以下四类：

(1) if, else, elseif, end 构成的条件语句.

```
if expression
statements
end


if expression1
   statements1
else
   statements2
end


   if expression1
      statements1
   elseif expression2
      statements2
   else
      statements3
   end
```

(2) switch, case, other, wise, end 构成的情况切换语句.

```
switch switch_expr
   case case_expr,
      statements1
   case {case_expr1,...}
      statements2
   ...
   otherwise,
      statements3
end
```

(3) for, end 构成不定次重复的循环语句.

```
for variable = expr
    statements
end
```

(4) while, end 构成指定次重复的循环语句.

```
while expression
    statements
end
```

例如，编写函数文件输出 m 和 $n(m<n)$ 之间的所有素数，统计素数的个数，并令 $m=2$，$n=100$，编写命令调用函数.

先编写函数文件 pprime.m：

```
function [n,prime] = pprime(m,l)
n = 0;
prime = [];
for i = m:l
    if isprime(i) == 1
        prime = [prime i];
        n = n + 1;
    end
end
```

在命令窗口输入：

```
[n,prime] = pprime(2,100)
```

返回结果：

```
n =
    25
prime =
  Columns 1 through 12
    2   3   5   7  11  13  17  19  23  29  31  37
  Columns 13 through 24
   41  43  47  53  59  61  67  71  73  79  83  89
  Column 25
   97
```

MATLAB 的其他功能和应用请见本书正文或参考文献 [8～15].

附录 2　LINGO 软件简介

LINGO，全称为 Linear Interactive and General Optimizer（线性交互式通用优化器），是美国芝加哥大学学者沙吉（Linus Scharge）在 1980 年研制开发的优化计算软件，后来他成立了 LINDO 公司，其官网为 http：//www.lindo.com．

LINGO 功能强大，适用于线性规划、整数规划、非线性优化、多目标规划、目标规划、图与网络优化等最优化问题的求解，甚至还能用于解方程组、数据拟合等问题．

LINGO 版本众多，目前最新版本为 18.0. 全球 500 强企业中有一半以上在使用 LINGO．

LINGO 的主要功能与特色：

（1）既能求解线性规划问题，也具有较强的求解非线性规划问题的能力．

（2）程序输入直观简洁．

（3）运行速度快，计算能力强．

（4）内置建模语言，提供数十个内部函数，便于大规模优化建模．

（5）将"集合"的概念引入编程语言，易于建立实际问题的模型．

（6）能方便地与外部文件之间进行数据交换．

LINGO 的基本语法：

（1）以"`model:`"开始，以"`end`"结束，均须独立成行，亦可省略．

（2）约束条件符号"s.t."不出现．

（3）变量名称不区分大小写，以字母开头，可含数字和下划线．

（4）所有变量都假定是非负的，不必再另外输入变量约束条件．

（5）变量可放在约束条件右端，数字也可以放在约束条件左边．

（6）每一语句必须以分号"；"结尾．

（7）注释语句以感叹号"！"开始，以分号"；"结束．

（8）"`>`"可代替"`>=`"，"`<`"可代替"`<=`"．

（9）目标函数直接记作"`max =`"、"`min =`"．

（10）每行可有多个语句，语句可以断行．

LINGO 函数：

基本运算符	算术运算符、逻辑运算符和关系运算符
数学函数	三角函数和常规的数学函数
金融函数	两种金融函数
概率函数	大量与概率相关的函数
变量限制函数	用来定义变量的取值范围的函数
集合操作函数	对集合进行操作的函数
集合循环函数	遍历集合的元素，执行一定的操作的函数
数据输入输出函数	允许模型和外部数据源相联系，进行数据输入输出的函数
辅助函数	各种杂类函数

算术运算符：

+	加
-	减
*	乘
/	除
^	乘方

关系运算符：

=	相等
<（<=）	小于（小于或等于）
>（>=）	大于（大于或等于）

逻辑运算符：

#not#	一元运算符，否定该操作数的逻辑值
#eq#	若两个运算数相等，则为 true，否则为 false
#ne#	若两个运算符不相等，则为 true，否则为 false
#gt#	若左边的运算符严格大于右边的运算符，则为 true，否则为 false
#ge#	若左边的运算符大于或等于右边的运算符，则为 true，否则为 false
#lt#	若左边的运算符严格小于右边的运算符，则为 true，否则为 false
#le#	若左边的运算符小于或等于右边的运算符，则为 true，否则为 false
#and#	若两个参数都为 true，则为 true，否则为 false
#or#	若两个参数都为 false，则为 false，否则为 true

变量限制函数：

@bnd(l,x,u)	有界变量 $l \leq x \leq u$
@free(x)	自由变量
@bin(x)	0-1 变量
@gin(x)	一般整数变量

注：LINGO 默认所有变量都是非负的，如需改变，要另外定义．

数学函数：

@abs(x)	x 的绝对值
@sin(x)	x 的正弦值（弧度制）
@cos(x)	x 的余弦值（弧度制）
@tan(x)	x 的正切值（弧度制）
@exp(x)	常数 e 的 x 次方
@log(x)	x 的自然对数
@sqrt(x)	x 的算术平方根
@sign(x)	符号函数
@floor(x)	x 的整数部分
@smax(x1,x2)	x_1，x_2 中的最大值
@smin(x1,x2)	x_1，x_2 中的最小值
@mod(x1,x2)	x_1/x_2 的余数

集合操作函数：

@for(s:e)	对集合 s 中的每一元素都生成一个由表达式 e 描述的约束条件
@sum(s:e)	对集合 s 中的每一元素都生成表达式 e 的值，再返回所有这些值的和
@prod(s:e)	对集合 s 中的每一元素都生成表达式 e 的值，再返回所有这些值的积
@max(s:e)	对集合 s 中的每一元素都生成表达式 e 的值，再返回所有这些值的最大值
@min(s:e)	对集合 s 中的每一元素都生成表达式 e 的值，再返回所有这些值的最大值
@size(s)	返回集合 s 中的元素的个数

LINGO 的安装可在 Windows 操作系统下较为简便地完成，过程中可能会出现如下对话框：

此时，如果用户有 License Key（许可密钥），可在空白处输入，并点击"OK"按钮；否则，只需点击"Demo"按钮，即可进入演示模式．在演示模式下，LINGO 几乎具有标准版本的所有功能，只是对所要解决的问题的规模做了限制而已．

LINGO 启动后会出现下面一个窗口：

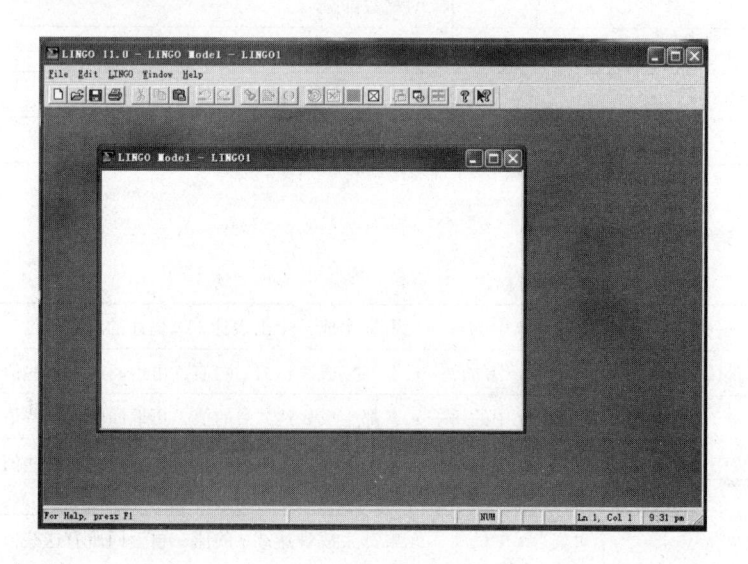

外层是主窗口，包含了所有菜单命令和工具条，其他所有窗口都包含在主窗口之下．主窗口的标题为 LINGO Model – LINGO1，是 LINGO 的默认模型窗口，建立的模型都要在该窗口内编码实现．

看一个线性规划问题的实例：

$$\begin{cases} \max \quad z = 2x_1 + 3x_2 \\ s.\,t. \quad x_1 + 2x_2 \leqslant 8 \\ \qquad\quad 4x_1 \leqslant 16 \\ \qquad\quad 4x_2 \leqslant 12 \\ \qquad\quad x_1, x_2 \geqslant 0 \end{cases}$$

为求解上述线性规划问题,可在模型窗口中输入如下程序:

```
max = 2 * x1 + 3 * x2;
x1 + 2 * x2 <= 8;
4 * x1 <= 16;
4 * x2 <= 12;
```

上述程序可以存储为 LINGO 默认的扩展名为 lg4 的文件,以便后期进行存储、打开、编辑等操作.

点击工具栏中的按钮"⊙"(或使用快捷键 Ctrl + U),即返回如下结果:

(1) 求解状态(LINGO Solver Status).

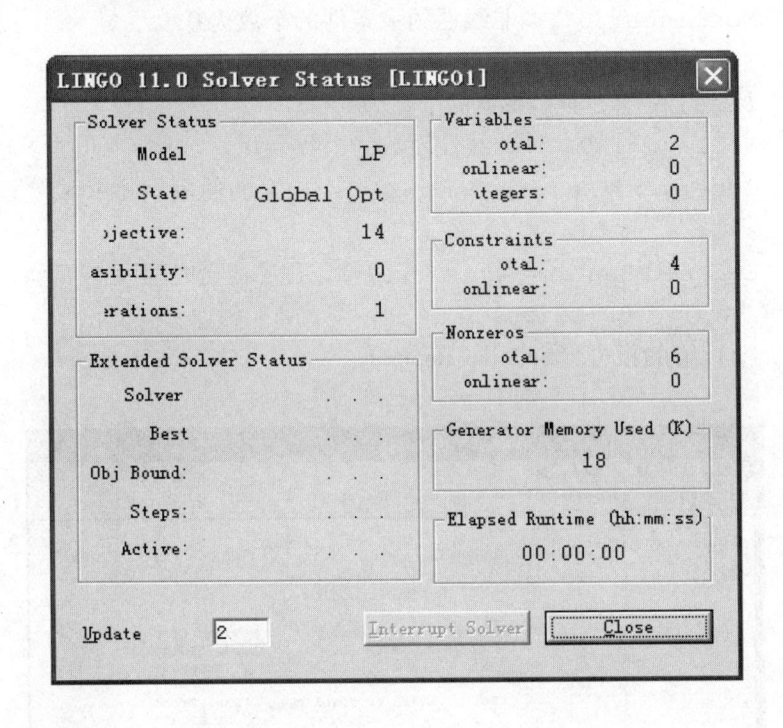

其中

Solver Status　　求解器状态
Model Class:LP　　模型类型为 LP
State:Global Opt　　解的状态为全局最优解

Objective:14　　目标函数值（最优值）为 14
Infeasibility:0　　未被满足的约束条件的个数为 0
Iterations:1　　迭代次数为 1
Extended Solver Status　　扩展求解器状态
Solver type:…　　扩展求解器的类型
Best Obj:…　　最佳目标函数值
Obj Bound:…　　目标函数的界
Steps:…　　扩展求解器运行的步数
Active:…　　有效步数
Variables　　变量
Total:2　　变量的个数为 2
Nonlinear:0　　非线性变量的个数为 0
Integers:0　　整数变量的个数为 0
Constraints　　约束条件
Total:4　　约束条件的个数为 4（LINGO 将目标函数也视为约束条件）
Nonlinear:0　　非线性约束条件的个数为 0
Nonzeros　　非零系数
Total:6　　非零系数的个数为 6
Nonlinear:0　　非线性系数的个数为 0
Generator Memory Used(K)　　内存的使用量为 18K
　　18
Elapsed Runtime(hh:mm:ss)　　程序运行时间为 0s
　　00:00:00:00

（2）解的报告（Solution Report）.

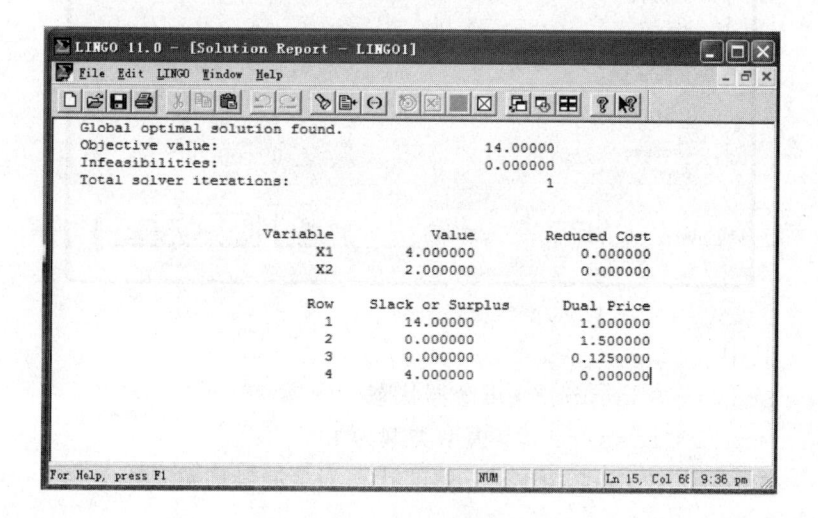

```
Global optimal solution found.
Objective value:                          14.00000
Infeasibilities:                           0.000000
Total solver iterations:                          1

                    Variable      Value         Reduced Cost
                          X1    4.000000            0.000000
                          X2    2.000000            0.000000

                         Row   Slack or Surplus    Dual Price
                           1      14.00000          1.000000
                           2       0.000000         1.500000
                           3       0.000000         0.1250000
                           4       4.000000         0.000000
```

其中

Global optimal solution found.　　发现全局最优解

Objective value:14　　最优值为 14

Infeasibilities:0.000000　　未被满足的约束条件的个数为 0

Total solver iterations:1　　求解器迭代总次数为 1

Variable	Value	Reduced Cost
X1	4.000000	0.000000
X2	2.000000	0.000000

Row	Slack or Surplus	Dual Price
1	14.00000	1.000000
2	0.000000	1.500000
3	0.000000	0.1250000
4	4.000000	0.000000

Variable、Value　　最优解为 $x_1 = 4$，$x_2 = 2$.

Reduced Cost　　缩减成本系数（最优解中变量的 Reduced Cost 的值自动取为 0）.

Row　　模型的行号

Slack or Surplus　　松弛或剩余，即约束条件两边的差．当"左 < 右"时，右减左的差为 Slack；当"左 > 右"时，左减右的差为 Surplus；当"左 = 右"时，松弛和剩余的值为 0；当约束条件无法成立时（无可行解），松弛或剩余的值为负值.

Dual Price　　影子价格

Row	Slack or Surplus	Dual Price
1	14.00000	1.000000
2	0.000000	1.500000
3	0.000000	0.1250000
4	4.000000	0.000000

其中，Row 1 对应目标函数，不予考虑；此外，Row 2 对应影子价格 $y_1 = 1.5$，意指第一个约束条件的右边常数 $b_1 = 8$，若其改变 1 个单位，则最优值将改变 1.5 个单位；Row 3 对应影子价格 $y_2 = 0.125$，意指第二个约束条件的右边常数 $b_2 = 16$，若其改变 1 个单位，则最优值将改变 0.125 个单位；Row 4 对应影子价格 $y_3 = 0$，意指第三个约束条件的右边常数 $b_3 = 12$，若其改变 1 个单位，则最优值将改变 0 个单位.

(3) 敏感性分析 (Range Report)。

首先，在主窗口中，点击菜单"LINGO - Options"，打开如下"Lingo Options"对话框：

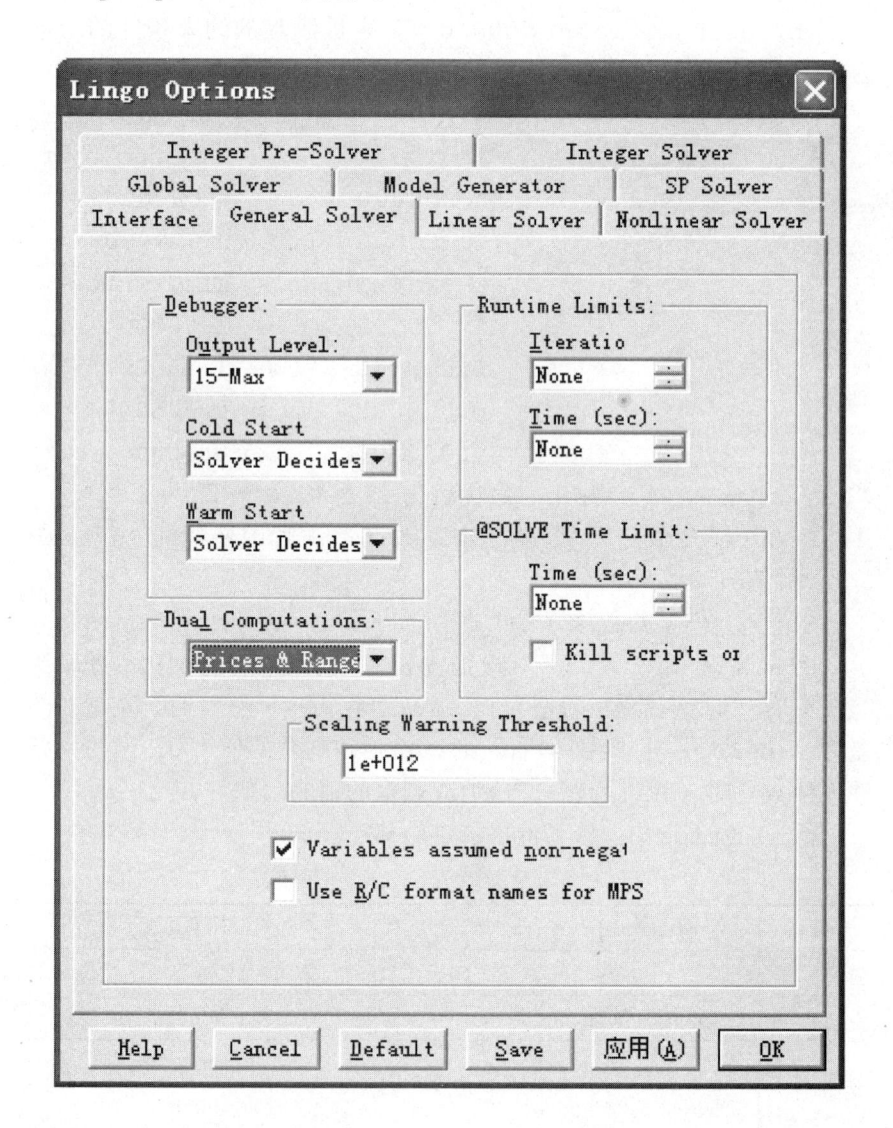

在对话框中，选择选项卡"General Solver"，再在"Dual Computations"中选择"Prices & Ranges"，然后依次点击"应用、Save、OK"。

回到主窗口（或者直接关闭 Solution Report），点击菜单"LINGO - Range"，返回如下结果：

```
┌─ Range Report - Lingo1 ──────────────────── _ □ X ┐
│ Ranges in which the basis is unchanged:            │
│                       Objective Coefficient Ranges:│
│                    Current       Allowable    Allowable│
│         Variable   Coefficient   Increase     Decrease │
│             X1     2.000000      INFINITY     0.5000000│
│             X2     3.000000      1.000000     3.000000 │
│                                                    │
│                       Righthand Side Ranges:       │
│                    Current       Allowable    Allowable│
│         Row        RHS           Increase     Decrease │
│          2         8.000000      2.000000     4.000000 │
│          3         16.00000      16.00000     8.000000 │
│          4         12.00000      INFINITY     4.000000 │
└────────────────────────────────────────────────────┘
```

其中

Ranges in which the basis is unchanged　基不发生改变的范围

Objective Coefficient Ranges　目标函数中变量的系数的变化范围

Current Coefficient　系数的当前值

Allowable Increase　允许增大的幅度

Allowable Decrease　允许减小的幅度

Variable	Current Coefficient	Allowable Increase	Allowable Decrease
X1	2.000000	INFINITY	0.5000000
X2	3.000000	1.000000	3.000000

意义：目标函数中变量 x_1 的系数为 $c_1 = 2$，当其在 $[2-0.5, 2+\text{INFINITY}) = [1.5, +\infty)$ 内变化时，最优解不变；目标函数中变量 x_2 的系数为 $c_2 = 3$，当其在 $[3-3, 3+1] = [0, 4]$ 内变化时，最优解不变.

Righthand Side Ranges　约束条件的右边常数的变化范围

Current RHS　右边常数的当前值

Allowable Increase　允许增大的幅度

Allowable Decrease　允许减小的幅度

Row	Current RHS	Allowable Increase	Allowable Decrease
2	8.000000	2.000000	4.000000
3	16.00000	16.00000	8.000000
4	12.000000	INFINITY	4.000000

意义：第一个约束条件的右边常数 $b_1=8$，当其在 $[8-4, 8+2]=[4, 10]$ 内变化时，最优解不变；第二个约束条件的右边常数 $b_2=16$，当其在 $[16-8, 16+16]=[8, 32]$ 内变化时，最优解不变；第三个约束条件的右边常数 $b_3=12$，当其在 $[12-4, 12+\text{INFINITY})=[8, +\infty)$ 内变化时，最优解不变．

除上述逐行书写目标函数、约束条件、决策变量的编程模式外，LINGO 还具有"集合"编程模式．如对上述线性规划问题，可借助"集合"模式编写如下程序：

```
model:
sets:
  constraint/1..3/:b;
  variable/1..2/:c,x;
  matrix(constraint,variable):A;
endsets
max=@sum(variable:c*x);
@for(constraint(i):
  @sum(variable(j):A(i,j)*x(j))<=b(i));
data:
  c=2,3;
  b=8,16,12;
  A=1,2,
    4,0,
    0,4;
enddata
end
```

其中

```
sets:
  constraint/1..3/:b;
  variable/1..2/:c,x;
  matrix(constraint,variable):A;
endsets
```

定义集合；
```
max = @sum(variable:c*x);
```
定义目标函数；
```
@for(constraint(i):
  @sum(variable(j):A(i,j)*x(j))<=b(i));
```
定义约束条件；
```
data:
  c = 2,3;
  b = 8,16,12;
  A = 1,2,
      4,0,
      0,4;
enddata
```
定义数据．

集合、目标函数、约束条件、数据是构成"集合"模式 LINGO 程序的基本部分，其之间的先后顺序无关紧要．显然，利用"集合"编写程序的好处是当模型变化时，易于修改，兼容性强．

LINGO 的其他功能和应用请见本书正文或参考文献 [12, 16~18]．

习 题 答 案

第1章 习题

1. 可包括实际问题的背景、建模目的、模型种类选择、模型应用等.

2. 水深12尺，葭长13尺.

3. 可考虑建立数学规划模型.

4. 可取一定容量的样本，测得其样本均值，作为该批灯管寿命的估计值.

第2章 习题

1. 未来12~24小时内该城市将受到台风侵袭.

2. 球冠面积公式，2.19×10^8 平方公里.

3. 羊逃跑的轨迹方程为圆 $x^2 + y^2 = r^2$ 的渐开线：$\begin{cases} x = r\cos\theta + r\theta\sin\theta \\ y = r\sin\theta - r\theta\cos\theta \end{cases}$.

4. 司机所述不实.

5. $m = kl^4$.

6. 方案是可行的.

7. $f = 0.00897$ 赫兹，建筑物的安全性完全可以放心.

8. 可以.

9. 略.

10. 近似结果为 $C = \rho \dfrac{\pi}{d}(R_1^2 - R_2^2)$，精确结果为

$$C = \rho \int_0^{\frac{2\pi(R_1-R_2)}{d}} \sqrt{\left(R_2 + \frac{d}{2\pi}\theta\right)^2 + \left(\frac{d}{2\pi}\right)^2} \, d\theta.$$

第3章 习题

1. 见下图.

5	9	13	17	21
18	22	1	10	14
6	15	19	23	2
24	3	7	11	20
12	16	25	4	8

2. 有四组解：翁 12 母 4 雏 84，翁 8 母 11 雏 81，翁 0 母 25 雏 75，翁 4 母 18 雏 78.

3. $\dfrac{8-\dfrac{3}{2^{n-1}}}{10}$, $\dfrac{2+\dfrac{3}{2^{n-1}}}{10}$.

4. $\dfrac{5}{7}$.

5. 时间充分长时，该公司在城市 A、B、C 的汽车数量将分别趋向于稳定值 180、300、120，与 600 辆汽车的最初分配方案无关.

6. 0.9394、0.8485、1.0000.

7. 一个可行方案见下图.

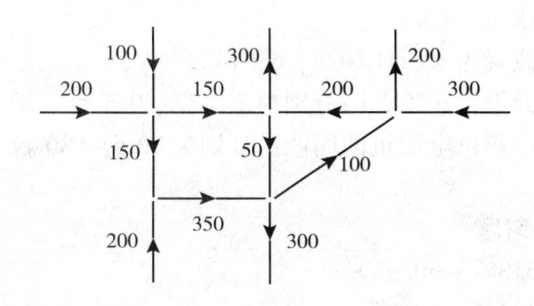

第 4 章 习题

1. 略.

2. 车间 2 生产甲 30 个，车间 1、车间 2 均生产乙 60 个，最大总利润为 63000.

3. （1）发点 1 往收点 2 运货 50 个单位，发点 2 往收点 1 运货 30 个单位，发点 2 往收点 2 运货 20 个单位，发点 2 往收点 3 运货 10 个单位，发点 3 往收点 3 运货 20 个单位，发点 3 往收点 4 运货 10 个单位，发点 3 往收点 5 运货 20 个单位，最小总运费为 2180.

（2）发点 1 往收点 2 运货 10 个单位，发点 1 往收点 3 运货 30 个单位，发点 2 往收点 1 运货 40 个单位，发点 2 往收点 2 运货 20 个单位，发点 4 往收点 3 运货 20 个单位，最小总运费为 1850.

4. （转运问题）广州往上海、大连往天津均运 500 台，上海往南京、南昌均运 250 台，天津往南京、济南、青岛分别运 50 台、200 台、250 台，最少总运费为 13900 元.

5. 150 名.

6. 最少安装 4 部报警电话，分别安装在路口 2、5、6、7 处.

7. 装入物品 2、3、5，最大总价值为 17.

8. 使用 30 个箱子中的第 1、3、5、7、9、13、16、18、20 个，并将第 6、17、22 件物品均装入第 1 个箱子，将第 2、13、30 件物品均装入第 3 个箱子，将第 3、16、21 件物品均装入第 5 个箱子，将第 8、9、23、26 件物品均装入第 7 个箱子，将第 1、14、24 件物品均装入第 9 个箱子，将第 7、11、19、29 件物品均装入第 13 个箱子，将第 4、15、25 件物品均装入第 16 个箱子，将第 10、12、27、28 件物品均装入第 18 个箱子，将第 5、18、20 件物品均装入第 20 个箱子，所用箱子最少数目为 9.

9. 工人 W_1，W_2 空闲，工人 W_3，W_4，W_5 分别去完成工作 J_3，J_2，J_1，最小总费用为 12.

10. 职员 1 和 6、职员 2 和 7、职员 3 和 8、职员 4 和 5 分别被分配到同一个办公室.

11. 最佳位置为（3.601028，6.514223）.

12. 购买糖果甲、乙、丙分别为 7 千克、0 千克、29 千克.

13. 黑白、彩色电视机的周产量分别为 20 台、30 台.

第 5 章 习题

1. $y = 1.5138x - 60.9392$.

2. $y = 0.995x^3 + 0.01$.

3. $y = 1.3974 - 0.8988e^{-t} + 0.4097te^{-t}$.

4. 约为 8.6418×10^{13} 焦耳.

5. 0.8889，0.8925，0.8962.

6. 见下图.

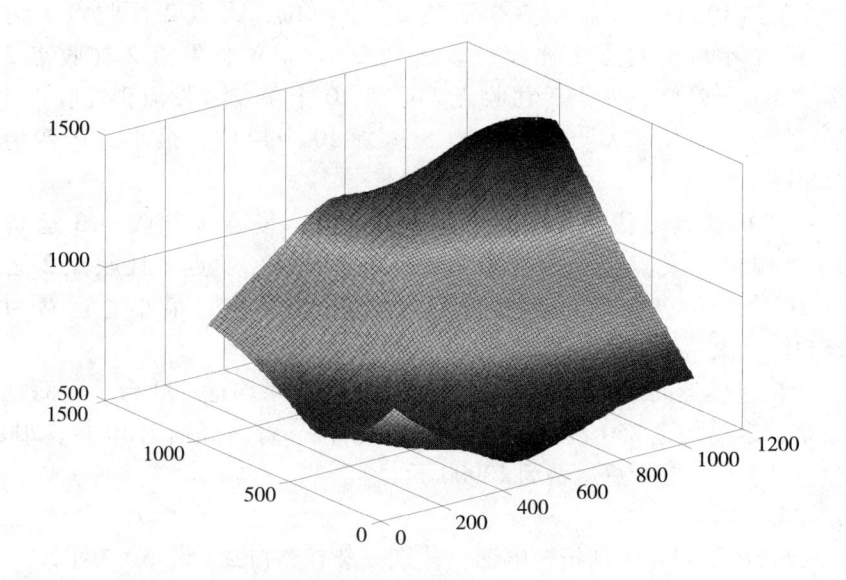

7. 人口呈线性增长.

8. 2.1144.

9. 车流量约为 12669 辆.

10. 蛋糕的质量为 5.4171 千克,表面积为 16.0512 平方米.

11. 铸件的曲顶面面积为 43.2197 平方米,处理费用为 5186.4 元.

12. $u(x, t) = e^{-t}\sin(\pi x)$.

13. 见下图.

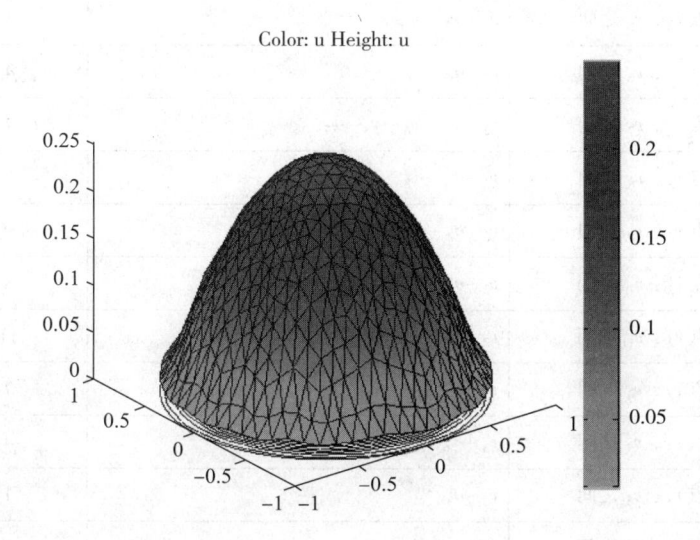

第 6 章 习题

1. 最短路为 $v_1 \to v_4 \to v_3 \to v_2 \to v_5 \to v_9$,其长度为 9.

2. 最短路及其长度见下表.

	最短路	长度
点 v_1、v_2 之间	$v_1 \to v_2$	2
点 v_1、v_3 之间	$v_1 \to v_2 \to v_5 \to v_6 \to v_3$	7
点 v_1、v_4 之间	$v_1 \to v_4$	1
点 v_1、v_5 之间	$v_1 \to v_2 \to v_5$	3
点 v_1、v_6 之间	$v_1 \to v_2 \to v_5 \to v_6$	6
点 v_1、v_7 之间	$v_1 \to v_2 \to v_5 \to v_6 \to v_3 \to v_7$	9
点 v_1、v_8 之间	$v_1 \to v_2 \to v_5 \to v_8$	5
点 v_1、v_9 之间	$v_1 \to v_2 \to v_5 \to v_6 \to v_3 \to v_7 \to v_{10} \to v_9$	11

续表

	最短路	长度
点 v_1、v_{10} 之间	$v_1 \to v_2 \to v_5 \to v_6 \to v_3 \to v_7 \to v_{10}$	10
点 v_1、v_{11} 之间	$v_1 \to v_2 \to v_5 \to v_6 \to v_3 \to v_7 \to v_{10} \to v_9 \to v_{11}$	13
点 v_2、v_3 之间	$v_2 \to v_5 \to v_6 \to v_3$	5
点 v_2、v_4 之间	$v_2 \to v_1 \to v_4$	3
点 v_2、v_5 之间	$v_2 \to v_5$	1
点 v_2、v_6 之间	$v_2 \to v_5 \to v_6$	4
点 v_2、v_7 之间	$v_2 \to v_5 \to v_6 \to v_3 \to v_7$	7
点 v_2、v_8 之间	$v_2 \to v_5 \to v_8$	3
点 v_2、v_9 之间	$v_2 \to v_5 \to v_6 \to v_3 \to v_7 \to v_{10} \to v_9$	9
点 v_2、v_{10} 之间	$v_2 \to v_5 \to v_6 \to v_3 \to v_7 \to v_{10}$	8
点 v_2、v_{11} 之间	$v_2 \to v_5 \to v_6 \to v_3 \to v_7 \to v_{10} \to v_9 \to v_{11}$	11
点 v_3、v_4 之间	$v_3 \to v_4$	7
点 v_3、v_5 之间	$v_3 \to v_6 \to v_5$	4
点 v_3、v_6 之间	$v_3 \to v_6$	1
点 v_3、v_7 之间	$v_3 \to v_7$	2
点 v_3、v_8 之间	$v_3 \to v_6 \to v_5 \to v_8$	6
点 v_3、v_9 之间	$v_3 \to v_7 \to v_{10} \to v_9$	4
点 v_3、v_{10} 之间	$v_3 \to v_7 \to v_{10}$	3
点 v_3、v_{11} 之间	$v_3 \to v_7 \to v_{10} \to v_9 \to v_{11}$	6
点 v_4、v_5 之间	$v_4 \to v_1 \to v_2 \to v_5$	4
点 v_4、v_6 之间	$v_4 \to v_1 \to v_2 \to v_5 \to v_6$	7
点 v_4、v_7 之间	$v_4 \to v_7$	9
点 v_4、v_8 之间	$v_4 \to v_1 \to v_2 \to v_5 \to v_8$	6
点 v_4、v_9 之间	$v_4 \to v_7 \to v_{10} \to v_9$	11
点 v_4、v_{10} 之间	$v_4 \to v_7 \to v_{10}$	10
点 v_4、v_{11} 之间	$v_4 \to v_7 \to v_{10} \to v_9 \to v_{11}$	13
点 v_5、v_6 之间	$v_5 \to v_6$	3
点 v_5、v_7 之间	$v_5 \to v_6 \to v_3 \to v_7$	6

续表

	最短路	长度
点 v_5、v_8 之间	$v_5 \to v_8$	2
点 v_5、v_9 之间	$v_5 \to v_6 \to v_3 \to v_7 \to v_{10} \to v_9$	8
点 v_5、v_{10} 之间	$v_5 \to v_6 \to v_3 \to v_7 \to v_{10}$	7
点 v_5、v_{11} 之间	$v_5 \to v_6 \to v_3 \to v_7 \to v_{10} \to v_9 \to v_{11}$	10
点 v_6、v_7 之间	$v_6 \to v_3 \to v_7$	3
点 v_6、v_8 之间	$v_6 \to v_5 \to v_8$	5
点 v_6、v_9 之间	$v_6 \to v_3 \to v_7 \to v_{10} \to v_9$	5
点 v_6、v_{10} 之间	$v_6 \to v_3 \to v_7 \to v_{10}$	4
点 v_6、v_{11} 之间	$v_6 \to v_3 \to v_7 \to v_{10} \to v_9 \to v_{11}$	7
点 v_7、v_8 之间	$v_7 \to v_3 \to v_6 \to v_8$	8
点 v_7、v_9 之间	$v_7 \to v_{10} \to v_9$	2
点 v_7、v_{10} 之间	$v_7 \to v_{10}$	1
点 v_7、v_{11} 之间	$v_7 \to v_{10} \to v_9 \to v_{11}$	4
点 v_8、v_9 之间	$v_8 \to v_9$	7
点 v_8、v_{10} 之间	$v_8 \to v_9 \to v_{10}$	8
点 v_8、v_{11} 之间	$v_8 \to v_{11}$	9
点 v_9、v_{10} 之间	$v_9 \to v_{10}$	1
点 v_9、v_{11} 之间	$v_9 \to v_{11}$	2
点 v_{10}、v_{11} 之间	$v_{10} \to v_9 \to v_{11}$	3

3. 化为最短路问题. 两种方法: 人狼羊菜→狼菜→人狼菜→狼→人狼羊→羊→人羊→空; 人狼羊菜→狼菜→人狼菜→菜→人羊菜→羊→人羊→空.

4. 化为最短路问题. 第 1 年初购买新设备, 一直使用到第 3 年终; 再在第 4 年初购买新设备, 一直使用到第 5 年终. 此时, 最小费用为 53 元.

5. 最小支撑树 (见下图).

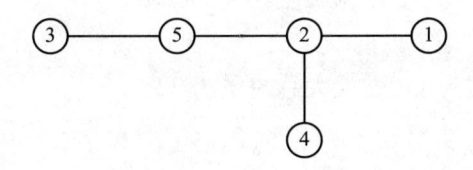

6. 最优路线（见下图）.

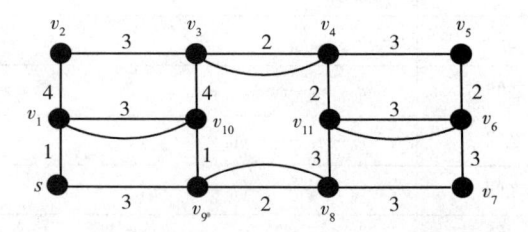

其总长度为 52.

7. 最优路线为 1→3→6→2→5→4→1，其总长度为 96.

8. 最优路线为北京→东京→墨西哥城→纽约→伦敦→巴黎→北京，其总长度为 211.

9. 最大流（见下图）.

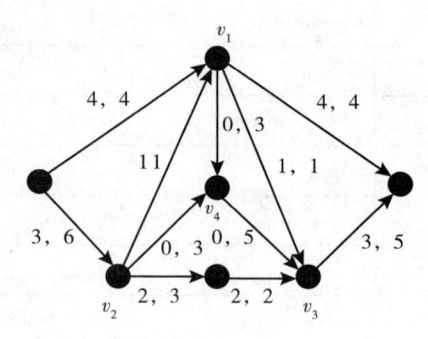

注：弧上的两个数字分别为流量和容量.

最大总流量为 7.

10. 最小费用最大流（见下图）.

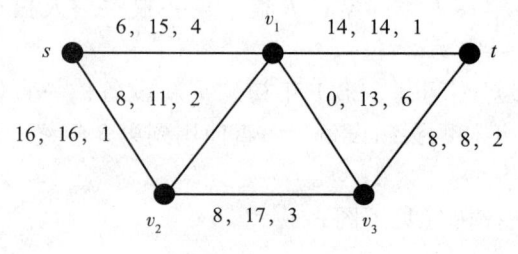

注：弧上的三个数字分别为流量、容量和单位运费.

最小总费用为 110，最大总流量为 22.

第 7 章 习题

1. 建立微分方程模型 $\begin{cases}\dfrac{dv}{dt}=a\\ v(0)=0\end{cases}$，求得 $v(t)=at$.

2. 建立微分方程模型 $\begin{cases}\dfrac{dv}{dt}=a\\ v(0)=v_0\end{cases}$，求得速度函数 $v(t)=v_0+at$；

建立微分方程 $\begin{cases}\dfrac{dx}{dt}=v\\ x(0)=x_0\end{cases}$，求得位置函数 $x(t)=x_0+v_0t+at^2$.

3. 50 米/秒^2，2500 米.

4. $t=RC\ln 2$. 提示：建立微分方程模型 $\begin{cases}\dfrac{dq}{dt}=-\dfrac{q}{RC}\\ q(0)=q_0\end{cases}$，其中 $q(t)$ 为时刻 t 时电容极板上的电荷量.

5. 在双方均采用正规战的方式下，强势一方最终将获胜，并且在战争过程中强势方的优势会不断扩大.

6. 11.2 千米/秒（第二宇宙速度）.

7. 因落地速度 13.9041 > 12.2，故圆桶会因与海底碰撞而破裂，从而造成核污染.

8. $C(t)=114.4325(e^{-0.185502t}-e^{-2.007938t})$.

9. （1）最亮点为 19.98 米处，最暗点为 9.34 米处.（2）最亮点为 15.76 米处，最暗点为 9.50 米处.（3）最亮点为 12.73 米处，最暗点为 9.33 米处.

第 8 章 习题

1. n 个人去抓 $m(m<n)$ 个奖品，则第 $k(1\leq k\leq n)$ 个人抓到的概率为

$$\frac{(n-1)\cdot(n-2)\cdots(n-(k-1))\cdot m}{n\cdot(n-1)\cdots(n-(k-2))\cdot(n-(k-1))}=\frac{m}{n}.$$

2. 顺子（0.00392465）< 同花（0.0019654）< 满堂红（0.00144058）< 四条（0.0002401）< 同花顺（0.00001539）< 同花大顺（0.000001539）.

3. 应用数学期望进行计算. 梅勒拿走 45 个金币，他的朋友拿走 15 个金币.

4. $n=600$.

5. $m=7.26$.

6. 4458.9 小时.

7. $D = \dfrac{m}{n}\left[1 - \left(1 - \dfrac{1}{m}\right)^n\right]$.

8. $\hat{y} = -62.3489 + 0.8396x_1 + 5.6846x_2 + 0.0371x_1^2$.

9. 结果不唯一，参考模型 $y = a_0 + a_1x_1 + a_2x_2 + a_3x_3 + a_4x_4 + a_5x_2x_3 + a_6x_3x_2 + \varepsilon$.

参数及结果见下表.

参数	参数估计值	参数置信区间
a_0	11204	[11044, 11363]
a_1	497	[486, 508]
a_2	7048	[6841, 7255]
a_3	-1727	[-1939, 7255]
a_4	-348	[-545, -152]
a_5	-3071	[-3372, -2769]
a_6	1836	[1571, 2101]

$R^2 = 0.9988 \quad F = 5545 \quad p < 0.0001 \quad s^2 = 3.0047 \times 10^4$

10. 聚类分析：见下图.

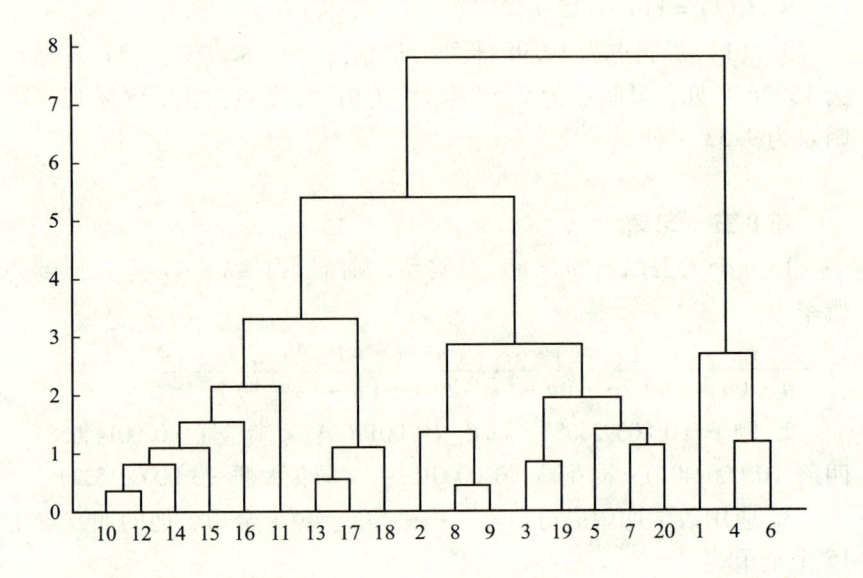

11. 见下表.

地区	F_1	F_2	F_3	F	排名
北京	1.0785992454 9155	2.6102334947 8663	1.5085260168 1191	1.7946659263 0877	1
天津	0.9997651781 8845	0.3362753550 81393	1.1178228462 0384	0.7570919380 8596	3
河北	-0.8043603752 64934	0.0290910421 537478	-0.0261484455 118536	-0.2934090935 36404	20
山西	-1.4790166323 7943	0.2561662234 66305	-0.1471095265 88147	-0.4803259686 09729	27
内蒙古	-0.1710430690 12695	-0.5217026670 73174	2.3514200850 8536	0.2465624061 5395	8
辽宁	-0.2097276325 83744	0.5882385577 79650	1.1163943765 8498	0.4078869732 56291	7
吉林	-1.2923760089 1946	0.2969355531 192832	0.4758646779 74559	-0.2559800020 06875	18
黑龙江	-1.1772937393 4851	-0.0560358367 978804	0.3902648824 94382	-0.3750982081 99369	24
上海	2.1335377440 9345	2.5223424650 2490	-0.8602859463 9777	1.6267965427 614	2
江苏	0.9280764827 16564	0.1942362279 73771	0.0432503733 449856	0.4343664158 18828	6
浙江	1.4420352400 1294	0.3599194147 55172	0.0299990700 3804013	0.6902102122 38777	4
安徽	0.1146123731 44209	-0.7236532117 28511	-0.5721398592 50468	-0.3774641071 57186	25
福建	1.3805071307 6275	-0.8061062847 08369	-0.8611260953 90955	-0.0029765076 9015076	11
江西	-0.1232928899 39488	-0.9306784827 38103	-0.6532239268 0410	-0.5680589238 29540	30
山东	-0.2695989934 46557	-0.1308979914 1358	0.8444654062 77678	0.0338085524 923761	10
河南	-0.7863521584 5819	-0.2743908013 79943	0.2941213850 59202	-0.3391591840 61373	21
湖北	-0.7802769351 91271	0.2970208218 77480	-0.6089072833 62422	-0.3056938818 23574	22

续表

地区	F_1	F_2	F_3	F	排名
湖南	-0. 373239034578981	0. 720441184670574	-0. 770014798368044	-0. 0180821941584401	12
广东	2. 11982455719411	-0. 231901795166163	-0. 400568820909277	0. 607577799611334	5
广西	-0. 273883783920115	-0. 314455760733499	-2. 20144831610436	-0. 718029400529115	31
海南	0. 204237128722978	-0. 319229196886987	-2. 22938046900774	-0. 547881251908614	15
重庆	-0. 0404024251137541	-0. 402367510587340	0. 645250030017394	-0. 0349447098164399	13
四川	0. 295673874480779	-0. 743305293088852	0. 160486463759325	-0. 155352744636596	15
贵州	-0. 0890229478092208	-0. 457729209828133	-0. 553601407696043	-0. 341520033563974	23
云南	-0. 744048986999097	0. 384746107082643	-1. 57005778222992	-0. 469904277375963	26
西藏	1. 62376947803694	-3. 33464569835878	0. 907304895086409	-0. 544526116069320	28
陕西	-1. 03290790739588	0. 500138763395109	-0. 257634935104470	-0. 239640504660168	17
甘肃	-0. 561719654434641	-0. 375230517974598	0. 454034081443036	-0. 260763742788738	19
青海	-0. 610904219673077	0. 00667282884259318	0. 456021195176665	-0. 123902254768237	14
宁夏	-1. 08748753343734	0. 427752393538201	0. 0210365130082087	-0. 227491445294774	16
新疆	-0. 413640457181124	0. 0921190365707190	0. 895384740035545	0. 0817683540580772	9

12. 见下表.

公司	F_1	F_2	F	排名
歌华有线	1.9385	-2.0518	0.4760	6
五粮液	2.0304	0.7716	1.5691	1
用友软件	0.5059	-1.5262	-0.2389	10
太太药业	1.1600	-0.8481	0.4240	7
浙江阳光	-0.3908	0.7088	0.0122	9
烟台万华	1.2211	1.4031	1.2878	2
方正科技	-1.3053	1.5475	-0.2597	11
红河光明	0.0659	-1.5420	-0.5234	12
贵州茅台	1.2590	-0.1203	0.7535	5
中铁二局	-1.6535	0.4251	-0.8917	13
红星发展	1.1516	0.5635	0.9361	4
伊利股份	-0.6095	1.1604	0.0392	8
青岛海尔	-2.7287	-0.8812	-2.0516	16
湖北宜化	-2.029	-0.6206	-1.5128	15
雅戈尔	1.1184	1.3506	1.2035	3
福建南纸	-1.7340	-0.3405	-1.2233	14

13. (1) 聚类图：见下图.

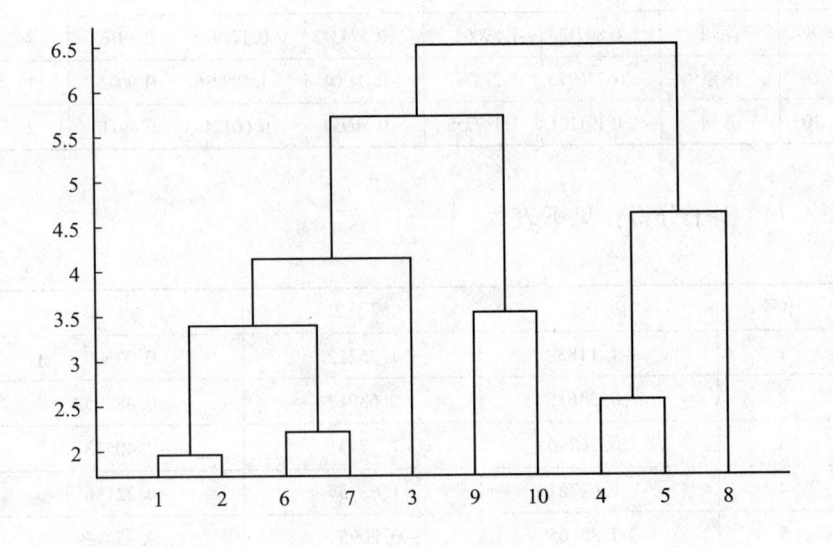

(2) 见下表.

序号	城市	公因子1	公因子2	公因子3	公因子4	综合得分	排名
1	无锡	−0.81392	−1.39927	0.383108	−0.49502	−0.82145	9
2	常州	−1.33962	0.214428	0.27271	−0.87676	−0.59782	7
3	镇江	−1.84773	1.62018	−2.05611	−0.81724	−0.68054	8
4	张家港	2.37488	−0.15384	0.905862	−0.36601	1.152375	2
5	连云港	0.358501	0.904848	1.432652	−0.68103	0.585451	3
6	扬州	−0.93387	1.662628	0.583248	0.642202	0.220683	4
7	泰州	−1.90248	0.684615	0.546861	1.13693	−0.51108	6
8	徐州	3.929071	1.512032	−0.9781	0.72302	2.263274	1
9	南京	−1.20573	−2.34466	−0.44331	1.185178	−1.27563	10
10	苏州	1.380909	−2.70096	−0.64691	−0.45127	−0.33525	5

（3）见下表.

序号	城市	F_1	F_2	F_3	F_4	F	排名
1	无锡	−0.39299	1.013235	−0.34509	−0.33261	0.0551	5
2	常州	−1.0381	0.128144	−0.57375	−0.50798	−0.499	9
3	镇江	−0.42571	−1.3757	−2.14777	0.400741	−0.807	10
4	张家港	0.345706	0.148218	0.77834	−1.29875	0.0049	6
5	连云港	−1.00306	−0.06395	0.755012	−1.17603	−0.481	8
6	扬州	−0.69648	−0.67186	0.899235	0.673646	−0.151	7
7	泰州	−0.62657	−0.04395	0.932055	1.425255	0.2267	3
8	徐州	1.899124	−1.59664	0.574342	−0.17197	0.1916	4
9	南京	0.746952	1.274747	−0.00304	1.588936	0.9692	1
10	苏州	1.191121	1.187755	−0.86934	−0.60124	0.4911	2

14. 因子分析：见下表.

序号	因子1	因子2	F
1	−1.1183	1.35212	0.03509
2	0.34615	0.63917	0.482953
3	0.26996	−1.1773	−0.40573
4	1.01781	−1.6375	−0.22186
5	0.85765	−0.2095	0.359429
6	−0.572	0.09793	−0.25923

续表

序号	因子1	因子2	F
7	-2.3199	1.0987	-0.72383
8	0.82606	-0.5722	0.173268
9	1.55076	2.04614	1.782041
10	-0.101	1.16904	0.491966
11	-0.0337	0.70595	0.311648
12	0.2457	-0.9055	-0.29175
13	-0.8865	-0.6837	-0.79184
14	-1.1641	-0.0512	-0.64455
15	-2.0228	-0.7517	-1.42936
16	-0.06	0.08255	0.006556
17	1.46374	1.0392	1.265535
18	0.31947	-0.3804	-0.00729
19	-0.6311	0.42446	-0.13827
20	-0.4798	-0.1957	-0.34717
21	1.04572	1.6694	1.336897
22	0.77466	-0.9034	-0.00877
23	-0.2825	-1.3151	-0.76458
24	-0.0613	-0.4312	-0.23398
25	1.0152	-1.1104	0.022838

第9章 习题

1. 略.

2. 略.

3. 略.

4. 评价结果为 $B_1 = (0.17, 0.17, 0.26, 0.74)$, $B_2 = (0.8, 0.8, 0, 0.02)$, 第二家企业的产品优于第一家.

5. 61.804250, 61.874987, 61.945805, 62.016705, 62.087685.

参 考 文 献

[1] 姜启源,谢金星,叶俊. 数学模型(第4版). 北京: 高等教育出版社, 2011.

[2] 杨启帆. 数学建模. 北京: 高等教育出版社, 2005.

[3] 陈汝栋,于延荣. 数学模型与数学建模(第2版). 北京: 国防工业出版社, 2009.

[4] 司守奎,孙玺菁. 数学建模算法与应用. 北京: 国防工业出版社, 2011.

[5] 刘焕彬,库在强,廖小勇,陈文略,张忠诚. 数学模型与实验. 北京: 科学出版社, 2008.

[6] 张圣勤. 数学建模与数学实验. 上海: 复旦大学出版社, 2008.

[7] 韩中庚. 数学建模方法及应用. 北京: 国防工业出版社, 2005.

[8] 赵静,但琦. 数学建模与数学实验(第3版). 北京: 高等教育出版社, 2007.

[9] 傅鹂,龚劬,刘琼荪,何中市. 数学实验. 北京: 科学出版社, 2000.

[10] 姜启源,邢文训,谢金星,杨顶辉. 大学数学实验. 北京: 清华大学出版社, 2005.

[11] 汪晓银,邹庭荣. 数学软件与数学实验. 北京: 科学出版社, 2008.

[12] 王继强. 数学软件(第2版). 北京: 经济科学出版社, 2016.

[13] 黄雍检,赖明勇. MATLAB语言在运筹学中的应用. 长沙: 湖南大学出版社, 2005.

[14] 刘顺忠. 管理运筹学和MATLAB软件应用. 武汉: 武汉大学出版社, 2007.

[15] 孙玺菁,司守奎. MATLAB的工程数学应用. 北京: 国防工业出版社, 2017.

[16] 谢金星,薛毅. 优化建模与LINDO/LINGO软件. 北京: 清华大学出版社, 2005.

[17] 张宏伟，牛志广. LINGO 8.0 及其在环境系统优化中的应用. 天津：天津大学出版社，2005.

[18] 袁新生，邵大宏、郁时炼. LINGO 和 EXCEL 在数学建模中的应用. 北京：科学出版社，2007.

[19] 薛毅，耿美英. 运筹学与实验. 北京：电子工业出版社，2008.

[20] 运筹学教程编写组. 运筹学教程（第 2 版）. 北京：国防工业出版社，2014.

[21] 陈宝林. 最优化理论与算法（第 2 版）. 北京：清华大学出版社，2005.

[22] 郑勋烨. 概率统计导引. 北京：国防工业出版社，2016.

[23] 同济大学计算数学教研室. 现代数值计算（第 2 版）. 北京：人民邮电出版社，2014.

[24] 张金清. 微积分. 北京：高等教育出版社，2002.

[25] 卢刚. 线性代数（第 2 版）. 北京：高等教育出版社，2004.

[26] 喻文健. 数值分析与算法. 北京：清华大学出版社，2012.